城市地下管线安全管理丛书

燃气管道检测技术与应用

王春起 主 编

鄢丽萍 曾 伟 副主编

中国城市燃气协会
中国测绘学会地下管线专业委员会　组织编写

中国建筑工业出版社

图书在版编目（CIP）数据

燃气管道检测技术与应用 / 王春起主编；鄢丽萍，
曾伟副主编. — 北京：中国建筑工业出版社，2023.9
（城市地下管线安全管理丛书）
ISBN 978-7-112-28997-4

Ⅰ. ①燃… Ⅱ. ①王… ②鄢… ③曾… Ⅲ. ①城市燃
气—输气管道—检测 Ⅳ. ①TU996.7

中国国家版本馆 CIP 数据核字（2023）第 143007 号

　　本书总结了埋地燃气管道应用的各种主要检测技术和防腐方法，为埋地管道安全管理
提供技术支持。全书共分为 9 章，分别为绪论、金属腐蚀与保护、埋地燃气管线探测、埋
地燃气管道防腐层检测与评价、燃气管道管体腐蚀检测与评价、阴极保护系统检测、杂散
电流检测与土壤环境腐蚀检测、燃气泄漏检测、燃气管道其他检测及附录。

　　本书主要学习对象为管道燃气经营单位人员，从事埋地燃气管道检测技术服务单位一
线检测人员以及大专院校燃气与勘探专业学生。

责任编辑：高　悦　范业庶
责任校对：张　颖

城市地下管线安全管理丛书
燃气管道检测技术与应用
王春起　主　　编
鄢丽萍　曾　伟　副主编

中国城市燃气协会
中国测绘学会地下管线专业委员会　组织编写

*

中国建筑工业出版社出版、发行（北京海淀三里河路 9 号）
各地新华书店、建筑书店经销
北京红光制版公司制版
北京同文印刷有限责任公司印刷

*

开本：787 毫米×1092 毫米　1/16　印张：18½　字数：457 千字
2024 年 5 月第一版　2024 年 5 月第一次印刷
定价：**62.00** 元
ISBN 978-7-112-28997-4
（41740）

编 制 人 员

编委会主任：李学军
编委会副主任：马长城　刘会忠
编委会委员：林守江　王　强　罗振丽　王　超　王保恩　陶志伟
主　　　编：王春起
副　主　编：鄢丽萍　曾　伟
编写组成员：毕　恒　曹光贵　蔡素影　范　磊　段双全　傅书训
　　　　　　韩沙沙　李　琮　李　杰　梁建中　卢　孟　唐兆成
　　　　　　吴基胜　王　义　肖之国　余祖锋　赵　错　周志勇
　　　　　　杨宇龙

编 制 单 位

组 织 单 位：中国城市燃气协会
　　　　　　中国测绘学会地下管线专业委员会
主 编 单 位：河南省防腐工程有限公司
　　　　　　成都朗测科技有限公司
参 编 单 位：（排名不分先后）
　　　　　　佛燃能源集团股份有限公司
　　　　　　佛山市华禅能燃气设计有限公司
　　　　　　江苏晟利探测仪器有限公司
　　　　　　上海威脉科技有限公司
　　　　　　浙江科特地理信息技术有限公司
　　　　　　广东中冶地理信息股份有限公司
　　　　　　上海市城市建设设计研究总院（集团）有限公司
　　　　　　广州易探检测有限公司
　　　　　　大庆市汇通建筑安装工程有限公司克拉玛依分公司

序　言

火是人类最古老的发明，也是人类文明的重要标志。钻木取火的神话故事在中国家喻户晓。人类有控制地使用火并使其为人类服务，不仅要有火种，还必须有燃料来支撑。在远古及农耕时代，这种燃料主要为就地取材的树木枝叶及农作物的秸秆；工业革命之后的工业时代，人类开始广泛使用煤和石油等化石燃料，极大地提高了生产力水平和方便了人们的生活。但随之带来的严重环境污染与温室效应，迫使人类必须寻求更加清洁和高效的燃料能源。今天，管道燃气作为清洁环保与高效能源，不仅支撑了百城千企的生产与经济发展，更为城市居民的生活带来巨大便利。

管道是燃气输送输配的最重要载体设施，没有燃气管道设施的普及，也就没有燃气使用的普及。随着我国城市化进程的快速推进，燃气管道建设进程不断加快，燃气的使用和普及在我国也快速发展。据《2022 年中国城市建设统计年鉴》披露，2022 年我国城市（含县城）燃气管道长度已经超过 120 万公里，比 2000 年增长 11.75 倍，年均增长接近 12%。燃气的普及率城市已经超过 98%，县城也超过 91%，用气人口超过 6 亿。近年来，随着人们环保意识的提高，为了实现人民对美好生活向往的目标，燃气管道不仅继续在城市延伸，还加速向乡镇农村推进。管道燃气的广泛使用成为新时代高质量发展和人民高品质生活的重要基础条件之一。

随着城市化进程的加快，燃气在给人们带来清洁与便利的同时，随之而来的安全问题也日益引起人们的重视。近年来重特大燃气事故时有发生，给人民群众生命财产安全造成重大损失。2021 年 9 月 10 日辽宁省大连市管道泄漏爆炸事故造成 9 人死亡、4 人受伤，直接经济损失约 1797.5 万元；同年的 6 月 13 日湖北省十堰市燃气爆炸事故更是造成 26 人死亡、138 人受伤，直接经济损失约 5395.41 万元。2024 年的 3 月 13 日，河北省廊坊市的燕郊镇又发生一起燃气管道泄漏爆炸事故，造成 7 人死亡，27 人受伤。保障燃气管线安全运行，快速提升地下管线建设与安全运维管理水平是当前高质量发展中重要且紧迫的任务。

引发燃气安全事故的原因大多源于燃气泄漏，既有用户端操作不当引发的，更有管道受到外力冲击、自身老化腐蚀、日常巡养运维不当等引发的。既有我国燃气管道高速发展的进程中，对管道风险管理、完整性管理及安全运维措施不能完全落地的因素，也有安全投入不到位、燃气设施智能化水平低、对泄漏不能及时发现和处置，还有运维和抢修人员培训与学习制度不健全和不到位，导致技能不足的原因。

燃气安全事关千家万户，事关公共安全。中共中央、国务院高度重视包括燃气管道在内的地下管线建设管理与安全运维工作。习近平总书记在 2021 年 12 月 8 日中央经济工作会议上强调，"十四五"期间必须把管道改造和建设作为重要的一项基础设施工程来抓。国务院办公厅及相关部委近年陆续出台了一系列文件，包括《关于加强城市地下管线建设管理的指导意见》《关于进一步加强城市规划建设管理工作的若干意见》《关于进一步加强城市地下管线建设管理有关工作的通知》《关于加强城市地下市政基础设施建设的指导意见》《城市燃气管道等老化更新改造实施方案（2022—2025年)》《全国城市燃气安全专项整治工作方案》《关于切实加强城镇燃气安全管理　严防重特大事故发生的通知》《城市燃气管道老化评估工作指南》等，为推进城市包括燃气管道在内的地下管线的建设与安全运维管理工作提供了政策环境及法规技术标准支持。

全面贯彻落实中共中央、国务院和相关部委关于地下管线建设管理和安全运行的要求，不仅需要各地在管理方面积极探索和实践，不断完善机制体制、标准体系；更需要行业内的燃气企业经营领导干部既要有"安全重于泰山和实时放心不下"的安全意识，还要掌握必备的管道安全运维的专业知识和技能；更需要一大批有着较高业务技术素养和敬岗爱业的管道检测员工队伍，通过他们的务实工作支撑管道的信息化建设和数字化治理，提前预警和排查各种安全隐患，使管道运行始终处于安全可控的状态，为推进地下管线管理工作、提高城市综合承载能力、保障城镇化高质量发展提供有力支撑。

燃气管道的检测和运维是一项专业性和技术性较强的工作，既需要系统了解管道运送的不同介质的属性知识，还要掌握管道的不同材质属性知识；既需要了解管道的定位探测技术、腐蚀检测技术等，还需要掌握管道周围环境（例如土壤环境、周围高压线缆和轨道交通可能产生的杂散电流、各种地质灾害的应力损害等）对管道的腐蚀损坏；既需要必备各种手段查找管道泄漏，也需要采取诸如阴极保护等工程措施保护管道，还需要综合各种因素评估管道的风险及管道的完整性，适时采取既经济又安全的技术做出最优的解决方案和最优的处置措施。预防燃气安全事故，在政府完善相关政策，加大燃气行业的安全投入和管网的更新改造投入同时，加大技术培训工作，培养一支技术素质高的检测与运维队伍显得尤其重要，也是保证燃气管道长治久安必不可少的措施。

中国城市燃气协会和中国测绘学会地下管线专业委员会持续推进中国城市地下管线事业的发展，推进行业解决"管线在哪里？管线怎么样？管线如何治？"等问题，先后组织行业专家编制多部中国城市地下管线（综合篇、供排水篇、燃气热力篇、地下管廊篇等）发展报告，梳理行业现状及未来的发展走势；组织专家编写或参与编写数十部地下管线相关的国家标准、行业标准和团体标准，建立行业的技术标准体系；组织专家编写了多部地下管线行业培训教材，持续开展城市地下管线相关的技术培训，受训人员达到几万人次，提升我国城市地下管线行业的技术水平。历经两年多组织专家编写的《燃气管道检测技术与应用》教材，力求理论联系实际，深入浅出。不仅有燃气管道检测的工程示例、复习习题，还有大量适合一线工作人员的实际工作流程报告案例，既可自学，也可用于技术培训的教材，还可以作为技术工作人员提高技术水平和科学管理技能的参考书。相信本书的出版一定会有力地促进燃气管道探测检测人员技术水平的提升，为城市燃气管道的安全运行做出新贡献。

中国城市燃气协会理事长　刘贺明

2024年5月15日

前　　言

目前，我国的埋地燃气管道已超过百万公里，遍布全国各地，特别是近些年来城市燃气发展非常迅猛，燃气管道敷设遍布城市的每个角落，有一部分农村及村村之间也连接起了燃气管道。在这些埋地燃气管道当中，输送高压、次高压燃气管道（0.4MPa 以上）以钢质材料为主；中低压埋地燃气管道（0.4MPa 以下），20 世纪以钢质材料为主，21 世纪以来以 PE 材质为主。特别是近些年来，由于 PE 管道具有良好的防腐性能、铺设施工简单快捷、经济等特点而被广泛应用。目前中低压埋地燃气管道在环境条件允许情况下，基本都采用 PE 材质的管道。随着埋地燃气管道的增多以及燃气的广泛应用，由于人们对燃气性质和基本安全应用知识的认知缺乏及燃气经营公司安全管理不科学、不全面、追求利润、安全投入少等因素，导致燃气泄漏引发的安全事故逐年增多。虽然各起事故发生的地点、时间、引起爆炸的方式各不相同，但有一个共同特点就是燃气泄漏引发。系统分析燃气泄漏事故发生的原因基本只有两个方面，一是管道位置不清楚，各种施工引起管道破坏造成泄漏；二是埋地钢质管道防腐系统失效，管道腐蚀穿孔引发管道燃气泄漏。这些燃气泄漏燃爆事故若安全科学管理，应用检测技术提前发现并排除隐患，很多都可以避免。

城市埋地钢质燃气管网随着使用时间的增长，管理维护不科学，有相当大一部分因腐蚀发生了多次漏气事故。有些刚埋地两三年就发生了多处腐蚀穿孔现象，腐蚀已经成为影响管道安全运行的一大安全隐患。要解决埋地钢质管道腐蚀漏气问题，可以应用科学系统的检测技术发现安全隐患，采用系统的维修与整改措施，保证其长期安全运行。

本书总结了埋地燃气管道应用的各种主要检测技术和防腐方法，为埋地管道安全管理提供技术支持。学习对象为燃气管道安全管理岗位相关人员、施工管理人员、检测维护与维修人员、巡线安全检查人员等；本书可作为中国测绘学会地下管线专业委员会专业技能培训教材，也可作为大专院校燃气与勘探专业参考用书。

本书主要由从事一线检测工作的技术人员起草，编写人员具有相应的理论基础知识和丰富的检测实践经验，各个章节中都融入编写人员多年的经验总结，奉献给广大的学员与读者。本书特点是比较系统完整总结了从事埋地燃气管道检测技术人员应知应会的基础知识，对提升检测人员技术水平具有很强的参考价值。

目　　录

第1章 绪 论

1.1 燃气基础知识

燃气就是可燃气体，自然界中一切可燃的气体，统称为燃气。这些气体燃烧后可以释放出热能。日常生活中我国供应的燃气主要包括煤气、液化石油气和天然气三种。我国的燃气主要是煤气，大幅增长于20纪90年代，其中人工煤气由于其污染较大、毒性较强等缺点，目前处于逐步淘汰阶段。液化石油气受到石油价格上涨的影响，供应量价维持稳定较难。天然气由于其清洁、高效、便宜等特点，仍处于快速发展期，但需求增速逐步放缓，预计到2025年我国天然气消费量将达到5000亿 m³ 左右。

我们日常所应用到的燃气按来源分类，通常可以分为煤气、人工燃气、液化石油气、生物质燃气和天然气五大类。

煤气——主要通过煤炭在高温下与水蒸气反应获得，主要成分是一氧化碳和氢气。

人工燃气——指以固体或液体可燃物为原料加工生产的气体燃料。一般将以煤为原料加工制成的燃气称为煤气，简称煤气；用石油及其副产品（如重油）制取的燃气称为油制气，我国常用的人工燃气主要有干馏煤气、汽化煤气、油制气。

液化石油气——从石油中分离出来的稳定的烷烃。裂化石油气是高碳数的烷烃进行裂化裂解形成的低碳数的烃类液化石油气，是由含3个或4个碳原子的烃类如丙烷（C_3H_8）、丙烯（C_3H_6）、丁烷（C_4H_{10}）、丁烯（C_4H_{10}）等为主的混合物，分为油气田液化石油气和炼油厂液化石油气。油气田液化石油气主要由丙烷、丁烷组成。炼油厂液化石油气由于含有大量的烯烃，不能直接作为汽车燃料。

生物质燃气——利用农作物秸秆、林木废弃物、食用菌渣、牛羊畜粪及一切可燃性物质做为原料转换的可燃性能源，生物质燃气有两种，一种是用生物质为原料，在高温缺氧条件下使生物质发生不完全燃烧和热解产生的可燃气体，主要成分是CO、H_2、N_2 等；一种是用生物质为原料，在厌氧条件下被厌氧菌利用产生的沼气，主要成分是CH_4 和CO_2 等。

天然气——指天然蕴藏于地层中的烃类和非烃类气体的混合物。在石油地质学中，通常指油田气和气田气。其组成以烃类为主，主要由甲烷（≥85%）和少量乙烷（5%～10%）及其他烷烃组成。天然气可分为以下几个类别：

1）按重烃气含量分类

（1）干气 甲烷含量在气体成分中占95%以上，重烃气含量很少，不超过4%。它不与石油伴生，可单独形成纯气藏。

（2）湿气 气体成分中含重烃气超过5%，即为湿气，湿气常与石油伴生。如我国大庆、辽河、大港等油田所产天然气多为湿气。

（3）富气　指含 C_3、C_4、C_5 等重碳成分较高的天然气，重碳成分一般占 10% 以上。

（4）贫气　指含 C_3、C_4、C_5 等重碳成分较少的天然气，重碳成分一般占 10% 以下。

2）按产出分类

（1）气田气　从气井中开采出来的天然气，不与油藏伴生的单一天然气聚集的气体，气体成分以甲烷为主，其含量达到 95% 以上，重烃气含量极少，不超过 4%，属于干气。

（2）油田气　主要指与石油共存的天然气。可溶于油内或在油气藏中呈游离气态，也可以气藏与油藏共处于同一油田气中，一般油田气除以甲烷为主外，还含有较多的重烃气，重烃含量为百分之几至几十，属于湿气。

（3）凝析气　当地下温度、压力超过临界温度（单一气体都有一特定温度，高于此温度时不管加多大压力都不能使该气体转化为液体，该特定温度称为临界温度。甲烷的临界温度为 −82.5℃）后液态烃逆蒸发作用而形成的气体。

（4）煤层气　指煤层中的游离气和吸附气，主要成分是甲烷，此外还伴生有氮气、二氧化碳、氢气等。

3）按状态分类

（1）普通天然气（NG）　指常温常压下的天然气，在标准状况（101325Pa，0℃）下天然气混合物的密度为 $0.71kg/m^3$，空气密度为 $1.29kg/m^3$；

（2）压缩天然气（CNG）　指压力 20MPa 以上的天然气，一般压力为 25MPa，体积是标准状态下的 1/300，是理想的汽车燃料。

（3）液化天然气（LNG）　指转变为液态的天然气，一般在常压下，温度冷却到 −162℃ 天然气由气态变为液态，体积缩小为原来的 1/600，密度为 $0.42\sim0.46t/m^3$；如果在 20MPa 下，冷却至 −140℃ 则由气态变为液态。

（4）可燃冰　可燃冰的学名为"天然气水合物"，是天然气在 0℃ 和 30 个大气压的作用下结晶而成的"冰块"。"冰块"里甲烷占 80%～99.9%，可直接点燃，燃烧后几乎不产生任何残渣，污染比煤、石油、天然气要小得多。$1m^3$ 可燃冰可转化为 $164m^3$ 的天然气和 $0.8m^3$ 的水。目前，全世界拥有的常规石油天然气资源，将在 40 年后逐渐枯竭。而科学家估计，海底可燃冰分布的范围约 4000 万 km^2，占海洋总面积的 10%，海底可燃冰的储量够人类使用 1000 年，因而被科学家誉为"未来能源""21 世纪能源"。2007 年 5 月 1 日凌晨，我国在南海北部成功钻获天然气水合物实物样品"可燃冰"，成为继美国、日本、印度之后第 4 个通过国家级研发计划采到水合物实物样品的国家。

1.2　燃气安全管理

目前人们日常生活离不开燃气，特别是天然气，其在人们生活中发挥重要作用。随着天然气不断的普及，人们已经和天然气结下了不解之缘。而对于天然气如何运输的问题也一直困扰着人们。一般来说，天然气都是采用管道运输，因为管道运输对比其他运输方式经济。但对于天然气这种极容易燃烧、泄漏后与空气混合易爆炸的气体来说，管道运行具有很大的安全隐患，所以保障天然气的安全运输有着极大的社会意义。

1.2.1　燃气危险性

目前应用量最为广泛的两种燃气是天然气和液化石油气。天然气用户主要是管道气用户和少量的汽车瓶装气用户，液化石油气用户主要是瓶装气和较少量的管道气用户。燃气的危险主要是发生泄漏后产生，一是发生火灾，二是发生爆炸，三是在密闭空间可能造成人员窒息死亡或中毒。下面主要以燃气危害性和泄漏后预防事故发生做简单介绍，关于几种常用燃气性质见表 1.2-1。

燃气性质一览表　　　　　　　　　　　　　　　　　表 1.2-1

项　目	天然气	液化石油气	煤气	其他
主要成分	甲烷、乙烷	丙烷、丁烷、戊烷	一氧化碳、氢气	
泄漏后流动特性	比空气轻向上飘浮	比空气重向低洼处飘浮聚集	比空气轻向上飘浮	
与空气混合爆炸范围（体积%）	5~15	2~10	6~70	
着火点（℃）	482~632	426~537	650~700	
泄漏后应急处置	1. 迅速关闭阀门，打开窗户通风。2. 不要使用明火。3. 不要开关灯或电器。4. 不要有金属摩擦。5. 到安全地带通知燃气公司。6. 不要使用任何通信工具。注意，不要在房间内打电话，不要开灯，也不要在这个时候去拉断电闸			
泄漏后着火应急处置	1. 切断燃气来源，然后灭火。2. 把抹布打湿铺在着火位置，等火彻底熄灭。3. 火势严重，通知 119 和燃气公司。4. 让楼内人员立即撤离			
对人体危害	人体吸入后导致呼吸系统和神经系统受损，表现为缺氧、窒息、呼吸困难、嗜睡等症状。如果天然气燃烧不充分可能导致一氧化碳中毒，表现为头晕、头痛、恶心、呕吐等	急性中毒时，头晕、头痛、呕吐、兴奋或嗜睡、乏力、脉缓、尿失禁甚至昏迷、呼吸停止等	煤气中毒时用户最初感觉为头痛、头昏、恶心、呕吐、软弱无力，当他意识到中毒时，常挣扎下床开门、开窗，但一般仅有少数人能打开门，大部分用户迅速发生抽痉、昏迷，两颊、前胸皮肤及口唇呈樱桃红色，如救治不及时，会很快呼吸抑制而死亡	

（1）天然气：天然气在空气中含量达到一定程度后会使人窒息。天然气在房屋或帐篷等封闭环境里聚集的情况下，达到一定的比例时，就会触发威力巨大的爆炸。爆炸可能会夷平整座房屋，甚至殃及邻近的建筑。甲烷在空气中的爆炸极限下限为 5%，上限为 15%。

（2）液化石油气：虽然使用方便，但也有不安全的隐患。危险特性：液化石油气与空气混合能形成爆炸性混合物，一旦遇有火星或高热就有爆炸、燃烧的危险，它具有下列几个特性。

① 极易引起火灾：液化石油气在常温常压下，由液态极易挥发为气体，并能迅速扩散及蔓延，因为它比空气重，往往停滞集聚在地面的空隙、坑、沟、下水道等低洼处，一时不易被风吹散。即使在平地上，也能沿地面迅速扩散至远处。所以，远处遇有明火，也能将渗漏和集聚的液化石油气引燃，造成火灾。

② 爆炸的可能性极大：液化石油气的爆炸极限范围较宽，一般在空气中含有 2%～10%，一遇明火就会爆炸。如 1L 液化气与空气混合浓度达到 2% 时，就能形成体积为 12.5m³ 的爆炸性物，使爆炸的可能范围大大地扩大了，爆炸的危险性也就增加。

③ 破坏性强：液化石油气的爆炸速度为 2000～3000m/s，火焰温度达 2000℃，闪点在 0℃ 以下，最小引燃能量都在 0.2～0.3mJ。在标准状况下，1m³ 石油气完全燃烧，其发热量高达 10467kJ（2.5 万 kcal）。由于燃烧热值大，爆炸速度快，瞬间就会完成化学性爆炸，破坏性很强。

④ 具有冻伤危险：液化石油气是加压液化的石油气体，贮存于罐或钢瓶中，在使用时减压后又由液态变为气态。一旦设备、容器、管线破漏或钢阀崩开，大量液化气喷出，由液态急剧减压变为气态，大量吸热，结霜冻冰。如果喷到人的身上，就会造成冻伤。

⑤ 能引起中毒：主要为麻醉作用，可参见"丙烷""丙烯"，高浓度的液化石油气被人大量吸入体内，使人晕迷、呕吐或有不愉快的感觉，严重时可使人窒息死亡。

（3）煤气：煤气有三大危害，易燃、易爆、易中毒。煤气是以煤为原料加工制得的含有可燃组分的气体。煤气的毒性：烟气中含有大量有毒气体，火灾中死亡人员约有一半是由于 CO 中毒引起的，火灾燃烧的副产物对人产生极大危害；高温危害：火灾烟气的高温对人、对物可产生不良影响，人暴露在高温烟气中，65℃ 时可短时忍受，在 100℃ 左右时，一般人很快会失去知觉甚至死亡。

1.2.2　燃气管道安全运行的必要性

我们所指的燃气，绝大部分为天然气。管道输送作为天然气被开采利用以来最为主要和普遍的运输方式，在运行过程中具有运输介质易燃、易爆、易中毒等特点，而且管网系统具有持续作业、高压力运输、覆盖区域广、途经环境多样等特点，一旦管道发生损坏、泄漏，不仅是燃气销售企业的损失，还将引发安全事故，带来人身伤害、财产损失、环境污染、社会民生等问题，全面掌握燃气管道的运行风险，高度重视燃气管道的安全运行问题，采取有效措施确保燃气管道的长期安全稳定运行，是保障人民生命安全的基本要求，是合理利用资源、防止资源浪费的重要手段。

1.2.3　天然气管道存在的安全问题

天然气管道具有管径大、运距长、压力高和输量大的特点，包括管线、站场、通信和防腐设施等附属系统，是巨大而复杂的工程。而输送的介质是易燃、易爆、易挥发的气体，一旦因各种原因造成管道泄漏、破坏，则可能引发火灾、爆炸事故，造成生命、财产的巨大损失，同时给公共卫生和环境保护带来较长时间的负面影响。天然气管道的安全问题主要分为以下几种：

（1）管道的老化腐蚀：由于受到资金的限制，难以及时对管道设备进行更新，老化特别严重。这些问题的存在，给天然气管道工程建设带来了很大的安全隐患。由于天然气管道多处于野外或者是埋于地下，自然条件恶劣。管道内部输送的介质含有各种腐蚀性的化学成分，易腐蚀管道引起泄漏、爆炸等安全事故，如由 H_2S 引起的管道内腐蚀事故占很大的比例。此外，在低洼积水处，特别在水浸线附近，会产生快速的坑点腐蚀，腐蚀速度达每年 8～10mm。因此，容易导致安全事故的发生。

（2）制管质量不严：据资料统计，某部门 10 年中，因螺旋焊缝质量差的爆管事故占爆管事故总数的 82.5%。再如，1999 年 12 月 8 日，某市一路段天然气管道法兰连接处密封失效，使气体大量泄漏发生地下电缆沟槽爆裂事故，造成该地区大面积停电，直接经济损失 300 多万元，多人受伤。

（3）管道违章施工较严重：随着城市规模的逐渐扩大，天然气管道的敷设日渐增多，由于对地下管线缺乏规范的管理，一些建设单位不依照相关规范进行施工，有些市民也缺乏这方面的安全意识，因此，带来了很大的不安全因素。

违章建筑的构建，影响了管道的正常检查和维护，如果发生天然气泄漏，还会导致很大的人员伤亡，应引起高度的重视。

还有就是违反安全操作规程，易造成安全事故。例如，如果清管站内收发球筒的放松楔块未上紧，在气流冲击下会逐渐地松脱，高压气流使快速盲板飞出，可能造成人员伤亡。如 1986 年 12 月，某管线清管时，因夜间能见度低，误将排出的凝析油当做污水，轻烃在排污池中迅速挥发，弥漫站区内，遇火源后起火爆炸，酿成重大火灾，造成多人伤亡。

1.2.4 天然气常见的火灾原因

（1）埋在地下的管线或室外管线受腐蚀、振动或冷冻等影响，使管道破裂漏气，气体通过土层或下水管线窜入室内，接触明火而着火或爆炸。

（2）由于进户管线上的室内阀门关闭不严，阀杆、丝扣损坏失灵，阀门不符合安全质量要求，或误开阀门，使天然气逸出，遇到明火燃烧或爆炸。

（3）天然气金属炉或炉筒与可燃建筑物、可燃物品的距离不足，阀门调整不当，以致烧红炉子、烟筒，烤着可燃建筑物或物品而引起火灾事故。

（4）用天然气取暖的火炕、火墙，用火时间过长，炕表面过热，烤着被褥、衣物或其他物品引起火灾。

1.2.5 天然气防火措施

（1）天然气管道不宜埋入地下，最好是架空敷设。管线的安装要由专业人员进行，非专业人员不得乱拉乱接。

（2）管线的阀门必须完整好用，各部位不得泄漏。严禁用其他阀门代替针形阀门。

（3）天然气导管的两端必须固定牢靠，导管应用耐油耐压的夹线胶管。

（4）在用户进户管线的适当位置，要设置油水分离器，并定期排放被分离出来的轻质油和水。当发现炉具冒油和冒水时，要立即停火，将油水排出后方可使用。

（5）天然气炉灶及管线要经常检查，发现漏气或闻着气味时，严禁动用明火和电气开关，应迅速打开门窗通风。如自己找不到泄漏点，应立即与供气部门联系。

（6）使用天然气取暖的火炉、火炕、火墙的烟道要畅通。烧火时如果突然熄火，应隔几分钟再点，以防引起爆炸，金属烟筒口距可燃结构不应小于 1m，应安装拐脖，防止倒风把炉火吹灭。

（7）天然气管线、阀门的维修，必须在停气时进行。停气、关气时必须事先通知用户。对安装的管线、阀门等应经试压、试漏检验，合格后方可使用。

（8）一旦发生火灾事故，不要惊慌失措，要立即关闭总阀门，并用毛毯、被褥等浸水后进行扑救。也可使用二氧化碳、干粉等灭火器进行扑救，并及时报告消防部门。

1.3　天然气成分与基本性质

1.3.1　天然气主要成分

天然气主要成分有烃类气体［主要是甲烷（CH_4），一般占 80％以上，其次为乙烷（C_3H_6）、丙烷（C_3H_8）、丁烷（C_4H_{10}）、戊烷（C_5H_{12}）等］、非烃气体［二氧化碳（CO_2）、硫化氢（H_2S）、一氧化碳（CO）、氮气（N_2）等］、稀有气体［氦气（He）、氩气（Ar）等］。可燃气体主要是甲烷等烃类气体。

1.3.2　天然气的物理性质

未经净化处理的天然气可有汽油味，有时有硫化氢味。经处理过的天然气是无色、无味、无毒和无腐蚀性的气体，主要物理性质是具有可燃性。

（1）天然气密度：密度的定义为单位体积气体的质量，在标准状况（101325Pa，20℃）下，天然气中主要烃类成分密度为 0.6773kg/m³（甲烷）。天然气混合物密度一般为 0.7～0.75kg/m³，其中石油伴生气，特别是油溶气的密度最高可达 1.5kg/m³，甚至更大些。天然气的密度随重烃含量，尤其是高碳数的重烃气含量增加而增大，亦随 CO_2 和 H_2S 的含量增加而增大。

（2）黏度：0℃时为 $0.31×10^{-6}$Pa·s，20℃时为 $0.12×10^{-6}$Pa·s。

（3）溶解性：天然气溶于水和石油，甲烷在石油中的溶解度约等于水中的 9 倍。

（4）可燃性：每立方米天然气燃烧时所放出的热量称为热值，甲烷的热值为 35～38MJ/m³，约 8500kcal/m³；比普通煤气大 2.5 倍（煤气的热值为 15～17MJ/m³），是理想的高效燃料。

（5）可压缩性：增压 20～25MPa 体积缩小为 1/240～1/300。

（6）天然气是高压、易燃、易爆的危险化学品。

1.3.3　天然气与汽油、液化石油气和人工煤气等热值比较（表 1.3-1）

热值比较表　　　　　　　　　　　　　　　　　　表 1.3-1

序号	气体类别	热值
1	天然气	35～38.6MJ/m³
2	油田伴生气	45.46MJ/m³
3	汽油	36～38.8MJ/L
4	液化石油气	45～46MJ/kg
5	人工煤气	16.5～17.6MJ/m³

热效率关系是 1m³ 天然气相当于 1L 汽油、相当于 0.78kg 液化石油气、相当于

2.2m³ 人工煤气。1cal＝4.2J，1MJ＝240kcal，1kcal＝4.2kJ＝4Btu，1Btu＝250。

1.3.4 燃气管道压力分级

我国《城镇燃气设计规范》GB 50028—2006 将城镇燃气管道按燃气设计压力 P（单位：MPa）分为七级，见表 1.3-2。

管道压力分级　　　　　　　　　　　　　　　表 1.3-2

序号	管道压力 P（MPa）	压力级别
1	2.5＜P≤4.0	高压 A 级
2	1.6＜P≤2.5	高压 B 级
3	0.8＜P≤1.6	次高压 A 级
4	0.4＜P≤0.8	次高压 B 级
5	0.2＜P≤0.4	中压 A 级
6	0.01＜P≤0.2	中压 B 级
7	＜0.01	低压

第 2 章　金属腐蚀与保护

腐蚀对自然资源是极大的浪费，根据统计，全世界每年由于腐蚀而报废的金属管道、设备和材料，相当于金属年产量的 1/3。金属管道、设备腐蚀直接和间接的经济损失是巨大的。美国每年因腐蚀要多耗 3.4% 的能源。我国每年因腐蚀造成的经济损失比每年风灾、水灾、火灾、地震等自然灾害的总和还要多，管道腐蚀造成的损失若能降低一个百分点，每年就可减少经济损失数百亿元。

在城市燃气管网中，燃气管道一般采取地下敷设，这容易给金属管道包括钢管带来严重的腐蚀。与长输管道相比，城市燃气管道多为环状、枝状，管件密布，管道变径较普遍；随着城市建设逐步形成并拓展，防腐层质量缺陷较多；周边环境复杂甚至突变，城市杂散电流干扰严重，这都要求做好钢管的防腐工作。

通过对管道失效原因分析，可知腐蚀是影响压力管道系统可靠性、使用寿命及造成管道失效的主要因素之一。我国的地下油气管道投产 1~2 年后即发生腐蚀穿孔的情况屡见不鲜，这不仅造成因穿孔引起的油、气、水泄漏，特别燃气管道因腐蚀引起的爆炸，威胁人身安全，污染环境，后果极其严重。

金属材料表面由于受到周围介质的作用而发生状态变化，从而使金属材料遭受破坏的现象称为腐蚀。腐蚀是金属在其所处环境中由于化学作用而遭受破坏的过程，属于一种不可抗拒的自然现象。从能量角度来讲，腐蚀是一种能量转化的过程，被腐蚀的物质处于不稳定的较高能量状态，它向低能态物质过渡并释放多余的能量，以生成稳定的能量较低的腐蚀产物，这是腐蚀发生的本质原因。

2.1　金属管道腐蚀按形式分类

埋地金属管道的腐蚀形式分为均匀腐蚀和非均匀局部腐蚀两种，以非均匀局部腐蚀为主，其危害性也最大。钢质管道在土壤中的腐蚀过程主要是电化学溶解过程，由于形成了腐蚀电池从而导致管道的锈蚀穿孔。按腐蚀电池阳极区与阴极区间距的大小，又可将钢管的腐蚀形态分为微电池腐蚀和宏电池腐蚀两大类，其中微电池腐蚀现象较多。

2.1.1　全面腐蚀

全面腐蚀也叫均匀腐蚀，是在较大面积上产生的程度基本相同的腐蚀，如管道内壁表面遭受介质的全面腐蚀，外壁裸露表面（或有涂料但已全面失效）遭受的大气锈蚀等。遭受全面腐蚀的压力管道，壁厚逐渐减薄，最后破坏。但绝对均匀的腐蚀是不存在的，厚度的减薄并非处处相同。从工程的角度看，全面腐蚀并不是威胁很大的腐蚀形态，因为设计时可考虑足够的腐蚀裕度。

2.1.2　点蚀

点蚀发生在金属表面较为局部的区域内，造成洞穴或坑点并向内部扩展，甚至造成穿孔。若坑口直径小于点穴深度时，称为点蚀；若坑口直径大于坑的深度时，又称为坑蚀。实际上，点蚀和坑蚀没有严格的界限。图 2.1-1 为典型的点蚀坑的各种剖面形状。

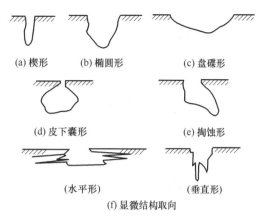

图 2.1-1　典型的点蚀坑的各种剖面形状

点蚀是最具有破坏性的和隐藏的腐蚀形态之一。它常常使得压力管道在重量损失还很小的情况下就穿孔而产生泄漏。奥氏体不锈钢设备在含氯离子或溴离子的介质作用下最容易产生点蚀，压力管道外壁如果常被海水或天然水润湿，也会产生点蚀，这是因为海水或天然水中含有一定的氯离子。

2.1.3　缝隙腐蚀

腐蚀发生在缝隙处或者邻近缝隙的区域。这些缝隙是由于同种或异种金属相接触，或是金属与非金属材料相接触而形成的。缝隙处受腐蚀的程度远大于金属表面的其他区域。这种腐蚀通常是由于缝隙中氧的缺乏、缝隙中酸度的变化、缝隙中某种离子的积累而造成的。缝隙腐蚀是一种很普遍的腐蚀现象。几乎所有的金属材料都可能发生缝隙腐蚀。法兰连接面、螺母紧压面、搭接面、焊缝气孔、锈层下以及沉积在金属表面的淤泥、积垢、杂质，都会形成缝隙而引发缝隙腐蚀。

2.1.4　浓差电池腐蚀

由于靠近电极表面腐蚀剂浓度的差异而导致电极电位不同所构成的腐蚀电池，差异充气电池就是浓差腐蚀电池的一种。引起腐蚀的推动力是由于溶液（或土壤）中某一处与另一处的氧含量不同导致电极电位不同而构成的腐蚀电池。氧浓度低的部位将成为阳极区，腐蚀将加速进行。实际上，缝隙腐蚀与浓差电池的腐蚀机理有雷同之处，但浓差腐蚀电池有更明显的阳极和阴极区。

所谓微电池腐蚀，是指由相距仅为几毫米甚至几微米的阳极和阴极所组成的微电池作用所引起的管道腐蚀。其外形特征十分均匀，故又称均匀腐蚀。由于微阳极与微阴极相距非常近，故微电池腐蚀的速度不依赖于土壤电阻率，仅决定于微阳极和微阴极的电极过程。微电池腐蚀对埋地钢管的危害性较小。

2.1.5　晶间腐蚀

晶间腐蚀是腐蚀局限在晶界和晶界附近，而晶粒本身腐蚀比较小的一种腐蚀形态。晶间腐蚀是由晶界的杂质，或晶界区某一合金元素增多或减少而引起的。

晶间腐蚀造成晶粒脱落，使机械强度和延伸率显著下降，但仍保持原有的金屑光泽，不易发现，常造成设备突然破坏，危害很大。最易产生晶间腐蚀的是铬镍奥氏体不锈钢。

关于铬镍奥氏体不锈钢晶间腐蚀的原因，已被公认的是贫铬理论。奥氏体不锈钢中碳与 Cr 及 Fe 能生成复杂的碳化物（Cr、Fe）$_{23}$C$_6$，在高温下固溶于奥氏体中。若将钢由高温缓慢冷却或在敏化温度范围（450～850℃）内保温时，奥氏体中过饱和的碳将和 Fe、C，化合成（Cr、Fe）$_{23}$C$_6$，沿晶界沉淀析出。由于铬的扩散速度比较慢，这样生成（Cr、Fe）$_{23}$C$_6$ 所需的 Cr 必然要从晶界附近摄取，从而造成晶界附近区域铬含量降低，即所谓贫铬。如果铬含量降到 12%（钝化所需极限）以下，则贫铬区处于活化状态，它和晶粒之间构成原电池。晶界区是阳极，面积小；晶粒是阴极，面积大，从而造成晶界附近贫铬区的严重腐蚀。

当奥氏体不锈钢被加热到 450～850℃ 的敏化温度范围时，则晶间腐蚀特别敏感。焊接时的热影响区正好处于敏化温度范围内，容易造成晶间腐蚀。因此，在施焊时，严格控制焊接电流和返修次数，以尽可能减小热输入量。

2.1.6 应力腐蚀

应力腐蚀是拉应力和特定腐蚀介质共存时引起的腐蚀破裂。此应力可以是外加应力，也可以是金属内部的残余应力。残余应力可能产生于加工制造时的变形，也可能产生于升温后冷却时降温不均匀，还可能是因内部结构改变引起的体积变化造成的。焊接、冷加工及安装时残余应力是主要的应力来源。当金属表面的拉应力等于屈服应力时，肯定会导致应力腐蚀破裂。发生应力腐蚀破裂的时间有长有短，有经过几天就开裂的，也有经过数年才开裂的，这说明应力腐蚀破裂通常有一个或长或短的孕育期。应力腐蚀裂纹呈枯树枝状（开杈），大体上沿着垂直于拉应力的方向发展。裂纹的微观形态有穿晶型、晶间型（沿晶型）和二者兼有的混合型。并不是任何的金属与介质的共同作用都引起应力腐蚀破裂。某种金属材料只有在某些特定的腐蚀环境中，才发生应力腐蚀破裂。

1. 碱脆效应

金属在碱液中的应力腐蚀破裂称碱脆。碳钢、低合金钢、不锈钢等多种金属材料皆可发生碱脆。碳钢（含低合金钢）发生碱脆的趋向见图 2.1-2。由图 2.1-2 可知，氢氧化钠浓度在 5% 以上的全部浓度范围内碳钢几乎都可能产生碱脆；碱脆的最低温度为 50℃，所需碱液的浓度为 40%～50%。以沸点附近的高温区最易发生。裂纹呈晶间型。对奥氏体不锈钢，氢氧化钠浓度在 0.1% 以上时即可发生碱脆。氢氧化钠浓度 40% 最危险，这时发生碱脆的温度为 115℃ 左右。超低碳不锈钢的碱脆裂纹为穿晶型，含碳量高时，碱脆裂纹则为晶间型或混合型。当奥氏体不锈钢中加入 2% 钼时，则可使其碱脆界限缩小，并向碱的高浓度区域移动。镍和镍基合金具有较高的耐应力腐蚀的性能，它的碱脆范围变得狭窄，而且位于高温浓碱区，如图 2.1-3 所示。

2. 湿硫化氢应力腐蚀破裂（SSCC）

金属在同时含硫化氢及水的介质中发生的应力腐蚀破裂即为硫化物腐蚀破裂，简称硫裂。在天然气、石油采集，加工炼制，石油化学及化肥等工业部门常常发生硫裂事故。发生硫裂所需的时间短则几天，长则几个月到几年不等，但是未见超过十年发生硫裂的事例。硫裂的裂纹较粗，分支较少，多为穿晶型，也有晶间型或混合型。奥氏体不锈钢的硫裂大多发生在高温环境，随着温度升高，奥氏体不锈钢的硫裂敏感性增加。在含硫化氢及

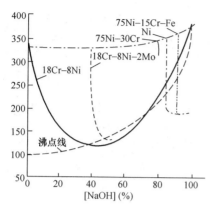
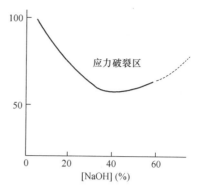

图 2.1-2　碳钢在碱液中的应力腐蚀破裂区　　图 2.1-3　不锈钢在碱液中的应力腐蚀破裂区

水的介质中，如果同时含醋酸，或者二氧化碳和氯化钠，或磷化氢，或砷、硒、锑、碲的化合物或氯离子，则对钢的硫裂起促进作用。对于奥氏体不锈钢的硫裂，氯离子和氧起促进作用。

3. 不锈钢的氯离子应力腐蚀破裂

氯离子不但能引起不锈钢孔蚀，更能引起不锈钢的应力腐蚀破裂。发生应力腐蚀破裂的临界氯离子浓度随温度的上升而减小，高温下，氯离子浓度只要达到 10^{-6}ppm，即能引起破裂。发生氯离子应力腐蚀破裂的临界温度为 70℃，工业中发生不锈钢氯离子应力腐蚀破裂的情况相当普遍。

不锈钢氯离子应力腐蚀破裂不仅发生在内壁，发生在外壁的事例也屡见不鲜，见图 2.1-4。保温材料被认为是管外侧的腐蚀因素，对保温材料进行分析，结果检验出含有约 0.5% 的氯离子。这个数值可认为是保温材料中含有的杂质，或由于保温层破损、浸入的雨水中带入并经过浓缩的结果。

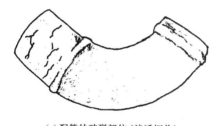

(a) 配管的破裂部位（渗透探伤）　　　　　　(b) 直管部位端面（上部为管外侧）×10

图 2.1-4　不锈钢管道外壁的应力腐蚀破裂

不锈钢氯离子应力腐蚀裂纹是典型的树枝状穿晶型裂纹，并常常以孔蚀为起源，如图 2.1-5 所示。

4. 其他常见应力腐蚀破裂体系

（1）碳钢和低合金在农用液氨中的应力腐蚀破裂：纯净的液氨不会引起腐蚀破裂，当液氨中混入空气（O_2、N_2、CO_2），如化肥工业中的农用液氨，则会引发应力腐蚀破裂，在液相部位和气相部位均会产生。如液氨中含水量超过 0.2% 时，可抑制破裂的产生。对焊缝进行消除残余应力的热处理，是必要的防护措施。

（2）碳钢在 $CO\text{-}CO_2\text{-}H_2O$ 环境中的应力腐蚀破裂：在合成氨、制氢的脱碳系统、煤气系统、有机合成及石油气等工业中常发生这类损伤事故。

图 2.1-5　1Cr18Ni9Ti 以孔蚀为起点的穿晶应力腐蚀破裂

2.1.7　磨损腐蚀

磨损腐蚀是金属受到液流或气流（有无固体悬浮物均包括在内）的磨损与腐蚀共同作用产生的破坏，也称为冲刷腐蚀。包括高速流体冲刷引起的冲击腐蚀，金属间彼此有滑移引起的磨振腐蚀，流体中瞬时形成的气穴在金属表面爆裂时导致的空泡腐蚀。介质流向突然发生改变，对金属及金属表面的钝化膜或腐蚀产物层产生机械冲刷破坏作用，同时又对不断露出的金属新鲜表面发生激烈的电化学腐蚀，从而造成比其他部位更为严重的腐蚀损伤。这种损伤是金属以其离子或腐蚀产物从金属表面脱离，而不是像纯粹的机械磨损那样以固体金属粉末脱落。

2.1.8　腐蚀疲劳

交变应力与化学介质共同作用下引起金属力学性能下降、开裂，甚至断裂的现象称为腐蚀疲劳。介质与应力的共同作用往往比它们单独作用或二者简单叠加更加有害。有时，腐蚀性很弱的介质像水、潮湿空气等，也能起很大作用，使材料或物件发生破坏的危险性增加，这种现象很容易被忽视，因此需要给予足够的注意。腐蚀疲劳裂纹的特征主要为：腐蚀疲劳裂纹往往有很多条，但无分枝，这是与应力腐蚀裂纹的区别。

2.1.9　氢腐蚀

由于化学或电化学反应（包括腐蚀反应）所产生的原子态氢扩散到金属内部引起的各种破坏，包括氢鼓包、氢脆、脱碳和氢腐蚀四种形态。对于高强度钢而言，氢鼓包的表现为裂纹；相反对于低强度钢而言，氢鼓包为鼓包。

1. 氢鼓包

氢鼓包是由于原子态氢扩散到金属内部，并在金属内部的微孔中形成分子氢。由于氢分子不能扩散，就会在微孔中积累而形成巨大的内压，使金属鼓包，甚至破裂。氢鼓包主要发生在含湿硫化氢的介质中。由于 S^{2-} 在金属表面的吸附对氢原子复合氢分子有阻碍作用，从而促进氢原子往金属内渗透。当氢原子向钢中渗透扩散时，遇到了裂缝、分层、空隙、夹渣等缺陷，就聚集起来结合成氢分子造成体积膨胀，在钢材内部产生极大压力（可达数百 MPa）。如果这些缺陷在钢材表面附近，则形成鼓包，如图 2.1-6 所示。如果这些缺陷在钢的内部深处，则形成诱发裂纹。它是沿轧制方向上产生的相互平行的裂纹，被短的横向裂纹连接起来形成"阶梯"，如图 2.1-7 所示。

2. 氢脆

氢脆是由于原子氢进入金属内部后，使金属晶格产生高度变形，因而降低了金属的韧

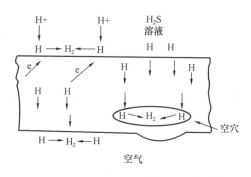

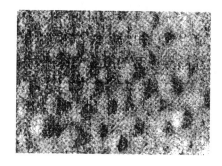

图 2.1-6　氢鼓包机理示意及氢鼓包图

性和延性，导致金属脆化。

3. 脱碳

在工业制氢装置中，高温氢气设备易产生脱碳损伤。钢中的渗碳体在高温下与氢气作用生成甲烷：

$$Fe_3C + 2H_2 \longrightarrow 3Fe + CH_4 \uparrow$$

反应结果导致表面层的渗碳体减少，而碳便从邻近的尚未反应的金属层逐渐扩散到这一反应区，于是有一定厚度的金属层因缺碳而变为铁素体。脱碳的结果造成钢的表面强度和疲劳极限的降低。

图 2.1-7　16Mn 低合金钢在 H_2S 腐蚀环境中发生的氢诱发阶梯裂纹

4. 氢腐蚀

氢腐蚀则是由于氢进入金属内部后与金属中的组分或元素反应，使钢的韧性下降，而钢中碳的脱除，又导致强度的下降。

2.1.10　宏电池腐蚀

所谓宏电池腐蚀，是指由相距几厘米甚至几米的阳极区和阴极区所组成的宏电池作用所引起的管道腐蚀。宏电池腐蚀也称局部腐蚀。由于阳极区与阴极区相距较远，土壤介质电阻在腐蚀电池回路总电阻中占相当大比例，因此宏电池腐蚀的速度除与阳极和阴极的电极过程有关外，还与土壤电阻率有关。土壤电阻率大，就能降低宏电池腐蚀的速度。在埋地钢管表面出现的斑块状或孔穴状的腐蚀即由宏电池腐蚀造成，其危害性相当大。

综上所述，埋地管道在土壤中主要遭受电化学腐蚀，该腐蚀分为阳极过程、阴极过程和电流流动三个过程，相互独立又彼此联系，其中一个过程受阻，另两个过程也受阻，腐蚀电池就会停止和减慢。这给我们采取防腐对策提供了理论依据。

2.1.11　管道内腐蚀

管道的内腐蚀是由管道输送的介质含有腐蚀性成分引起的，输送的介质不同，腐蚀的因素也就不同。输油输气管道内腐蚀主要包括溶解氧腐蚀、H_2S 腐蚀、CO_2 腐蚀、多相流冲刷腐蚀和硫酸盐还原菌（SRB）腐蚀等几种类型。其中，溶解氧腐蚀主要指对管道系统的腐蚀，H_2S 腐蚀、CO_2 腐蚀、多相流冲刷腐蚀和 SRB 腐蚀则主要发生在油套管、集输管线和长输管线上。输天然气管道内腐蚀主要是 H_2S 腐蚀，多发生在未经净化处理过的原始天然气输送管道上。

在原油、天然气集输与长输管道输送物品过程中，常含有腐蚀介质为无机硫化物、氯化物、环烷酸以及水分、CO_2 等，在适宜的条件环境下，将对金属管道产生腐蚀作用。在城镇燃气输配过程中，常含有水分、H_2S（经过净化的天然气含量很低）、CO_2、O_2 等能与金属进行化学与电化学反应的介质。这些介质的存在，也将对管道材料产生腐蚀作用。

1. H_2S 腐蚀

（1）硫化氢电化学腐蚀过程：硫化氢在水中离解：

$$H_2S \longrightarrow H^+ + HS^-$$

$$HS^- \longrightarrow H^+ + S^{2-}$$

阳极反应：
$$Fe \longrightarrow Fe^{2+} + 2e$$

阴极反应：
$$2H^+ + 2e \longrightarrow H_2$$

H_2S 离解产物 HS^-、S^{2-} 吸附在金属的表面，形成加速的吸附复合物离子 $Fe(HS)^-$。吸附 HS^-、S^{2-} 使金属的电位移向负值，促进阴极放氢的加速，而氢原子为强去极化剂，易在阴极得到电子，同时使铁原子间金属键的强度大大削弱，进一步促进阳极溶解反应而使钢铁腐蚀。

（2）硫化氢导致氢脆过程：氢在钢中的存在状态而导致钢基体开裂的过程，至今还尚无统一的定论。但普遍认为，萌生裂纹的部位必须富集足够的氢。钢材的缺陷处（晶界、相界）、位错、三维应力区等，这些缺陷与氢的结合能力很强，可将氢捕捉，这些缺陷处便成为氢的富集区。通常把这些缺陷叫陷阱。当氢在金属内部陷阱富集到一定程度，便会沉淀出氢气。据估算这种氢气的强度可达 300MPa，于是促进钢材的脆化，局部区域发生塑性变形，萌生裂纹而导致开裂。

2. CO_2 腐蚀

CO_2 对碳钢的腐蚀是一个不可低估的因素。钢铁在含 CO_2 水溶液的溶解过程中有两个不同的还原过程。其一是 HCO_3^{-1} 直接还原析出氢；其二是金属表面的 HCO_3^- 离子浓度极低时，H_2O 被还原析出氢。

CO_2 的腐蚀机理：

$$CO_2（溶液）\longleftrightarrow CO_2（吸附）$$

$$CO_2（吸附）+ H_2O \longleftrightarrow H_2CO_3（吸附）$$

$$H_2CO_3（吸附）+ e^- \longleftrightarrow H（吸附）+ HCO_3^-（吸附）$$

$$H_2CO_3（吸附）+ H_2O \longleftrightarrow H_3O^+ + HCO_3$$

$$H_3O^+ + e^- \longleftrightarrow H（吸附）+ H_2O$$

$$HCO_3^-（吸附）+ H_3O^+ \longleftrightarrow H_2CO_3（吸附）+ H_2O$$

腐蚀开始时，金属表面早已形成结合力较强的 $Fe(HCO_3)_2$，该膜可发生变化：$Fe(HCO_3)_2 + Fe \longrightarrow 2FeCO_3 + H_2 \uparrow$，从而形成和金属基体结合力较差的 $FeCO_3$ 膜。该转化过程中，$FeCO_3$ 的体积较 $Fe(HCO_3)_2$ 的体积小，转化过程中体积收缩，形成微孔的保护性较差的 $FeCO_3$ 膜，因而引发碳钢的腐蚀（主要为点蚀）。所以，虽然碳钢在较宽的 pH 值范围内、在饱和的 CO_2 盐溶液中可形成一层牢固的 $Fe(HCO_3)_2$ 膜，该膜对碳钢有一定的保护作用，但随着时间的延长，$Fe(HCO_3)_2$ 会逐渐转化为与金属结合力较差的 $FeCO_3$ 而失去保护作用。钢铁表面覆盖的不同产物的区域和不同腐蚀产物的边界处可能因为电偶作用而导致局部腐蚀。

3. O_2 腐蚀

在含有氧气的水溶液中，电极表面将发生氧化还原反应，其反应机理十分复杂，通常有中间态粒子或氧化物形成，不同的溶液中其反应机理也不一样。在酸性溶液中，氧化还原的总反应为：

$$O_2 + 4H^+ + 4e \longrightarrow 2H_2O$$

其可能的反应机制由下列步骤组成：

$$O_2 + 2e \longrightarrow O^{2-} \qquad O^{2-} + 2H^+ \longrightarrow OH^- \qquad H_2O + 2e \longrightarrow 2OH^-$$

在中性或碱性溶液中，氧还原的总反应为：$O_2 + 2H_2O + 4e \longrightarrow 4OH^-$

其反应机制为：$O_2 + 2e \longrightarrow O^{2-}$

$$O_2 + H_2O + 3e \longrightarrow HO^{2-} + OH^- \qquad OH^- + H_2O + 2e \longrightarrow 3OH^-$$

氧气的还原反应为阴极过程的腐蚀，叫做吸氧腐蚀。与氢原子还原反应相比，氧还原反应可以在正得多的电位下进行。大多数金属在中性或碱性溶液中，以及少数电位较正的金属在含氧气的弱酸中的腐蚀都属于吸氧腐蚀或氧去极化腐蚀。在油气管道中，氧的去极化腐蚀反应为：

在阳极：$Fe \longrightarrow Fe^{2+} + 2e$

去极化：$O_2 + 2H_2O + 4e \longrightarrow 4OH^-$

$$Fe^{2+} + 2OH^- \longrightarrow Fe(OH)_2$$

腐蚀产物：$4Fe(OH)_2 + O_2 + 2H_2O \longrightarrow 4Fe(OH)_3$

总反应式：$4Fe + 3O_2 + 6H_2O \longrightarrow 4Fe(OH)_3$

4. Cl—氯化物

一般在原油中含有无机氯化物，而在炼油生产中生产有机氯化物。无机氯化物由 $NaCl$ 与 $CaCl_2$ 等组成，在一定温度条件下水解生成 HCl，对金属产生腐蚀作用。

5. 环烷酸

在原油中常含有环烷酸，其分子式为 $R(CH_2)_nCOOH$，R 为环烷烃。它对金属的腐蚀受温度影响较大，当环境温度为 $220 \sim 280^{\circ}C$ 腐蚀性强，之后，腐蚀速度下降，再从 $350^{\circ}C$ 时又急剧增加，当温度超过 $400^{\circ}C$ 后，环烷酸基本汽化。因此，腐蚀作用消失。

2.2　防腐层保护

钢质管道发生腐蚀的原因主要是管道与其周围环境中的腐蚀物质有接触（直接接触、电导通接触等）。因此接触是腐蚀发生的充分条件，所以防止钢质管道与腐蚀物质的接触是一种有效的防腐方法。自然环境中钢铁的腐蚀物质主要是空气的氧或溶解于水中的氧气，防止钢铁与自然环境直接接触能起到很好的防腐作用。

2.2.1　管道内防腐层保护

钢质管道内防腐层和衬里包括液体环氧涂料（环氧涂料、聚氨酯涂料等），环氧粉末涂料，水泥砂浆衬里，富锌涂料、漆酚环氧耐温和有机硅耐高温等（这些既可做内防腐层也可以做外防腐层）。

1. 液体环氧涂料

以环氧树脂作为主要成膜物并且含有机溶剂的环氧树脂涂料称为液体环氧涂料。此类防腐层的优点是与金属的附着力强，有优异的耐蚀性能（耐酸、碱、盐、有机溶剂、耐水等），较好的机械性能及电绝缘性能。该类防腐层适用于介质温度小于100℃输送水、原油、天然气、成品油的管道。

2. 熔结环氧粉末内防腐层（FBE）

此防腐层具有良好的防腐蚀性能、粘接性能、耐磨性能，使用寿命长，绝缘性能好，是一种较为理想的管道内防腐层材料。它不仅能用作防腐层，而且还能起到减阻、降低管道输送动力消耗的作用。适用的工作温度为−30～100℃，输送各种油品、天然气、给水排水介质。

3. 水泥砂浆衬里

水泥砂浆衬里是一种材料来源广泛、施工方便、无毒、经济的内防腐层。此防腐层主要应用于清水、污水管道，所输送水的pH值不得低于5，并且温度不得高于60℃。输送饮用水时，应选用强度等级不低于42.5级硅酸盐水泥、普通硅酸盐水泥、矿渣硅酸盐水泥、火山灰质硅酸盐水泥及粉煤灰硅酸盐水泥。

4. 富锌涂料

富锌涂料是一种含大量活性锌粉的涂料，其干膜锌粉的质量百分含量在85%～95%。一般作为底漆，特别对恶劣的大气、油、水腐蚀环境具有优异的防锈及防腐作用。富锌涂料可分为无机富锌涂料及有机富锌涂料。无机富锌涂料使用无机胶粘剂，其锌粉和基漆起反应，并和被涂覆金属形成无机化学结构。因此其耐腐蚀、耐热、耐溶剂、耐候性、耐磨、耐油、导电性等方面性能均较好，该涂料并有阴极保护作用，使用温度可达100～400℃。无机富锌涂料的施工要求高，金属表面处理一般需Sa2.5级。一般与环氧树脂漆、乙烯树脂漆等面漆配套使用。有机富锌涂料，一般采用环氧树脂、聚氨酯树脂等为基漆，与无机富锌涂料相比，其特点是漆膜附着力强，力学性能好，但其耐热性、导电性、耐溶剂性不如无机富锌涂料。

5. 漆酚环氧耐温防腐层

此防腐层是将漆酚与甲醛制成漆酚酚醛树脂，再与环氧树脂交联，用丁醇醚化而成。此防腐层有以下特点：

（1）化学稳定性好，耐水及沸水，特别在潮湿环境中耐腐蚀性可超过氯乙烯漆。长期使用温度可达120℃。

（2）与金属附着力强，韧性、耐磨性好，使用寿命较长。

（3）干燥快、毒性低、施工方便。

6. 有机硅耐高温防腐层

此类防腐层具有优异的耐热性和绝缘性，是防止金属高温氧化的优良涂料。纯有机硅涂料的特性为耐高温、耐氧化、耐腐蚀、耐候、绝缘。有机硅涂料的耐温性一般在300～500℃，最高可达800～900℃。缺点是强度较低、与金属附着力差、耐溶剂性差。因此，常与醇酸树脂、环氧树脂、漆酚树脂等树脂加以改性。

2.2.2　管道外防腐层保护

目前国内埋地钢质管道使用的外防腐层主要有：石油沥青、挤压聚乙烯、熔结环氧粉末、聚乙烯胶带及煤焦油瓷漆几大类。

1. 石油沥青防腐层

防腐涂层结构：由石油沥青和玻璃布复合而成，常用的有 3 个防腐等级，通过不同的涂敷和玻璃布缠绕层数来实现：普通级（最低 4mm），加强级（最低 5.5mm），特加强级（最低 7mm）。因这种防腐材料易老化，且需要的阴极保护电流大，目前不再使用。具有这种防腐层的在役管道，基本是建成在 20 世纪 70-80 年代。

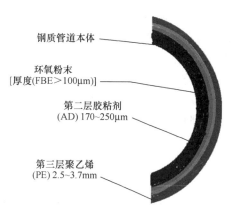

图 2.2-1　钢质管道 3PE 防腐层结构示意图

2. 挤压聚乙烯防腐层（2PE/3PE）

挤压聚乙烯防腐层分两层结构和三层结构（图 2.2-1）。两层结构俗称夹克，具有防腐结构性能良好、机械强度高、电绝缘性能好的特点，且价格较低，是目前油气管道广泛应用的防腐层。主要缺点是一旦防腐层破裂，阴极保护电流很难达到钢管表面，因此，易产生缝隙腐蚀。三层结构（3PE）由环氧粉末、底胶、聚乙烯组成，该种防腐结构性能优异，机械强度高，电绝缘性能优异，不污染环境，材料来源容易解决，是目前最为优秀的防腐层。挤压聚乙烯有两种挤出工艺，一种是纵向挤出包覆工艺，适用于无缝管；一种是侧向挤出缠绕工艺，适用于螺旋焊缝管和直缝管。主要缺点是预制工艺复杂、造价偏高。但随着技术的成熟大规模生成，生产成本大幅下降，目前 3PE 这种防腐层凭借其优良的防腐与防护性能，广泛应用于各种埋地钢质管道。3PE 防腐的工艺流程图见图 2.2-2。

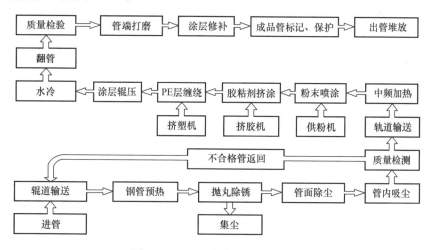

图 2.2-2　3PE 防腐的工艺流程图

3. 熔结环氧粉末防腐层（FBE）

环氧粉末属热固性防腐涂料，由于没有有机溶剂，施工时不考虑防火，不污染环境，材料损耗少，利用率达 95％以上。涂层具有固化时间短、附着力强、耐磨性好、抗土壤应力好、阴极剥离半径小、耐高温、耐酸碱介质等特点，是目前较为优秀的防腐涂层。目前国外 DN500 以上的管道工程采用该种涂层防腐，国内已实现了大规模机械化生产作业。近几年在青海油田输气管线、浦东机场航空油管线、天津航空油管线、长庆气田集气管线以及诸多长输管道的河流定向钻穿越等重点工程上广泛采用。通过几年的施工，积累了较丰富的实践经验，该种涂层和目前其他涂层相比，价格较低。主要缺点是涂层太薄，抗冲击性差，涂敷、运输、施工极易受伤，吸水率较高，补口、补伤工艺较复杂。

4. 聚乙烯胶带防腐层

聚乙烯胶带为冷缠施工，可手工，也可机械缠绕。主要优点是施工方便，价格便宜，绝缘电阻高，抗杂散电流腐蚀能力好。主要缺点是冷缠方式在管子焊缝凸起处易形成防腐层剥离，在胶带搭接处的粘接力也较差，易引起剥离，底胶质量不稳定，胶层软，抗土壤应力差，加上其机械强度较低，耐磨性和抗冲击性能较差，只是在小口径、短距离的管线上应用较多，但使用寿命很短。

5. 煤焦油瓷漆

煤焦油瓷漆防腐层由底漆、瓷漆、内外缠带组成，该种防腐结构层防腐性能好，耐酸、碱、盐及微生物腐蚀，吸水率低，不怕植物根扎，使用寿命长。主要缺点是绝缘电阻不高、机械性能差、低温发脆、易污染环境，不耐土壤应力，抗冲击力差，维修工作量大。由于其污染环境，因此，不宜在人口稠密的地区使用。

2.2.3　管道防腐层补口

1. 环氧粉末现场热喷涂

环氧粉末现场热喷涂工艺复杂，其工艺中最难控制的是加热和喷涂。当加热到要求温度时，需撤走加热装置，换上喷涂装置。这期间由于环境条件的不同，当换上喷涂装置后，管体本身的温度已发生了变化（逐渐降低）。因此，即使再有经验，也很难保证喷涂环氧粉末时，管体的温度正好是粉末的固化温度，这样就很难保证环氧粉末完全熔融、固化。另外，当涂层要求较厚时，可能会出现外边的环氧粉末不能熔融、固化的情况。对于与管体涂层搭接部分和当补口质量达不到质量要求进行补涂时，很难保证前后两层熔合到一起。总之，就目前的工艺，环氧粉末补口质量很难达到与管体相同的质量要求。最常见的质量问题是环氧粉末未能完全熔融、固化，造成漏点较多。

2. 无溶剂液态环氧补口涂料冷涂

目前，国内应用较多的无溶剂液态环氧补口涂料有帕罗特结（Powercrete J）涂料和 YH16 等。口处和弯头处外防腐，主要特性如下：

方便灵活的施工方式，能够在现场常温的条件下进行防腐施工，既可手工涂覆又可机涂，质量容易保证；固化时间短，夏天 30min 表干，2h 硬化，4h 固化，可下沟回填；形成的涂层坚硬、光滑；具有良好的耐酸碱性，其使用寿命可长达 50 年以上；维护方便，一次涂敷厚度可达 $500\mu m$，在防腐施工过程中出现的管道表面防腐层的损伤都可现场修补；对 FBE 涂层具有强的粘结力；补口造价较低。

其主要优点是涂层与钢管及管体环氧粉末层均有很好的粘结力；缺点是在管道补口施工时，受环境和操作人员的熟练程度影响较大，特别是冬期施工应小心，施工不好时易产生漏点。

3. 热收缩套包复

由于环氧粉末涂层、钢管、热收缩套胶层和热收缩套聚乙烯层的膨胀系数不同，所以，即使热收缩套施工质量很好，也会随着管道使用年限的增加、冬夏的交替，使热收缩套和环氧粉末涂层产生分离，尤其是热收缩套的边缘处。为确保补口质量，最好采用三层结构热收缩套，即在钢管上先涂刷一层无溶剂液态环氧底漆，等底漆表干后再包覆热收缩套。这样无溶剂液态环氧底漆与钢管和管体环氧粉末层有很好的粘结力，与热收缩套也有较好的粘结力。采用三层结构热收缩套补口，质量容易保证，但施工工艺较复杂，造价较高。

2.3　阴极保护

2.3.1　阴极保护原理

在电化学腐蚀（或腐蚀原电池）化学反应中，得到电子的被还原的那个极称为阴极，失去电子物质被离子化的极称为阳极。在半电池反应过程中阳极因为失去电子形成离子，离子在电极周围扩散的速度比失去电子慢，而形成离子聚集，使得阳极电位升高，这种现象称为阳极极化。同样在阴极周围从阳极转移过来电子的速度，远远大于在阴极表面还原的速度，而形成电子聚集，使得阴极电位下降，这种现象称为阴极极化。在电化学反应中，当阳极极化和阴极极化达到平衡时，会得到一个稳定的电化学腐蚀化学反应电位和腐蚀电流（图 2.3-1）。

如图 2.3-1 所示，$E_c S$ 是阴极极化曲线，E_b 是阳极极化曲线。当腐蚀电池的内电阻为零时，两条线相较于 S 点，S 点所对应的电位称为该体系的腐蚀电位，也称为自然电位（E_{corr}），是腐蚀体系阴极和阳极极化后共同趋近的电位值，与这个电位值对应的腐蚀电流 I_{corr}，称为该体系的最大腐蚀电流。

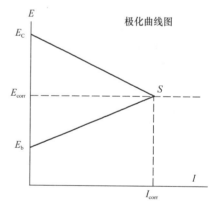

图 2.3-1　极化曲线图

在电化学反应体系中，如果给该体系的阴极通过外加电流增加电子，打破原来腐蚀体系的平衡状态，使阴极产生极化，那么阴极的电位就会负向偏移。当下降到 E_b 电位时，体系的电位差等于零，腐蚀电流就为零，腐蚀电化学反应就会停止。施加阴极电流，使阴极产生极化免受腐蚀，实现了保护，所以称为阴极保护。

阴极保护原理：对钢质管道进行阴极保护，是通过一个外加与腐蚀电流方向相反的电流或是偶接一个腐蚀电位比铁的腐蚀电位更低的金属（如镁金属），抑制腐蚀反应发生。

阴极保护电位，根据 Nernst 公式计算理论计算，在腐蚀体系中要阻止腐蚀电流的流动，通过极化阴极电位（使阴极电位负向偏移），负向偏移的幅度，若是在土壤中，pH 值不同而有所不同。一般情况下，若以铁作为腐蚀体系，腐蚀的产物是 Fe^{2+} 离子，Fe^{2+} 离子与水结合之后形成氢氧化物[$Fe(OH)_2$]。当腐蚀体系的 pH 值为 8.3 时，通过计算得到铁离子的氧化还原电极电位为：

E ＝－0.531V（SHE——氢参比电极），换算成饱和硫酸铜电极还原电位为－0.85V（SCE——铜/饱和硫酸铜参比电极）。

因此，在钢质管道腐蚀性体系中（pH≥8.3），阻止管道发生腐蚀的最高电位不应该大于－0.85V。这可以看做是钢质管道最小保护电位的理论依据。目前规范要求埋地钢质管道阴极保护有效保护电位范围是－0.85～ －1.20V（SCE）之间。

2.3.2　阴极保护方法

1）牺牲阳极阴极保护法

牺牲阳极保护法是用电极电势比被保护金属更低的金属或合金固定在被保护金属上做阳极，被保护金属作为阴极，形成腐蚀电池，使电流从阳极上流出，流向被保护金属从而使其得到保护。牺牲阳极一般常用的材料有镁、铝、锌及其合金。此法常用于油气管道、海轮外壳、海水中的各种金属设备、构件以及巨型设备（如贮油罐）的腐蚀防护。牺牲阳极阴极保护方式见图 2.3-2。

2）强制电流法（外加电流阴极保护法）

利用外加电源来保护金属。把需要保护的金属接在电源设备的负极上，成为阴极而免除腐蚀，设置较活泼的金属连接电源设备的正极，成为阳极而被腐蚀，实际上也是牺牲阳极。和牺牲阳极保护法不同的是，这里由外电源提供电流。油气管道、供水管道或大型的金属设备构建物，常用这种方法防腐。管道强制电流阴极保护系统见图 2.3-3。

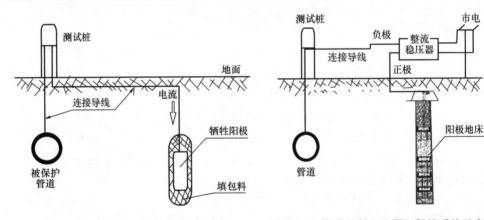

图 2.3-2　牺牲阳极阴极保护示意图　　图 2.3-3　管道强制电流阴极保护系统示意图

2.3.3　阴极保护准则

无 IR 降阴极保护电位 E_{IRfree} 应满足以下要求：

$$E_1 \leqslant E_{IRfree} \leqslant E_p$$

注：E_1 为限制临界电位；E_{IRfree} 为无 IR 降阴极保护电位；E_p 为最小保护电位（金属腐蚀速率小于0.01mm/年）。

由国家标准《埋地钢质管道阴极保护技术规范》GB/T 21448—2017 可以知道：

一般情况

（1）管道阴极保护电位（即管/地界面极化电位，下同）应为－850mV（CSE——硫酸铜参比电极）或更负。

（2）阴极保护状态下管道的极限保护电位不能比－1200mV（CSE）更负。

（3）当土壤或水中含有硫酸盐还原菌且硫酸根含量大于 0.5％时，最小阴极保护电位－950mV。

（4）在土壤电阻率 100～1000Ω·m 环境中的管道，阴极保护电位宜负于－750mV（CSE）；在土壤电阻率大于 1000Ω·m 的环境中的管道，阴极保护电位宜负于－650mV（CSE）。

特殊考虑

当以上准则难以达到时，可采用阴极极化或去极化电位差大于 100mV 的判据。注：在高温条件下、SRB 的土壤中存在交直流干扰及异种金属材料偶合的管道中不能采用 100mV 极化准则。

注：对强制电流保护的管线，一般采用"－850mV（CSE）"准则进行判断，对牺牲阳极保护管线，用"－850mV（CSE）"和"100mV 极化准则"两个评判标准结合进行判断。

美国腐蚀工程师协会（NACE）RP 0169（1996）对钢铁保护电位准则规定如下：

（1）施加阴极保护时电位值不得正于－850mV（相对于硫酸铜参比电极），这个值必须考虑消除 IR 降的误差；

（2）在金属体的表面与接触的电解质直接，极化电位值最小不少于 100mV。

2.3.4　阴极保护的基本参数

1. 最小保护电流密度

阴极保护时，使金属腐蚀停止，或达到允许程度时所需要的电流密度值称为最小保护电流密度。

最小保护电流密度是阴极保护设计的重要参数。如果选取不当，或者达不到完全保护；或者产生过保护，使阴极保护效果降低，造成经济损失，浪费电力资源。

最小保护电流密度的大小取决于被保护金属的种类、表面状况、腐蚀介质的性质、组成浓度温度和表面绝缘层的质量等因素。同样的物体上述这些条件不同，最小保护电流密度的值也有很大的差异，见表 2.3-1～表 2.3-3。

碳钢在不同介质中的最小保护电流密度　　　　　　　　　　　表 2.3-1

介质	电流密度（mA/m²）	介质	电流密度（mA/m²）
含氧自然土壤	35	潮湿混凝土	0.055～0.27
流动海水	65～172	含硫酸盐还原菌土壤	450
流动淡水	50	静止淡水	0.05～0.1

防腐层种类所需保护电流密度　　　　　　　　　　　表 2.3-2

防腐层种类	保护电流密度（mA/m²）	防腐层种类	保护电流密度（mA/m²）
聚乙烯防腐层 3mm 厚	0.001～0.01	旧沥青	0.5～3.5
沥青玻璃丝布 7mm 厚	0.01～0.05	石蜡布	0.5～1.5
沥青玻璃丝布 4mm 厚	0.05～0.25	旧油漆	1.0～30
裸钢管	5～50		

防腐层电阻率所需最小保护电流密度　　　　　　表 2.3-3

防腐层绝缘电阻率 （$\Omega \cdot m^2$）	保护电流密度 （mA/m^2）	防腐层绝缘电阻率 （$\Omega \cdot m^2$）	保护电流密度 （mA/m^2）
1000000	0.0003	3000	0.1
300000	0.001	1000	0.3
100000	0.003	300	1.0
30000	0.01	100	3.0
10000	0.03	30	10.0

2. 最小保护电位

阴极保护时，为了使金属腐蚀过程停止，金属经阴极极化后所必须达到的绝对值最小的负电位值称为最小保护电位。最小保护电位与金属的种类、腐蚀价值组成、温度、浓度等有关。最小保护电位值常常是用来判断阴极保护是否充分的基准。因此这个电位值是监控阴极保护的重要参数。最小保护电位可以借助参比电极来测量。根据电位—pH 图，电位和 pH 值密切相关，理论保护电位与介质的 pH 值有对应关系，以铁为例，其理论保护电位为：

$$Fe-2e\text{——}Fe^{2+} \qquad \Phi Fe / Fe^{2+} = -0.44V（标准状态）$$

一般情况下，铁腐蚀的溶解的产物是 Fe^{2+} 离子，与水结合之后形成氢氧化物。因此铁的腐蚀电位可以根据 Nernst 公式计算当 pH 值在 8.3 时，铁的腐蚀反应电极电位为：

$$E = -0.53V（SHE），换算成相对硫酸铜参比电极 \left[\Phi Cu / Cu^{2+} = 0.32V（标准状态） \right]$$

$$E = -0.53 - 0.32 = -0.85V（CSE 相对于饱和硫酸铜电极）$$

因此铁在保护区域，即阻止管道发生腐蚀的最小电位是 $-0.85V$（pH＝8.3 时）。

3. 最大保护电位

在阴极保护中，所允许施加的阴极极化的绝对值最大值，在此电位下管道的防腐层不受破坏，此电位值就是最大保护电位。

在阴极保护中，并不是保护电位负值越大越有利于金属的保护。过负的保护电位会产生不良的作用——阴极剥离。由于阴极电流过大，造成金属表面的电位过负，当电位值达到氢离子还原电位时，溶液中的 H^+ 就会在金属的表面得到电子还原成氢原子——产生氢气。这种现象将会造成金属表面的防腐层与管道发生剥离，促使防腐层加速老化。因此阴极保护中有最大保护电位的限制。各种不同材质的防腐层抗阴极剥离电位也有差别。

过保护还会产生过多的电力消耗，不经济。实际工程中选取保护电位的合理范围是 $-0.85 \sim -1.20V$（相对于饱和硫酸铜电极）。正于 $-0.85V$ 时管道可能会发生腐蚀，负于 $-1.20V$ 时管道上会可能有氢气析出。

2.3.5　阴极保护条件

埋地管道阴极保护可采用强制电流法、牺牲阳极法或两种方法结合的方式，应视工程规模、土壤环境、管道防腐层绝缘性能等因素，经济合理地选用。需要管道具备以下条件：

（1）腐蚀介质必须是能够导电的，以便能够建立起连续的电路。如土壤、海水、淡水以及各种电解质溶液，确保阴极保护电流畅通。

（2）被保护的金属材料在所处的介质中要容易进行阴极极化。两性金属采取阴极保护时，应严格控制负电位，否则可能会加速金属腐蚀。

（3）电绝缘性：采用阴极保护的管道应与非保护金属结构物及共用场所的接地系统电绝缘，使用绝缘装置与之隔离，避免保护电流流失到非保护装置或对非保护装置产生电流干扰。

（4）当阴极保护管道需要接地时，接地系统应与阴极保护系统兼容，可在接地回路中安装去耦隔直装置，防止阴极保护电流流失。所有接地设施不应对阴极保护系统造成不利影响。

（5）国外对一些金属在土壤中的阴极保护参数，见表 2.3-4。

德国标准 DIN30676 中一些合金在不同环境中的保护电位参数　　　　表 2.3-4

材料及环境条件		自然腐蚀电位（V）	保护电位［最小（V）］	保护电位［最大（V）］
钢和铁	<40℃	−0.65～−0.40	−0.85	不限
	>60℃	−0.80～−0.50	−0.95	不限
	不通气环境	−0.80～−0.65	−0.95	不限
	沙土，电阻>500Ω·m	−0.50～−0.30	−0.75	不限
不锈钢（含 Cr16%）	土壤，<40℃	−0.20～+0.50	−0.10	不限
	淡水，>60℃	−0.20～+0.50	−0.30	不限
	盐水	−0.20～+0.50	−0.30	不限
铜及合金		−0.20～0.00	0.20	不限
铅		−0.50～−0.40	−0.65	−1.7
铝	在淡水中	−1.00～−0.50	−0.80	−1.1
	在盐水中	−1.00～−0.50	−0.90	−1.1
钢	在混凝土中	−0.60～−0.10	−0.75	−1.3
镀锌钢		−1.10～−0.90	−1.20	不限

2.4　金属管道腐蚀控制

金属管道腐蚀控制有三个重要环节，设计、施工、管理缺一不可。

设计——控制腐蚀的第一个重要环节，包括正确选用防腐技术，合理选用耐腐蚀材料以及合理设计设备结构。腐蚀控制技术主要是合理设计、正确选用金属材料、改变腐蚀环境、采用耐腐蚀覆盖层、电化学保护、用耐腐蚀非金属材料替代金属材料。

施工——关系到各种防腐蚀措施能否达到预期防腐蚀效果的重要环节。

管理——保障各种防腐技术能够长期发挥作用的环节。

第 3 章 埋地燃气管线探测

3.1 探测仪器

　　管线是一座城市非常重要的组成部分，是城市的脉络和生命线，为了管线功能的需要或城市的美观，一些管线埋入了地下。城市内的地下管线从材质方面划分，可分为两大类，一类是金属管线，另一类是非金属管线。各种类型的地下管线，一旦埋入地下后，要想知道它的准确位置，最准确直接的方法是开挖出来查看测量，但这方法需要的成本最高，有时也是不允许的。如何在不开挖的情况下获得地下管线准确的空间位置，是一门非常专业的科学技术，这就是埋地管线位置探测技术。目前，非开挖方式探测地下管线的技术也可划分为两类，金属管线探测技术和非金属管线探测技术。金属管线探测采用的主要是电磁方法原理，探测方法简单，结果比较准确；非金属管线探测方法原理比较多，仪器构造相对复杂，探测结果往往不是很令人满意。目前，地下管线常用的各种探测仪器见表 3.1-1。

地下管线探测仪器一览表　　　　　　　　　　　　　　表 3.1-1

仪器类型	型号	仪器原理	金属管线	非金属管线	优点	缺点	图片
地下管线探测仪	RD 系列	电磁方法原理	适合	不适合	使用灵活方便	输出功率相对较小	
	vLoc-Pro 系列		适合	不适合	使用灵活方便	输出功率相对较小	
	里奇-SR-系列		适合	不适合	使用灵活方便自动化程度高	受环境干扰较大	

续表

仪器类型	型号	仪器原理	金属管线	非金属管线	优点	缺点	图片
地下管线探测仪	国产 SL 系列	电磁方法原理	适合	不适合	操作简单	需要信号直连	
	GXY-2000		适合	不适合	使用灵活方便	输出功率相对较小，不太适合大埋深管线探测	
探地雷达	LTD-系列	高频宽频带电磁波传播反射	适合金属、非金属地下空洞等		简单、探测结果直观可靠	受环境影响大	
	RIS 系列						
	MALA-1000						
	三维雷达						
声波探测仪	GPPL 系列	声波原理	只适合燃气管线		简单易学	加信号较复杂	

续表

仪器类型	型号	仪器原理	金属管线	非金属管线	优点	缺点	图片
发射信号源探测	示踪探头	电磁原理		比较适合至少有一端开口的非金属管道	简单易学	无开口管道不能够探测	

在《城市地下管线探测技术规程》CJJ 61—2017 中第 4.4.2 条明确规定，选择地下管线探测仪应具备以下性能：

1. 对被探测的地下管线，能获得明显的异常信号；

2. 有较强的抗干扰能力，能区分管线产生的信号或干扰信号；

3. 满足本规程第 3.0.8 条所规定的精度要求，并对相邻管线有较强的分辨能力；

4. 有足够大的发射功率（或磁矩），能满足探查深度的要求；

5. 有多种发射频率可供选择，以满足不同探测条件的要求；

6. 能观测多个异常参数；

7. 性能稳定，重复性好；

8. 结构坚固，密封良好，能在 $-10 \sim +45℃$ 的气温条件下和潮湿的环境中正常工作；

9. 仪器轻便，有良好的显示功能，操作简便。

3.2 应遵循的原则

3.2.1 从已知到未知

不论采用何种物探方法，都应在正式投入使用之前，在区内已知地下管线敷设情况的地方进行方法试验，评价其方法的有效性和精度，然后再推广到未知区开展探查工作。

在进行管线探测前，须对探测区内的基本情况进行了解，搜集分析与探测区相关的管线资料，其工作的质量，对整个探测成果及效率都有很大的影响，资料收集内容包括：

（1）已有的地下管线现状调绘图；

（2）所测管线的设计图、施工图、竣工图（含变更图等）及技术说明资料；

（3）相应比例尺地形图；

（4）测区内已有测量控制点成果及点之记。

对施工区进行踏勘，查找地下管线铺设情况已知的地方，进行方法实验，凭借该方法的有效性和精度，推广到未知区开展探查工作；在具体工作中也是先从管线已知点（明显点）开始工作，逐步探测出整条管道乃至整个管网的平面位置、地下埋深。

3.2.2 由简单到复杂

在一个地区开展探查工作时，应首先选择管线少、干扰小、条件比较简单的区域开展工作，然后逐步推进到条件相对复杂的地区。

1. 应优先采用轻便、有效、快速、成本低的方法

当我们进行地下管线探测时，除了要掌握熟练的技术和丰富的经验外，还要根据企业给予的图纸、资料或派出的专人指认为线索进行探测，这样我们会更有效、快捷地把工作做完做好。

2. 复杂条件下宜采用多种探查方法相互验证

当我们进行地下管线探测，如果遇到路口或管线复杂的环境时，应采用至少两种探测方法来进行探测，以提高管线的分辨率和探测结果的可靠程度。

3.3　一般规定

如果有多种方法可选择来探查本地区管线，应首先选择效果好、轻便、快捷、安全和成本低的方法。在管线分布相对复杂的地区，用单一的方法往往不能或难以辨别管线的敷设情况，这时应根据相对复杂程度采用适当的综合物探方法，以提高对管线的分辨率和探测结果的可靠程度。

城市地下管线是城市基础设施的重要组成部分，它主要包括给水、排水（雨水、污水）、燃气（煤气、天然气、液化石油气）、通信、电力、工业管道及无名管线等几大类。它就像人体内的"神经"和"血管"，日夜担负着传送信息、输送能量的工作，是城市赖以生存和发展的物质基础，被称为城市的"生命线"。城市地下管线的信息化管理，是城市基础设施建设管理工作中最重要的一环。地下管线普查工作是建立完善的地下管线信息系统、构建地下管线空间数据，获得城市地下管线的详细信息，为城市的数字信息化管理服务提供基础的管线信息数据工作。

地下管线探测的目的是获取地下管线精密、可靠、完整且现时性强的几何及属性数据。用这些数据生成地下管线图纸、报表和其他城市规划建设用图等常规档案资料。城市管网信息系统可以提高规划、设计部门以及各专业管线管理单位的工作效率，为城市的规划、设计、施工和管理提供服务，实现管理的科学化、自动化和规范化。通过物探的方法探测查明各种地下管线的埋设情况和权属单位，为城市综合改造的规划、设计、施工和管理提供完整的数据基础。

地下管线探查应在现场查明各种地下管线的敷设状况，即管线在地面上的投影位置和埋深，同时应查明管线类别、材质、规格、载体特征、电缆根数、孔数及附属设施等，绘制探查草图并在地面上设置管线点标志。地下管线探查主要是针对管线点的探查，管线点分为明显管线点和隐蔽管线点。明显管线点是指地下管线中心位置投影在实地明显可直接定位，隐蔽管线点是指因地下管线在实地不可见需采用仪器探测或样孔探测的物理点。地下管线探查应在充分搜集和分析已有资料的基础上，采用实地调查与仪器探查相结合的方法进行。

管线点宜设置在管线的特征点在地面的投影位置上。管线特征点包括交叉点、分支点、转折点、变材点、变坡点、变径点、起讫点、上杆、下杆以及管线上的附属设施中心点等。管线点的编号由管线代号和管线点序号组成，管线代号用汉语拼音字母标记，管线点序号用阿拉伯数字标记。管线点编号在同一测区应是唯一的。

　　管线探查现场应使用墨水钢笔或铅笔按管线探查记录所列项目填写清楚，并应详细地将各种管线的走向、连接关系、管线点编号等标注在1：1000地形图（或带状图）上，形成探查草图交付地下管线测量工序使用。一切原始记录，记录项目应填写齐全、正确、清晰，不得随意擦改、涂改、转抄。确需修改更正时，可在原记录数据内容上画"—"线后，将正确的数据内容填写在其旁边，并注记原因，以便查对。

　　地下管线探测必须查明与测注的项目按表3.3-1执行。

地下管线探测必须查明与测注的项目　　　　　　　表3.3-1

管线种类	地面建（构）筑物	管线点		量注项目	测注高程位置
		特征点	附属物		
给水	水源井、净化池、泵站、水塔、水池、取水构筑物	直线点、弯头、三通、四通、变径、变材、变坡、管帽、预留口、非普查	阀门井、水表井、消防井、阀门、消火栓、水表、排气井、检修井、排沙井、出水口	管径、材质、埋深	管顶及地面高程
排水	暗沟、地面出口、出口闸	直线点、起点、进水口、出水口、交叉口、弯头、三通、四通、多通、变径、预留口、倒洪、非普查	检修井、污水井、雨水井、水箅子、化粪池、泵站、进水口、出气井、出水口	管径（断面尺寸）、流向、埋深、材质	管底、方沟底及地面高程
电力	变电站、变电室、配电房	直线点、转折点、三分支、四分支、多分支、上杆、预留口、非普查、出入地、井边点	检修井、接线箱、控制柜、通风井、交通信号灯、路灯、变压器	断面尺寸、材质、电缆根数、电压、埋深、总孔数/已用孔数	直埋缆顶、管（块）顶、沟底及地面高程
电信	控制室、差转台、发射塔、放大器、槽道	直线点、转折点、三分支、四分支、多分支、上杆、预留口、非普查、出入地、井边点	人孔、手孔、接线箱、电话亭、分线箱、监控摄像头、红绿灯	断面尺寸、材质、电缆根数、埋深、总孔数/已用孔数	直埋缆顶、管（块）顶、沟底及地面高程
广播电视	控制室、发射塔、接收塔、微波站	直线点、转折点、三分支、四分支、多分支、上杆、预留口、非普查、出入地、井边点	人孔、手孔、接线箱、地喇叭	断面尺寸、材质、电缆根数、埋深、总孔数/已用孔数	直埋缆顶、管（块）顶、沟底及地面高程
燃气	调压站、调压房、储气柜	直线点、弯头、三通、四通、变径、变材、管帽、预留口、非普查	凝水缸、阀门、检修井、调压箱、阀门井	管径（断面尺寸）、材质、埋深、压力	管顶及地面高程
工业管道	锅炉房、动力站、冷却塔	直线点、弯头、三通、四通、变径、变材、管帽、预留口、非普查	排液装置、排污装置、阀门、检修井、阀门井	管径、材质、载体名称、埋深、压力	管顶及地面高程

续表

管线 种类	地面建（构） 筑物	管线点		量注项目	测注高程 位置
		特征点	附属物		
综合 管廊		转折点、起止点、直线点、 三通、四通、变化点、预留 口、非普查区去向	综合检修井	断面尺寸、 埋深、材质、 井盖规格和 材质	管沟底及 地面高程

注：1. 排水、供电、通信、综合管沟测注的平面位置为管沟几何中心位置。

2. 管线埋深：直埋电缆和管块应量测外顶埋深，供电、通信沟道量测沟底埋深，给水、燃气和工业等有压力的管道量测外顶埋深，排水管沟、地下沟道和自流管道应量测内底埋深，并注明管沟几何尺寸。架空管道的高程、数据以管底为准，测地面高程、埋深记负值；裸露出露在地面上的管线，实测管顶高程，埋深记为"0"（排水管线除外）。

3. 当管线特征既变径又变材时按连接方向不同分别填写。

4. 当管径在普查区变径后的小管径不够本次探测标准时，管线可终止于变径符号，在点表备注栏注"小管径"。

5. 附属物和特征点同时存在时以附属物为主。检修井内的三通、四通等应在特征栏如实填写，但直线点、变径点则不予填写。

6. 自来水管小于 DN50 的分支需要定出主管三通，并做到第一个附属物，如果附属物离主管较远，可在分支管 1m 处定非普查。

7. 电力管线和电通管线共管埋设时，分别记录已用孔数和总孔数，并在备注做记录。（例如：总孔数 9，电力占用 5，电通占用 1，电力记录 5/9，电通记录 1/9；电力数据库备注注明电通占 1 孔，电通数据库备注注明电力占 5 孔）。

8. 多个雨水算时，以管道在地面投影定点。

9. 电力、通信类接线箱，小于 2m 时，以接线箱几何中心点定位；当一边大于 2m 时作为地物，实测大小，在边缘定点。

10. 实地附属物井，未打开的必须在数据库备注中注明。

11. （113）测量时被压盖的井，必须在数据库备注中注明。

12. 预留管实际长度小于 20cm 的可舍弃不做预留处理；过马路方向预留在马路对面做预留点，否则在出井外 5m 定点（排水废弃的雨水算方向做出路边）。

13. 燃气、自来水等存在套管时，套管管径、材质在备注中填写。

3.4　探测仪器选择

1. 探测仪器的选择原则

（1）有较高的分辨率、较强的抗干扰能力。

（2）探查精度应符合《城市地下管线探测技术规程》CJJ 61—2017 规定的精度要求。

（3）有足够大的发射功率。

（4）有多种发射频率可供选择。

（5）轻便、性能稳定、重复性好，操作简便，应有良好的显示功能。非电磁感应专用地下管线探测仪应符合相应物探技术标准。

（6）应有快速定位、定深的操作功能。

（7）结构坚固、应有良好的密封性能。

2. 仪器的选择

地下管线探测的仪器可采用电磁波频率范围宽、性能稳定、分辨率高的仪器进行探测，针对埋地管道情况差异采用不同的方法与探测设备进行探测，以确保探测结果的准确度满足相关要求。有金属示踪线的埋地管道可以采用电磁方法原理仪器，如英国 RD 系列等管线探测仪；没有示踪线的埋地 PE 管道，可采用探地雷达仪器探测和声波探测原理仪器探测。以上仪器的探测功能各有所长，功能互补，在作业时需根据实际情况选择确定。

（1）管线探测仪：其常用工作频率为 8kHz、33kHz、65kHz，频带宽，仪器性能稳定，效率高，精度高，可用于金属给水管道、燃气管道及电力、电信管线的探查。探测方法主要采用直接法，夹钳法及感应法。

由于其工作频带宽，可用其高频探测连通较差的金属管道及非金属管道、带钢筋网的水泥管道。用管线探测仪探测管线埋深时，可采用直读法、特征点法、信号比值法等。在探测带电高压电缆时，不允许使用夹钳法。

（2）雷达探测仪：地质雷达探测仪是利用高频电磁波束的反射来探测目标管线的。其方法是要求测线垂直目标物走向并发射合适频率的电磁波（100～400MHz），用接收机接收到来自目标体的反射回波。可用于金属、非金属管道（沟）的探查。

（3）声波探测燃气 PE 管道声波定位仪利用声波振动式原理，通过发射装置接入燃气 PE 管道后，向管道内施加一个特定的声波信号，配合接收装置在远端接收对应声波信号，通过数显及监听地面最大信号的强度点，从而定位管道的位置、走向。专业应用于地下燃气 PE 管线定位。

3.5 探测准备

1. 现场踏勘

地下管线现场探测前，须全面地搜集和整理测区范围内已有的地下管线资料和有关测绘资料并进行详细的现场踏勘，现场踏勘的主要任务是：

（1）核查搜集的资料，评价资料的可信度和可利用程度；

（2）查看探测区的地面建筑、地貌、交通和地下管线分布出露的情况、地球物理条件及各种可能的干扰因素；

（3）详细调查各个工区的管线大致分布情况，主要针对明显管线点，如井、阀等管线附属物；

（4）调查车流量、人口密度、周边建筑等情况，为后续布设图根道线控制网做准备。

2. 探查方法试验

地下管线普查前，应在测区内已知管线上进行方法试验，确定该种方法技术和仪器的有效性。试验应选用不同的仪器、工作方式，在有代表性的地段进行方法试验，通过将试验结果与当地已有地下管线数据比较或足够的、有代表性的开挖点验证、校核，确定探测方法和仪器的有效性和可靠性，从而选择最佳的工作方法、合适的频率和发送功率、最佳收发距，并确定所选择方法和仪器测深的修正系数或修正方法。

此外，测区内可能存在许多干扰因素，如连续性电磁干扰体、金属护栏的干扰、交通工具产生的脉冲型电磁干扰、高压电网产生的干扰、浅地表路灯线的干扰、非探测金属管道的干扰、变压器和水泥路面下钢筋网产生的干扰等，应通过试验确定不同种类管线在干扰环境下的识别方法以及压制干扰的技术措施。

试验的内容包括：

（1）电磁工作参数的选择试验：如信号激发方式的选择、工作频率的选择、收发距的选择、定位和定深方法的选择等。

（2）电磁波法波速的测定。

（3）非金属管线探测方法试验。

（4）新技术推广前所做的方法试验。

3. 探测仪器一致性校验

为了确保投入工程使用的地下管线探测仪在精度上具有一致性，在仪器投入使用前对其进行一致性校验。对分批投入工程使用的地下管线探测仪，每投入一批（台）时，均应进行一致性校验。

探测仪一致性校验应包括定位一致性校验和定深一致性校验，校验要选择在测区内已知的地下管线上进行。投入工程使用的地下管线探测仪，其定位均方差不应大于 δ_{ts} 的 1/3，定深均方差不应大于 δ_{th} 的 1/3。不能满足要求的地下管线探测仪，不投入生产应用。

探查仪器一致性校验的具体方法：

（1）在一已知单管线上，选择一种信号施加方式，以相近的工作频率、发射功率和收发距，用接收机探测地下管线的平面位置和埋深；

（2）量测地下管线仪器探测的平面位置与实际平面位置间的差值，计算地下管线仪器探测深度与实际深度间的差值，将结果记录在《地下管线探测仪一致性校验表》中；

（3）变换接收机，重新进行上述工作，直至所有投入使用的地下管线探测仪均进行了校验。

3.6　探测方法

3.6.1　电磁探测方法

1. 原理

各种埋地金属管线与其周围介质在导电率、导磁率、介电常数有较明显的差异，这为用电磁法探测地下金属管线提供了有利的地球物理前提，由电磁学知识可知无限长载流导体在其周围空间存在磁场，而且这磁场在一定空间范围内可被探测到，因此如果能使地下管线载有电流，并且把它理想化为一无限长载流导线，便可以间接地测定地下管线的空间状态。在探查工作中，通过发生装置对金属管道或电缆施加一次交变场源，对其激发而产生感应电流，在其周围产生二次磁场，通过接收装置在地面测定二次磁场及其空间分布，然后根据这种磁场的分布特征来判断地下管线所在的位置（水平、垂直），见图 3.6-1。

目前探测钢质管道虽然有各种不同型号的仪器（即管线探测仪），但从探测方法原理上分析，其原理都是建立在电磁场理论基础上的。即通电导体有电流存在的情况下，导体周围会形成一个以导体为中心的电磁场（按一条无限长的导线通电流后产生的电磁场强度计算），其电磁场强度和分布规律符合下面公式：

$$B = \mu_0 I / (2\pi r)$$

式中：B——磁场感应强度（T）；

$\quad\quad\mu_0$——导体材料真空导磁率（N/A^2）；

$\quad\quad I$——流经导体的电流强度（A）；

$\quad\quad r$——远离电磁场中心的距离（m）。

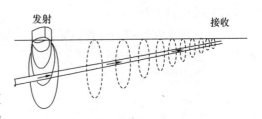

图 3.6-1 电磁法工作原理

探测钢质管道的原理是给管线加上一定强度的电流信号，通过探测管线电流产生的电磁场中心位置来确定管线的空间位置，从而达到确定埋在地下钢质管道位置的目的。

实际工作中探测钢质管道给管道施加电流信号的方法有两种。一种是直接把探测电流信号施加在管线上（图3.6-2a），也称主动源法。原理是信号电流在管线上产生一个电磁场（称一次电磁场），通过探测一次电磁场的中心位置来确定管线的位置和埋深。主动信号源法的优点是信号强，干扰少，探测结果比较准确；缺点是探测时需要管线有裸露出的地点施加信号。另一种探测管线的方法，是发射一个交流信号电磁场，通过感应在管线上产生电流，感应电流再以管线为中心形成另一个电磁场（称二次感应电磁场）。通过探测二次场的中心位置，确定出地下管线的空间位置（图3.6-2b），也称被动源法。用这种方法探测是把信号发射机放在被测埋地管线附近的地面上，发射机发出一个电磁场信号，电磁场通过感应方式在地下管线上即产生感应电流。这种方法操作简单、不需要管线有裸露点施加信号；缺点是感应信号较弱、干扰较多，管线附近有其他金属水管或电力线时探测结果准确度受影响。

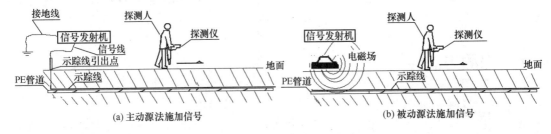

图 3.6-2 施加电流信号的方法

2. 仪器设备

由电磁法探测地下管线的工作原理可知，只要探测到地下管线在地面产生的电磁异常，便可得知地下管线的存在。要做好这一工作，探测人员除了要掌握一套探查技术外，还必须有合适的工具——管线探测仪，目前市场上销售的各种型号的管线仪，其结构设计、性能、操作、外形等虽各有不同，但工作原理相同，均是以电磁理论为依据，以电磁感应定律为理论基础设计而成，它们都是由发射机与接收机组成的发收系统。

1）发射机

发射机是由发射线圈及一套电子线路组成。其作用是向管线加某种频率的信号电流，电流施加可采用感应、直连、夹钳等方式。

根据电磁感应原理，在一个交变电磁场周围空间存在交变磁场，在交变磁场内如果有一导体穿过，就会在导体内部产生感应电动势。如果导体能够形成回路，导体内便有电流产生，这一交变电流的大小与发射机内磁偶极子所产生的交变磁场（一次场）的强度、导体周围介质的导电性、导体的电阻率、导体与一次场源的距离有关。一次场越强，导体的电阻率越小，导体与一次场源距离越近，则导体中的电流就越大，反之则越小。对一台具有一定功率的仪器来说，其一次场的强度是相对不变的，管线中所产生的感应电流的大小主要取决于管线的导电性及场源（发射线圈）至管线的距离，其次还决定于周围介质的阻抗和管线仪的工作频率。

根据发射线圈与地面之间所呈的状态，发射方式可分为水平发射和垂直发射两种：

（1）水平发射。发射机直立，发射线圈面与地面呈垂直状态进行水平发射。当发射线圈位于管线正上方时，它与地下管线耦合最强，有极大值。管线被感应产生圆柱状交变磁场（图 3.6-3a）。

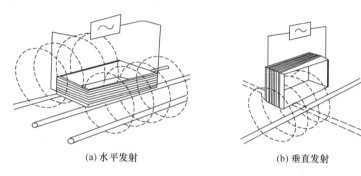

(a) 水平发射　　　　　　　　　　(b) 垂直发射

图 3.6-3　发射方式

（2）垂直发射。发射机平卧（图 3.6-3b），发射线圈面与地面呈水平状态进行垂直发射。当发射线圈位于管线正上方时，它与地下管线不耦合，即不激发。当发射线圈位于离管线正上方 h（埋深）距离时，它与地下管线耦合好，出现极值（图 3.6-4）。

2）接收机

接收机是由接收线圈及一套相应的电子线路和信号指示器组成（图 3.6-5）。其作用是在管线上方探测发射机施加到管线上的特定频率的电流信号——电磁异常。管线仪接收机从结构上可分为：单线圈结构、双线圈结构及多线圈组合结构。单线圈结构又可分为单水平线圈及单垂直线圈。

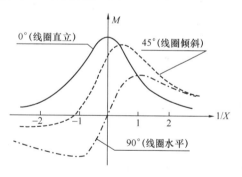

图 3.6-4　不同发射状态耦合系数　M 曲线示意图

（1）单水平线圈接收机。

该接收机线圈主要接收管线所产生的磁场垂直分量（图 3.6-6）。当线圈面与管线平行并位于管线正上方时，仪器的响应信号最小，这主要是因为磁场方向与线圈平面平行，通过线圈的磁通量最小，见图 3.6-6 中（2）。当线圈位于管线正上方两侧位置时，仪器的响应信号会随着远离管线而逐渐增大，这是因为随着线圈远离管线，磁场方向与线圈平面不再平行，而呈一定的角度，磁场垂直线圈平面的分量逐渐增大，从而使通过线圈的磁通量逐渐变大，同时随线圈远离磁场强度逐渐变弱，当这一因素成为影响通过线圈磁通量的主要因素时，仪器的响应信号就又会逐渐变小，见图 3.6-6 中（1）（3）位置附近。

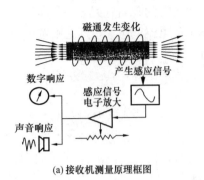

(a)接收机测量原理框图

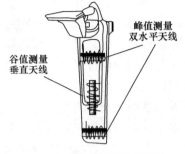

(b)接收机线圈组合示意图

图 3.6-5 接收机

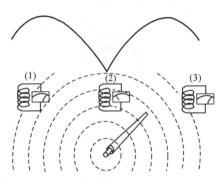

图 3.6-6 单水平线圈接收示意图

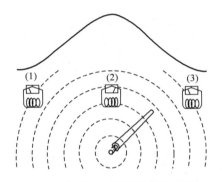

图 3.6-7 单垂直线圈接收示意图

（2）单垂直线圈接收机。

该接收机线圈主要接收管线所产生的磁场水平分量（图 3.6-7）。当线圈面与管线垂直并位于管线正上方时，仪器的响应信号最大，这不仅是因为线圈离管线近，线圈所在位置磁场强，还因为此时磁场方向与线圈平面垂直，通过线圈的磁通量最大 ［图 3.6-7 中(2)］。当线圈位于管线正上方两侧时，仪器的响应信号会随着线圈远离管线而逐渐变小，这不仅是因为离管线远，线圈所在位置磁场变弱，还因为此时磁场方向与线圈平面不再垂直，使通过线圈的磁通量变小 ［图 3.6-7 中(1)（3)］。

（3）双线圈结构接收机。

该接收机内有上下两个互相平行的垂直线圈，通过测定上下两线圈的感应电动势 ε_1、ε_2（图 3.6-8），再运用深度计算公式：

$$h = \frac{\varepsilon_2}{\varepsilon_1 - \varepsilon_2} \cdot D$$

完成计算，获得深度值，通过显示器用数字或表头指示出来深度。

3. 探测方法

1）发射方法

根据场源性质可分成主动源法和被动源法。主动源法为直接法，被动源法为夹钳法、电磁感应法等。

（1）直接法。

直接法是将地下管线探测仪器发射机输出端直接连接到管线上，使发射信号直接输入到目标管线上，然后再用接收机探测信号（图 3.6-9）。直接法分为双端连接、单端连接和远接地单端连接。考虑到实际情况经常采用单端连接，将一端连接到管线点上，另外一端连接到附近地面上，发射机给目标管线施加一个电流信号，随着离发射机距离的增加，电流的强度会逐渐减小，但是电流的衰减速度都应该保持稳定，不该有突然地下降或变化，在用仪器探测的时候，应该注意电流测量值最大的是目标管线，而不是信号响应最强的管线。

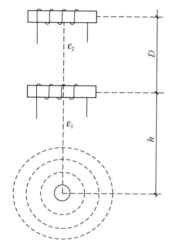

图 3.6-8　双线圈直读定深示意图

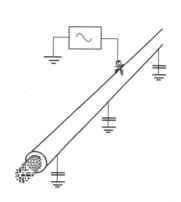

图 3.6-9　直接法示意图

（2）夹钳法。

利用管线探测仪器的夹钳把发射机信号加到金属管线上的方法，夹钳设备本身产生较强的环形磁场，使被夹住的金属管线产生较强的感应电流，从而产生二次感应场（图 3.6-10）。该法信号强，定位、定深精度高，且不宜受邻近管线的干扰，方法简便，是最常用的探测方法之一，适用于小口径的金属管线，这种方法称为单夹钳法。如：小口径的给水管、电信管线、电压小于 10kV 的电缆等。

当在探测电信电缆的时候，由于几条电缆或者管道相互非常靠近，通常需要采用双夹钳法才能准确地探测出目标管线。此方法是首先要将夹钳插头插入信号接收机前部的附件接口，然后将夹钳套在管道或电缆上并打开接收机电源，选择与发射机一致的频率，最后将夹钳逐个在每一根管道和电缆上，并记录表头的响应。比较每根电缆的响应强度，响应强度比其他电缆大的电缆就是施加了发射信号的目标电缆，这种方法称为双夹钳法（图 3.6-11）。

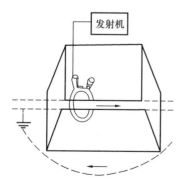

图 3.6-10　夹钳法示意图

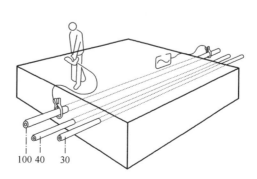

图 3.6-11　双夹钳法示意图

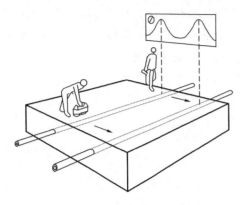

图 3.6-12　电磁感应法示意图

（3）电磁感应法。

通过发射机发射谐变电磁场，使地下金属管线产生感应电流，在其周围形成二次场。通过接收机在地面接收二次场，从而对地下管线进行搜查、定位。感应法分为磁偶极感应法和电偶极感应法（图 3.6-12）。

2）接收方法

无论采用直接法或感应法来传递发射机的交变电磁场，均会使地下金属管线被激发产生交变的电磁场，这磁场可被高灵敏的接收机所接收，根据接收机所测得的电磁场分量变化特点，对被探查的地下管线进行定位、定深。

（1）定位方法。

用管线仪定位时，可采用极大值法或极小值法。极大值法（图 3.6-13），即用管线仪两垂直线圈测定水平分量之差 ΔH_x 的极大值位置定位；当管线仪不能观测 ΔH_x 时，宜采用水平分量 H_x 极大值位置定位。极小值法，即采用水平线圈测定垂直分量 H_z 的极小值位置定位。两种方法宜综合应用，对比分析，确定管线平面位置。

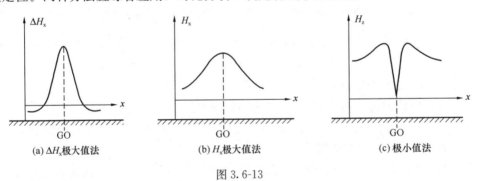

(a) ΔH_x 极大值法　　(b) H_x 极大值法　　(c) 极小值法

图 3.6-13

极大值法：当接收机的接收线圈平面与地面呈垂直状态时，线圈在管线上方沿垂直管线方向平行移动，接收机表头会发生偏转，当线圈处于管线正上方时，接收机测得其电磁场水平分量（H_x）或接收机上、下两垂直线圈水平分量之差（ΔH_x）最大。

极小值法：当接收机的接收线圈平面与地面呈平行状态时，线圈在管线上方沿垂直管线方向平行移动时，接收机电表同样会发生偏转，当线圈位于管线正上方时，电表指针偏转最小（理想值为零），见图 3.6-13。因此，可根据接收机中 H_z 最小读数点位来确定被探查的地下管线在地面的投影位置。H_z 异常易受来自地面或附近管线电磁场干扰，故用极小值法定位时应与其他方法配合使用。当被探管线附近没有干扰时，用此法定位还是比较准的。

（2）定深方法。

管线仪定深的方法较多，主要有 70％ 特征点法（简称 70％ 法）和直读法，探查过程中宜多方法综合应用；同时，针对不同情况先进行方法试验，选择合适的定深方法（图 3.3-14）。

70％特征点法：利用垂直管线走向的剖面，测得的管线异常曲线峰值两侧某一百分比值处两点之间的距离与管线埋深之间的关系，来确定地下管线埋深的方法称其为特征点法。英国雷迪系列仪器用 70％法。

对于周围管线环境比较复杂的情况下，可以采用 70％法探测管线埋深（图 3.3-14），即利用峰值法测出比较准确的管位后，管线异常曲线在峰值两侧 70％极大值处的两点之间的距离为管线的埋深。70％特征点法经过多年实践，被验证为最准确有效的测深方法，即使在复杂条件下亦能保证测深精度。

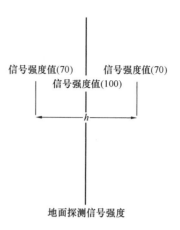

信号强度值(70)　　信号强度值(70)
信号强度值(100)
h

地面探测信号强度

图 3.6-14　70％特征点法
定深度

70％法操作的方法为：沿垂直于管线走向的方向缓慢移动接收机，待接收机显示屏上的增益信号为最大值的 70％时，在相应的地面位置做下标记 A，然后回到目标管线的位置上朝相反的方向重复刚才的步骤并在相应的位置做下标记 B，用皮尺量出 A 与 B 之间的距离｜AB｜，即为目标管线的埋深。但要正反向两次读数，如果两次读数差值大于 3cm 则重复观测，若小于 3cm 则取其平均值确定深度。

直读法：探测埋深对于单一管线存在的环境下，可以直接测准管位后采取直读接收机上埋深读数作为此点的埋深。这种方法简便。但由于管线周围介质的电性不同，可能影响直读埋深的数据，因此应在不同地段、不同已知管线上方，通过方法试验，确定定深修正系数，进行深度校正，定深时应保持接收天线垂直，提高定深的精密度。方法的选用可根据仪器类型及方法试验结果确定。不论用何种方法，为保证定深精度，定深点的平面位置必须精确；在定深点前后各 3～4 倍管线中心埋深范围内应是单一的直管线，中间不应有分支或弯曲，且相邻平行管线之间不要太近。

4. 信号频率的特征

金属管线探测仪发生机有各种不同的频率，从低到高包括 64Hz、128Hz、256Hz、512Hz、640Hz、8.12kHz、33kHz、64kHz……200kHz，频率不同其传播过程中存在一些差异。在埋地金属管线传播过程中，低频信号传播距离较远，对周围的金属管线感应强度较弱，产生的干扰相对较弱，但分辨率较低，比较适合探测埋深比较大的管线，8.12kHz 以下的电流信号不能够采用感应方式施加；高频信号传播距离较近，对周围的金属管线感应强度较大，产生的干扰相对较多，但分辨率较高，比较适合探测埋深比较浅的管线，8.12kHz 以上的电流信号可以采用感应方式施加，在探测不能够直接施加探测信号埋地管线时，只能够采用高频率信号进行探测。探测管与管间采用承插口连接的铸铁管线时，由于承插口之间有绝缘橡胶垫片，低频信号不能够导通过去，64kHz 以上的高频信号可以传播过去。不同频率信号在相同环境条件下的传播规律（图 3.6-15）。

5. 相邻管线之间影响分析

地下管线由于受地下空间的限制，相互之间有的距离很近，做地下管线探测时，探测的目标管线周围往往有其他的各种管线，有金属管线，也有非金属管线或其他的构筑物。采用电磁方法原理进行埋地管线探测时，在地面探测的是目标管线施加电流信号发出的电

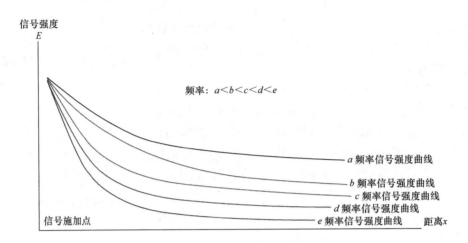

图 3.6-15　不同频率信号沿埋地管线衰减情况示意图

磁场，目标管线位置与埋深探测结果，是根据电磁传播理论在真空中（或空气即波导电导磁物质）传播规律得出的。当目标管线周围有导电导磁物质时，电磁场在传播时受周围环境的影响会发生变化，特别是遇到导电导磁物质时，探测信号电磁场的分布完全与真空环境不一样，如果仍然按照正常情况分析判断，结果会出现错误。所在探测的地下管线周围有其他金属管线或物体时，信号电磁场会发生怎样改变，以下介绍几种情况及解决方法供分析参考：

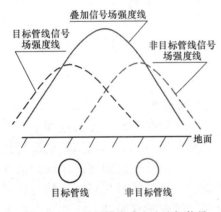

图 3.6-16　并行管线感应法施加信号

1）目标管线旁有并行的金属管线，且埋深与目标管线基本相同

这种情况施加信号的方式不同，信号电磁场的分布也不一样。

（1）地面感应方式施加探测信号，探测的是目标管线的二次场；这时，目标管线和旁边的非目标管线会产生相同方向的电磁场，两条管线的磁场会产生叠加，见图 3.3-16。

（2）直接施加探测信号，探测的是目标管线信号电流发出的一次场信号。这时，目标管线与旁边的非目标管线，由于目标管线磁场感应导致非目标管线中信号电流和目标管线中的电流方向相反，会产生方向相反的信号电磁场。非目标管线信号电磁场强度会弱于目标管线电磁场，两条管线的磁场会产生叠加，会导致目标管线和非目标管线在对应地面的强度均有不同程度的减弱，见图 3.6-17。

（3）直接施加探测信号于目标管线，再将非目标管线做接地极。如果目标管线和非目标管线的埋深在 1m 左右，而相距距离在 1m 以内情况下。这时，目标管线和非目标管线中的信号电流会大小相等方向相反，两条管线发出的电磁场信号会在对应的地面相互抵消，导致地面信号非常弱，难以对目标管线进行准确定位，见图 3.6-18。

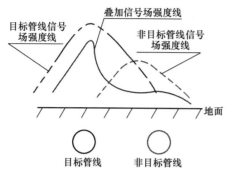

图 3.6-17 并行管线直接法施加信号（一）

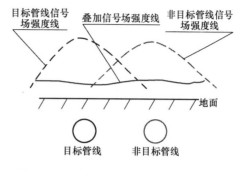

图 3.6-18 并行管线直接法施加信号（二）

2）目标管线和非目标管线上下重叠

这种情况下施加信号的方式不同，信号电磁场的分布也不一样，目标管线位于非目标管线的上方时，在地面探测目标管线基本不受影响；非目标管线位于目标管线上方时探测会受影响，根据施加探测信号的方式不同影响有差别。

（1）地面感应方式施加探测信号，探测的是目标管线的二次感应场；这时，目标管线会受到上方非目标管线的屏蔽作用，发射机发出的磁场信号感应不到目标管线上（或信号非常弱），导致目标管线无法探测到，见图 3.6-19。

（2）直接施加探测信号，探测的是目标管线信号电流发出的一次场信号，这时目标管线与上方的非目标管线，由于目标管线磁场感应导致非目标管线中信号电流和目标管线中的电流方向相反，会产生方向相反的信号电磁场，非目标管线信号电磁场强度会弱于目标管线电磁场，两条管线的磁场会产生叠加，会导致目标管线的峰值信号消失，出现两个信号强度较低的峰值，见图 3.6-20。

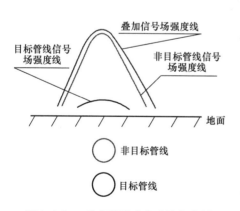

图 3.6-19 垂直管线感应法施加信号

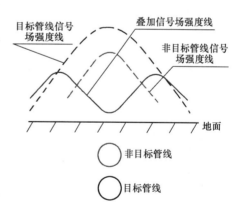

图 3.6-20 垂直管线直接法施加信号

探测两条并行的管线，根据电磁场理论及多年来的探测经验分析，在一定相对位置下，感应工作频率越高，相邻平行管线相互感应影响较大，因此，在此类管线探测中，应选用低频电磁感应或直接连接法探测。

当两条管线间距小于管线埋深时，仪器所接收的异常值只有一个。此时，很容易忽略另一条管线的存在，而且针对所探测的管线位置也有较大的偏差；当管线间距大于管线埋深同时小于管线的 2 倍埋深时，异常值有两个，但不明显；当管线间距大于 2 倍管线埋深时，两个异常值较为明显。管线的变径与异常的宽度、异常的形态有着密切的关系。管径越小，异常范围越窄，异常峰值越尖。反之，范围越宽，峰值越缓，见图 3.6-21。

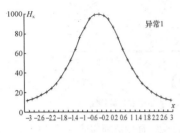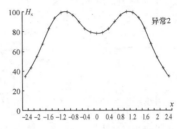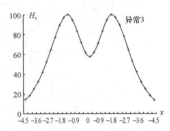

图 3.6-21　并行管线异常图

3）解决的方法

对于平行管线的探查，首先应采用直接法或夹钳法，以减弱相邻管线干扰的影响。然而，在实际工作中，由于缺少明显点或没有良好的接地条件，无法采用直接法和夹钳法，只能采用感应法。为此，主要采用下列方法对目标管线进行探测：

（1）垂直压线法：利用水平偶极子施加信号时，线圈正下方管线耦合最强。根据这一特性，可将发射机直立放在目标管线正上方，突出目标管线信号，压制邻近干扰管线，以达到区分平行管线的目的。该方法适宜于埋深浅、间距大的平行管线，当两管线间距较近时效果不好。

（2）水平压线法：利用垂直偶极子施加信号时，将不激发位于其正下方的管线，而激发邻近管线。根据这一特性，可将发射机平卧放在邻近干扰管线正上方，压制地下干扰管线，突出邻近目标管线信号，是区分平行管线的有效手段。

（3）倾斜压线法：当平行管线间距较小时，垂直压线法和水平压线法均未能取得较好效果，可采用倾斜压线法。倾斜压线法是根据目标管线与干扰管线的空间分布位置选择发射机的位置和倾斜角度，在保持发射线圈轴向对准干扰管线的前提下，尽量将发射机置于目标管线上方附近，可确保有效激发目标管线，压制干扰管线。

（4）旁测感应法：对于平行埋设的多条管线，还可采用旁测感应法区分两外侧管线，即将发射机置于目标管线远离干扰管线的一侧施加信号，由于发射机距离目标管线近，对目标管线激发较强的信号，而对远离发射机的干扰管线激发较弱，从而压制了干扰管线信号，突出目标管线异常。该法常用于密集埋设的多条平行管线最外侧管线的探查。

（5）差异激发法（或称选择激发法）：在管线分布复杂的区段，管线常常出现纵横交叉，个别管线还存在分支或转折。此时，可根据管线的分布状况，选择差异激发法施加信号。信号施加点通常可选择在管线分布差异（容易区分开）的区段，即管线稀疏、邻近干扰少，如管线间距较宽、转折、分支管线等，以避免邻近管线干扰，突出目标管线信号。

（6）利用发射机定位法：当发射机置于管线正上方时，发射线圈距管线最近，这时接收机接收到的信号最强。据此可将接收机置于邻近干扰较少的已知目标管线区段，在管线复杂区段移动发射机，观察接收机信号变化情况，当接收机信号最大时，发射机的位置即为目标管线的所在位置。

总之，对平行管线的探查应根据现场管线埋设的不同特点，灵活选择最适合的信号激发方式，使目标管线上产生的电流最大，而邻近非目标管线上的电流相对于目标管线可以忽略，以达到准确分辨不同管线的目的。

3.6.2　雷达探测方法

1. 雷达探测方法原理

探地雷达依据电磁波脉冲在地下传播的原理进行工作。发射天线将高频的电磁波以宽带短脉冲形式送入地下，被地下介质（或埋藏物）反射，然后由接收天线接收（图 3.6-22）。

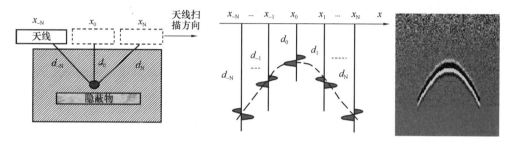

图 3.6-22　雷达探测方法原理示意图

根据电磁波理论，当雷达脉冲在地下传播过程中，遇到不同电性介质界面时，由于上下介质的电磁特性不同而产生折射和反射。

地下管线异常在雷达图像上的典型异常是一条双曲线同相轴，可根据这一特征来判定管线位置和深度。管顶深度 h 的计算公式是式（3.6-1）：

$$h = vt/2 \tag{3.6-1}$$

其中，v 为波速，t 为电磁波在介质中的双程走时，公式是式（3.6-2）。

$$v = \frac{c}{\sqrt{\varepsilon}} \tag{3.6-2}$$

其中，ε 是介电常数，c 是电磁波在真空中的波速。

反射系数 R 与周围介质介电常数 ε_1、管线或管线内介质介电常数 ε_2 有关：

$$R = \frac{\sqrt{\varepsilon_1} - \sqrt{\varepsilon_2}}{\sqrt{\varepsilon_1} + \sqrt{\varepsilon_2}} \tag{3.6-3}$$

在任何的情况下，R 的大小位于 ± 1 中。透射系数等于 $1 - R$，反射能量等于 R_2。目标管线反射系数 $|R| \geqslant 0.1$，是满足探地雷达探测的必要物性前提条件。

不同频率天线分辨率，雷达探测的水平分辨 R_f 是简化的 Fresnel（菲涅尔）带半径的 $1/4$，即：$R_f = \frac{1}{4}\sqrt{\dfrac{h\lambda}{2}}$，不同频率天线与不同埋深管线的水平分辨率见表 3.6-1。

水平分辨率计算（$\varepsilon = 9.8$）				表 3.6-1
频率（mHz）		200	600	900
埋深 h（m）	0.4	8.0cm	4.6cm	3.8cm
	0.5	8.9cm	5.2cm	4.2cm

　　雷达天线频率越高分辨率越好，获得的灵敏度越高，但探测深度越浅，适合于埋深浅（小于 1m、最适合 0.6m 以内）的小管道探测。雷达天线频率越低分辨率越差，获得的灵敏度越差，但探测深度越深，适合于埋深大（1～3m，D150 以上管径）的大管道探测。埋地土壤含水率高，检测灵敏度低，特别是对探测深度影响最大。埋地土壤疏松，检测灵敏度低，小管道难分辨。同样地质条件下，同种 PE 管道，如果管内充满水（或液体），比空管道（或有气体）获得的探测灵敏度要高很多。硬化路面介质比土壤介质，检测灵敏度高。大管径的管道（De90 以上），检测灵敏度和准确高。De90 以上管道埋深在 1.5m 左右时 90％以上可以准确探测到。小管径的管道（De90 以下），检测灵敏度和准确度。De90 以下管道埋深在 0.8m 左右时，使用高频率天线，80％以上可以准确探测到。探测人员的技术水平、工作经验、雷达图像分析水平等也是影响检测灵敏度和准确度的重要因素。

　　利用雷达探测地下管线，探测时雷达是沿管道走向垂直方向做扫描探测的。当地下介质完整没有电性差异或差异很小时，仪器发射的雷达波就不能够发生反射或反射能量很小，这时雷达探测图像就一片空白。当地下介质属于层状结构，比如道路自上而下有沥青层、回填层、原土层等，这些层状介质都不同程度地存在着电性差异，因此也会产生发射波；此外道路下局部还存在着如废弃的金属、砖块、瓦砾等障碍物，这些物质与物质之间均存在界面差异，都会反射雷达波。一般来说，层状介质、障碍物等的雷达波图像与管线的雷达波图像是有明显区别的。具体表现为，管线异常在雷达图像上反映的是一条平滑的多层双曲线，可根据这一异常特征来判定是否为管线以及管线的位置、深度。层状介质的雷达波图像为水平状或倾斜状，而障碍物的雷达波图像则比较杂乱，图 3.6-23 是一幅没有地下管线的雷达波探测结构截图像，图中反射波图像主要为水平层状特征，局部有障碍物发射特征，未见"弧形"的地下管线反射波图像特征。在图 3.6-24 中，由于金属管线的电性（介电常数及电导率）与道路下土层的电性存在较大差异，因此管线顶部的反射波信号较强，雷达波图像表现为"白色"，表示反射信号强，形成"弧形"反波图像。

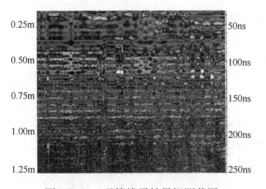
　　图 3.6-23　无管线雷结果探测截图

　　图 3.6-24　有地下管线的雷达探测结果截图

2. 雷达探测仪器

　　探地雷达仪器无论是二维还是三维，仪器设备部件主要由主机、发射天线、接收天线、信号分析处理软件组成，发射天线频率 200～1300MHz，探测时，探地雷达以宽频带短脉冲的形式向介质内发射高频电磁波（几 MHz～几 GHz），当其遇到不均匀体（界面）时会反射部分电磁波，其反射系数由介质的相对介电常数决定，通过对雷达主机所接收的反射信号进行处理和图像解译，达到识别隐蔽目标物的目的（图 3.6-25）。

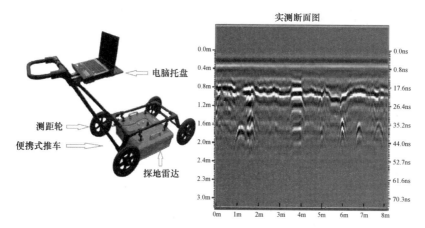

图 3.6-25 探地雷达及探测结果示意图

（1）控制单元：控制单元是整个雷达系统的管理器，计算机对如何测量给出详细的指令，系统由控制单元控制着发射机和接收机，同时跟踪当前的位置和时间。

（2）发射机：发射机根据控制单元的指令，产生相应频率的电信号并由发射天线将一定频率的电信号转换为电磁波信号向地下发射，其中电磁信号主要能量集中于被研究的介质方向传播。

（3）接收机：接收机把接收天线接收到的电磁波信号转换成电信号并以数字信息方式进行存储。

（4）雷达系统组成示意图见图 3.6-26。

三维探地雷达是指采用阵列天线激发、接收技术，通过对某区域探测，能够形成高密度三维立体电磁波数据体的一种探地雷达，见图 3.6-27。

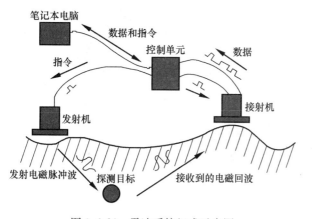

图 3.6-26 雷达系统组成示意图

图 3.6-27 三维探地雷达探测形成
三维电磁波数据图

相对于三维地震勘探技术而言，尽管三维探地雷达技术是"极窄"方位、单次覆盖的"三维"探测技术，但其"自激自收"特性使其具有更高的分辨率和保真度，相对二维探地雷达来说，三维探地雷达体现了其高分辨率、高精度和高工作效率的"三高"特点，可以采用三维数据特有的处理解释手段，实践表明，用其开展 PE 燃气管线探测能够取得较好效果。其缺点是探测深度浅，南方潮湿区探测深度一般 1.5～2m，北方干燥地区探测深度 2.5～3.5m。

与传统的二维探地雷达相比，三维探地雷达有如下技术优势：

（1）采用三维阵列天线技术，可采集到高密度、无缝拼接的海量雷达数据，不会造成地下信息的缺失，见图 3.6-28；

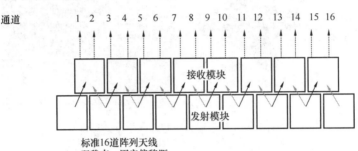

图 3.6-28　三维阵列天线示意图

（2）高密度采集获得的纵横向数据间距接近天线中心波长的 1/4，满足高分辨率要求；

（3）三维阵列式天线发射脉冲频率一般可选择 200～1300MHz，高频天线可做到超浅层的高分辨，低频天线可保证一定的探测深度；

（4）三维雷达工作时，通过实时差分定位（RTK）技术对天线阵进行高精度定位，控制精度可达到厘米级，这样能保证雷达数据的精确定位，得到真实、直观的解释图像；

（5）轻便化设计，可以采用多种（车载、人力）形式进行资料采集，做到快速、便捷，见图 3.6-29；

图 3.6-29　三维探地雷达手推及车载模式

（6）采用三维雷达专门的处理技术，可进行三维偏移，使地下目标体成像清晰、准确，成果为三维数据体，既可以任意位置切取垂直剖面，又可进行任意深度水平切片显示，还可以开展高级属性解译。三维探地雷达采集系统主要由三维阵列天线、采集控制系统、综合定位系统、拖车系统四部分组成，见图 3.6-30。

3. 雷达探测方法

应用探地雷达对地下物体进行探测，其探测方法是通过雷达在探测区域地面行走，对

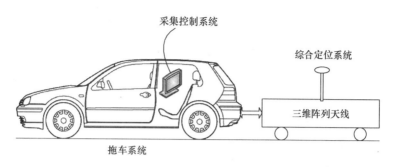

图 3.6-30　三维深地雷达采集系统构成示意图

地层下做一个 CT 扫描，生成探测区域底层图像，根据图像特征判别出地下各种物体的存在。探测时根据探测仪器的类型不同，可以通过人工推拉行走，也可以通过汽车拖拉行走，探测行走速度从每小时几公里到几十公里不等。探测时要求探测区域地面要平整，不能够有水和障碍物，便于雷达仪器通过。

1）埋地 PE 燃气管线二维雷达探测方法

埋入地下 PE 管道目前探测查找其位置和埋深，特别是大埋深管道非常困难。应用探地雷达仪器与技术探测埋地 PE 管线是常用的物探方法之一。利用雷达对埋地 PE 燃气管网进行全面普查探测，确定出管网的基本构成状况（所有特征点—三通、拐点、变径、钢塑转换点等）。利用雷达探测地下管线，在同一幅探测图像中根据反射波弧形的大小（曲率半径），可以区分出不同的管径大小，曲率半径大的反射波图像，对应的管线规格较大，反之管线规格较小（图 3.6-31）。

图 3.6-31　二维雷达探测示意图

未知位置信息的埋地 PE 燃气管线，若要求获得完整的位置信息，探地雷达不能够探测或探测不出的位置，可结合其他探测方法获得，对于管道钢塑转换位置及转换后的钢质管道，采用金属地下管线探测仪器与方法探测确定；对于个别疑难点定位，采取综合探测方法（包括调查分析等）确定，或采用开挖方法确定管道位置。

埋地 PE 燃气管网所有特征点完成定位探测后，采用全站测量仪与 RTK GPS 相结合的方法，对管道所有特征点做坐标测量和标高测量（直线段测量点间距 10～20m）。然后，根据坐标对管网进行成图，坐标测量成果可直接用于管网的 GIS 信息管理系统。

地质雷达不仅可以探测埋在地下的金属管道，也可以探测出地下的各种非金属管线、空洞、沟涵、被掩埋的井盖等。雷达探测图像的特征金属管线产生的反射图像比较强，探测灵敏度比较高，水泥管道次之，PE 管道反射图像比较弱，探测灵敏度比较低。

2）三维雷达探测

（1）工程布置。

三维探地雷达测线束布设时，原则上应保证测区被全部覆盖。测线束布置遵循以下原则：

① 测线束布设应使三维探地雷达数据尽可能覆盖整个探测区域；

② 测线束宜避开地形及其他干扰的影响；

③ 测线束长度、间距应使探测的异常体连续、完整，便于追踪；

④ 测线束宜通过已知点布设；

⑤ 相邻测线束的间距宜小于阵列天线两相邻天线的间距，若相邻测线束重叠，其重叠部分宜小于阵列天线两相邻天线的间距。

（2）生产前试验工作。

为了在保证探测精度和解译成果真实、可靠的同时，提高现场工作效率，降低野外成本，针对不同工作环境，需要对采集参数进行论证、对比试验和优化。在数据正式采集作业前，应根据测区大小，选择 2～5 处已知地下异常体（如排水箱涵、地下管线等）开展方式试验工作，确定以下参数：

①有效探测深度；

②电磁波传播速度；

③采集时窗大小；

④信号叠加次数等。

（3）定位测量。

定位测量工作应注意以下事项：

① 测量设备设置合适的坐标系统及参数；

② 在三维探地雷达数据采集软件中设置与测量设备相适应的通信方式及测量参数；

③ 除三维探地雷达自动采集的测线束坐标点外，宜在静态下手动采集测线束的起终点。

测线束定位质量应符合以下要求：

① 采用差分全球定位系统进行测线束定位时，应合理设置基准站和测量验证点，GNSS 信号强度应满足测量精度要求；

② 测线束应与雷达数据幅数一一对应，且已知地物实际位置应与雷达数据上对应位置一致；

③ 测线束的起终点平面精度应符合现行《城市测量规范》CJJ/T 8 和《卫星定位城市测量技术标准》CJJ/T 73 精度要求；测线束上其他点位的平面精度中误差为 0.5m，并应以两倍中误差作为极限误差；

④ 测区内随机选取测线束中已知位置的标志物坐标,对测线束平面定位精度和测线束长度进行校核,计算中误差。

(4)数据采集。

数据采集应按以下方法作业:

① 连接三维探地雷达天线各部件及数据采集系统;

② 设置三维探地雷达通道数量、时窗大小、采样频率、信号叠加次数、增益、滤波参数、雷达记录时间零点、图像显示模式、测距轮标定文件等参数;

③ 校准发射子波;

④ 按要求进行数据文件命名和数据存储;

⑤ 探测过程中,及时关注各通道数据状态和测量设备工作状态,及时记录信号异常,并分析异常原因,必要时复测;

⑥ 发现疑似探测目标时,应在采集数据中做好标记,并复核;

⑦ 探测区域局部不满足探测条件时,应记录其位置和范围,待具备探测条件后补充探测;

⑧ 按要求记录,备注各类干扰源、地面积水、明显沉陷区等环境情况。

(5)数据采集要实行严格的安全保障措施:

① 现场作业开展前应由项目负责人组织安全生产培训;

② 提前踏勘,排除人员和设备施工安全隐患;

③ 现场作业应符合相关法律法规和项目要求,设置专职安全员,保证人员和设备安全;

④ 现场作业人员应穿劳保服、戴反光安全服、佩戴警示灯等,做好安全防护措施;

⑤ 严禁单人现场作业,避免雨天施工;

⑥ 工程车应粘贴安全反光条,打开车辆示宽灯、双闪灯;

⑦ 三维探地雷达应粘贴安全反光条或悬挂警示灯带,并安装 LED 箭头灯;

⑧ 确保安全情况下进行三维探地雷达组装或拆卸,拆卸后应清点设备附件,保证无遗漏,并注意雷达的运输安全。

(6)资料处理。

三维探地雷达资料处理流程如图 3.6-32 所示。

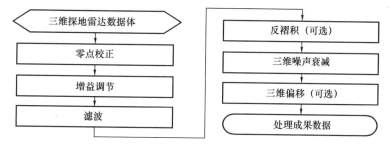

图 3.6-32   三维探地雷达资料处理流程图

① 处理原则:三维地质雷达资料处理应遵循高信噪比、高分辨率和高保真度的原则,在保持数据真实性的前提下,采用滤波、反褶积、三维噪声衰减、三维偏移等数据处理方

法，提高雷达资料信噪比和分辨率。

　　② 处理方法及要求：三维雷达数据处理技术与二维雷达数据处理在地形编辑、数据格式转换、滤波等有相同之处，但在噪声压制、数据规则化、偏移方面又有所不同，它更强调在三维空间中进行。数据处理的常用方法主要有：

　　（a）时间零点校正；

　　（b）增益调整：增益方式可选线性增益、平滑增益、反比增益、指数增益、常数增益等；

　　（c）滤波：滤波方式可选低通、高通、带通滤波等；

　　（d）噪声衰减：包括去直流漂移、背景噪声消除等；

　　（e）反褶积、偏移处理、显示（包括灰度和彩色显示）；

　　（f）可采用空间滤波的有效叠加或道间差方法，提高异常信号连续性、独立性和可解释性。

　　③ 各数据处理方法应按以下要求进行：

　　（a）时间零点校正：时间零点校正应与实际地面位置对应，以保证探测数据深度准确性。

　　（b）增益调整技术：以突出信号为目的，应尽可能保持数据的相对振幅关系及动力学特征。

　　（c）滤波技术：首先对数据进行频谱分析，得到较为准确的频率分布范围，然后设定滤波参数，进行滤波处理。

　　（d）显示技术：以突出有效异常体为目的，对图像进行色标调整，以获得最佳视觉效果。

　　（e）噪声衰减技术：

　　ⓐ 在噪声衰减过程中，应注意保持振幅能量的相对关系；

　　ⓑ 选择有代表性的剖面检查噪声衰减效果；

　　ⓒ 噪声衰减后的雷达数据信噪比应有所提高，衰减的噪声数据中应无明显的有效信号。

　　（f）反褶积技术：

　　ⓐ 选择反褶积前后有代表性的探地雷达剖面和振幅谱，检查反褶积处理方法、参数应用的合理性。反褶积前后应达到压缩子波，提高纵向分辨率的目的。

　　ⓑ 探测数据反射信号弱、信噪比低时，不宜进行反褶积处理。

　　ⓒ 采用反褶积压制多次反射波干扰时，反射子波宜为最小相位子波。

　　（g）偏移技术：

　　ⓐ 使图像中绕射收敛，在有效波范围内无画弧现象；

　　ⓑ 探测数据反射信号弱、信噪比低时，不宜进行偏移处理。

　　（7）资料解译。

　　① 解译基础及优势。

三维雷达数据解译的基础是高密度三维电磁波数据体，与二维雷达数据解译相比，技术手段更多，解译信息密度更大，自动功能更强。在垂直剖面方面，它可以在探测范围内沿任意方向切取剖面，可以进行类比解译；在水平切片方面，可以沿任意时间或深度切取属性切片。将垂直剖面与水平切片联合显示、联合解释，做到了地下异常的真三维显示与解译，可大大提高解释精度和可靠性（图 3.6-33）。同时，还可以采用属性体解译技术，提高管线探测解译能力（图 3.6-34）。

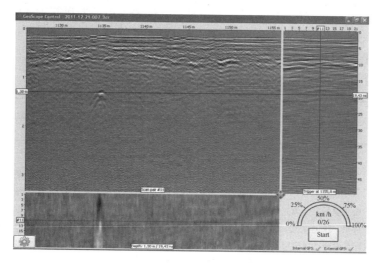

图 3.6-33 垂直剖面与水平切片联合解译管线

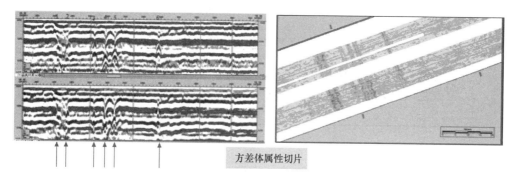

方差体属性切片

图 3.6-34 电磁波属性技术突出管线图谱异常

② 解译流程见图 3.6-35。

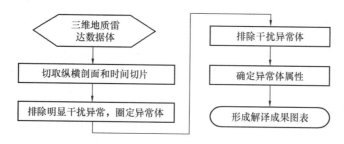

图 3.6-35 资料解译流程图

③ 解译方法。

宜通过多个不同方向切取三维雷达数据形成图像，至少包含纵横向垂直剖面和时间切片；

宜根据三维探地雷达不同方向切片的同相轴及振幅、相位和频率等属性特征识别管线。

除采用纵横向垂直剖面和时间切片外，还可采用任意方向切取垂直剖面、电磁波属性技术等综合解译。

开展大面积三维探地雷达数据解释工作时，宜优先采用人工智能雷达图谱异常体识别技术进行自动识别，再由技术人员针对识别出的异常体进行定性解译。

管线（管涵）三维探地雷达图谱特征见表 3.6-2。

管线（管涵）三维探地雷达图谱特征 表 3.6-2

异常体		图像特征		振幅	相位与频谱
		时间切片	垂直剖面		
管线	金属管线	顶部呈带状异常，随着时间、深度变大，带状异常先变宽再变窄	平行于管线剖面：顶部水平同相轴发育，多次波发育且随时间、深度变大而减弱。 垂直于管线剖面：顶部表现为双曲线形态；绕射波明显；多次波明显	整体振幅最强	顶部反射波与入射波反向；频率高于背景场
	非金属管线		平行于管线剖面：顶部水平同相轴发育，多次波发育且随时间、深度变大而减弱。 垂直于管线剖面：顶部表现为倒悬双曲线形态；绕射波明显；多次波明显	整体振幅强	顶部反射波与入射波同向；频率高于背景场
管涵		顶部呈带状异常，随着时间、深度变大，带状异常宽度无变化	平行于管线剖面：顶部水平同相轴发育，多次波发育且随时间、深度变大而减弱。 垂直于管线剖面：表现为正向连续平板状形态，在管涵边界处绕射波较发育；多次波明显	整体振幅强	顶部反射波与入射波同向；频率高于背景场

（8）管线图谱实例。

三维探地雷达管线探测实例图如图 3.6-36 所示。

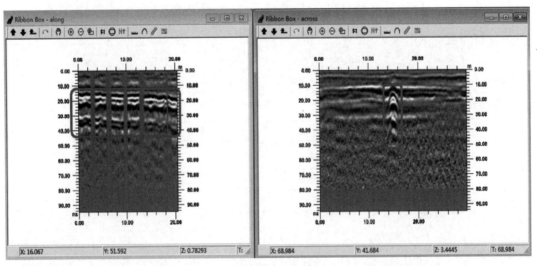

(a) 水平切片　　　　　　　　　　　　(b) 垂直切片

图 3.6-36　三维探地雷达管线探测实例图

4. 雷达探测的优缺点

优点：探测结果图像显示直观可靠，位置和埋深同时显示在雷达图像上，相当于给探测区域地层状况做全面的 CT 扫描，是目前探测没有"示踪线"的埋地 PE 管道最有效的方法。

缺点：探测时受地形条件限制，地面不平整、有水塘、植物等不能够实施探测；探测的灵敏度和准确度受客观因素影响比较大。

3.6.3　声波探测方法

1. 原理

燃气 PE 管道声波定位仪利用声波振动式原理，通过发射装置接入燃气 PE 管道后，向管道内施加一个特定的声波信号，配合接收装置在远端接收对应声波信号，通过监听地面最大信号的强度点，从而定位管道的位置、走向，见图 3.6-37、图 3.6-38。

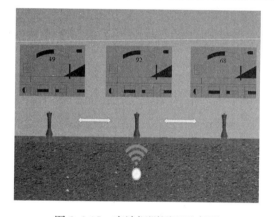

图 3.6-37　声波探测原理示意图

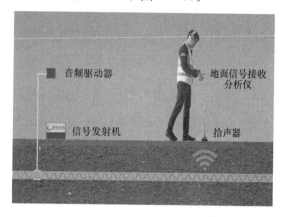

图 3.6-38　声波探测方法示意图

2. 仪器

探测仪器主要由两部分组成，一是发射机，当发射机合理安装后，可以向输送燃气的管道发射一个特殊频率的声波信号，声波信号沿管道通过燃气介质向远处传播，声波信号通过管道可以传送到地面；二是接收机，手持接收机以音频器接入点 3m 为半径画圆，寻找地面声波信号相对最强点，可通过观察屏幕数据显示及耳机声音还原来确认。当确认相对最强点后，即找到管道平面准确位置。连点成线，继续寻找下一信号最强点，依次连接，就精确定位出被测管道的路径，声波探测仪组成见图 3.6-39。

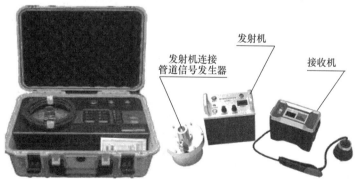

图 3.6-39　声波探测仪器

3. 声波探测埋地 PE 燃气管线方法

定位管线位置，首先需要定位管线上的第一个点。如果无法确定管线的大致走向，要以接入点为圆心切一个圆（半径 3～5m），将接收器设置完毕后，沿着曲线盲找，找出信号值最大的点作为第一个管线上的点。找出的这个点就位于管线的正上方，把接入点和第一个点连接起来，这个方向就是管线的大致走向，见图 3.6-40。

很多情况下，由于环境杂声存在一定干扰，可再选择相对安静时间段探测。在听到管道上声音信号大小的同时，仔细观察接收机屏幕上的数据显示，找出相对信号最大点与耳中感受的声音信号做对比，就能获得更为准确的目标管道位置。

（1）当知道管道走向后，探测目标管道准确位置，首先沿管道走向垂直方向做横切探测，找到信号最大点，做好标记，至少需要找出 3 个管道路径上的相对最强点，将所得到的点连接起来作一条平均线，那么所找到的点就在管道的正上方，见图 3.6-41。

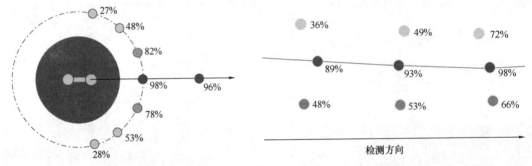

图 3.6-40　声波探测管线走向（一）　　　　图 3.6-41　声波探测管道走向（二）

（2）当被测管道疑似弯曲管道时，要加密探测管道的位置，沿管道走向每隔一两米探测一个点，至少探测四五个点，将所有探测出的点连接起来，即可判断出目标管道是否存在拐弯。当需要探测目标管道三通位置时，可以在怀疑三通位置做圆周探测，在主管上至少探测出三个点并将探测出的点连线，分支方向至少探测出三个点并连线，两条线交叉位置即为三通位置，见图 3.6-42。

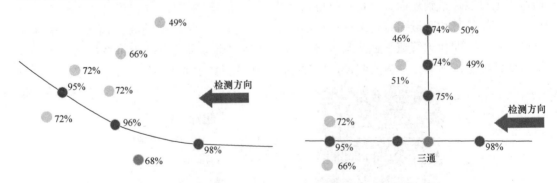

图 3.6-42　声波探测管道走向（三）

4. 声波探测优缺点

优点：多种声波信号组合，适用于各种地质条件，探测距离远，精度高，外界干扰小，操作便捷、高效，定位迅速，精度高，避免不必要、不准确地开挖，杜绝工程事故，极大降低运营成本。

缺点：声波信号传输遇到管道分支，信号强度会分散，随着分支数量的增加，信号强度会骤减，导致传输距离很近。此种情况特别存在于小区进户管道，分支密集，每个楼栋单元前都有分支，声波信号存在很大衰减。频率越高，衰减越快。目前常用的声波探测仪只能探测管线的平面位置，无法准确探测管线的埋深，只能够凭经验估测，而且超过2.5m 深度的埋地管线误差较大。

3.6.4　管道三维轨迹惯性定位测量

1. 原理

三维轨迹惯性定位测量也可称为陀螺仪测量。一个旋转物体的旋转轴所指的方向在不受外力影响时，是不会改变的。人们根据这个道理，用它来保持方向，制造出来的东西就叫做陀螺仪。陀螺仪在工作时要给它一个力，使它快速旋转起来，一般能达到每分钟几十万转，可以工作很长时间。然后用多种方法读取轴所指示的方向，并自动将数据信号传给控制系统（图 3.6-43）。

在现实生活中，陀螺仪发生的进给运动是在重力力矩的作用下发生的。

陀螺仪被广泛用于航空、航天和航海领域。这是由于它的两个基本特性：一为定轴性（inertia or rigidity），另一是进动性（precession），这两种特性都是建立在角动量守恒的原则下。

1）定轴性

当陀螺转子以高速旋转时，在没有任何外力矩作用在陀螺仪上时，陀螺仪的自转轴在惯性空间中的指向保持稳定

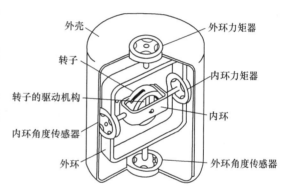

图 3.6-43　陀螺仪结构

不变，即指向一个固定的方向；同时反抗任何改变转子轴向的力量。这种物理现象称为陀螺仪的定轴性或稳定性。其稳定性随以下的物理量而改变：

（1）转子的转动惯量越大，稳定性越好；

（2）转子角速度越大，稳定性越好。

所谓的"转动惯量"，是描述刚体在转动中的惯性大小的物理量。当以相同的力矩分别作用于两个绕定轴转动的不同刚体时，它们所获得的角速度一般是不一样的，转动惯量大的刚体所获得的角速度小，也就是保持原有转动状态的惯性大；反之，转动惯量小的刚体所获得的角速度大，也就是保持原有转动状态的惯性小。

2）进动性

当转子高速旋转时，若外力矩作用于外环轴，陀螺仪将绕内环轴转动；若外力矩作用于内环轴，陀螺仪将绕外环轴转动。其转动角速度方向与外力矩作用方向互相垂直。这种特性，叫做陀螺仪的进动性。

进动角速度的方向取决于动量矩 H 的方向（与转子自转角速度矢量的方向一致）和外力矩 M 的方向，而且是自转角速度矢量以最短的路径追赶外力矩，如图 3.6-44 所示。

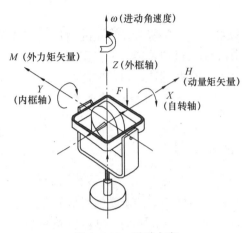

图 3.6-44 进动方向

这可用右手定则判定。即伸直右手，大拇指与食指垂直，手指顺着自转轴的方向，手掌朝外力矩的正方向，然后手掌与4指弯曲握拳，则大拇指的方向就是进动角速度的方向。

进动角速度的大小取决于转子动量矩 H 的大小和外力矩 M 的大小，其计算式为进动角速度 $\omega=M/H$。

进动性的大小也有三个影响的因素：

（1）外界作用力越大，进动角速度也越大；

（2）转子的转动惯量越大，进动角速度越小；

（3）转子的角速度越大，进动角速度越小。

2. 仪器

管道三维轨迹惯性定位测量技术核心部件是陀螺仪，也叫仪器主机。

陀螺仪是一种机械装置，其主要部分是一个对旋转轴以极高角速度旋转的转子，转子装在一支架内；在通过转子中心轴上加一内环架，那么陀螺仪就可环绕平面两轴作自由运动；在内环架外加上一外环架；这个陀螺仪有两个平衡环，可以环绕平面三轴作自由运动，就是一个完整的太空陀螺仪（space gyro），见图 3.6-45。

图 3.6-45　陀螺仪结构

埋地管道惯性三维测量仪由仪器主机、前行走机构、后行走机构三大部分组成(图 3.6-46)，行走机构与仪器主机之间可现场拆卸，因而可选择不同规格的行走机构适应不同口径的管道。

仪器主机内包含了惯性测量单元、电池、主控单元、存储单元、操控接口等功能模块，是整套测量系统的核心。惯性测量单元是测量的核心，它与仪器外壳保持严格的固定安装关系，选择仪器时，应充分考虑仪器内置电池的续航时间、单次测量的存储时间及操控的便捷性。

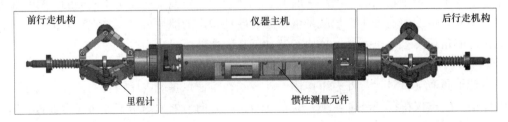

图 3.6-46　惯性三维测量仪

行走机构设计为能通过调整适应管道内径的结构方式（有点像雨伞的伞骨），由中轴、收缩臂、行走轮、弹簧、调节螺母等部件组成。在前行走机构中，行走轮集成了圈数计数器，以对轮子行走里程进行计数，达到里程测量目的。里程计不仅可以直接测得管道的长度，还是组合导航算法的重要数据源，因此里程计是仪器不可或缺的重要组成部件。使用过程中，用户可通过使用不同支架，或者调节支架的不同挡位来适应不同内径的管道，弹簧给行走轮一个切向力，让轮子与管道内壁完全贴合，遇到 PE 管的焊疤能收缩通过。最小可适应 65mm 内径的管道。

3. 三维轨迹惯性定位测量方法

管道惯性测量实质上是一个惯性导航系统，它的硬件基础是惯性测量单元（IMU），惯性测量单元一般包含 3 轴陀螺仪与 3 轴加速度计，陀螺仪用于角速度感知，加速度计用于加速度感知，在此基础上，运用组合导航算法对运动轨迹进行推算，从而形成整套测量系统。2021 年发布的团体标准《地下管道三维轨迹惯性定位测量技术规程》T/CAS 452—2020 正式将管道惯性测量定义为地下管道三维轨迹惯性定位测量。

1）陀螺仪测量管线轨迹步骤

陀螺仪测量管线轨迹步骤见图 3.6-47。

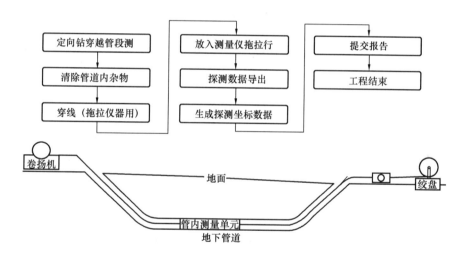

图 3.6-47 埋地管道三维姿态测量示意图

2）测量方法与注意事项

管道惯性测量仪较适合测量燃气、电力、水务、通信等行业内的圆形空管，因此特别适用于水平定向钻或非开挖顶管施工的管道竣工验收测量，仪器通过管道两端的卷扬机以牵引的方式在管道里往返运动，通过仪器自身运动产生水平和上下运动轨迹数据的方式得到管道的位置（图 3.6-48）。以下是管道内数据采集的操作步骤：

（1）调节支架至合适位置，仪器配备适合各种管径的支架；

（2）开机进入测量模式；

（3）将测量仪器放入待测量管道起始位置，静置一定时间（一般 20～60s），根据仪器型号不同，稳定时间有别；

（4）开动管尾牵引装置开始测量，测量过程中尽量保持平稳速度运行；

（5）仪器运行到管尾（测量终点），静置一定时间（一般 20～60s），根据仪器型号不

图 3.6-48   管道惯性测量仪示意图

同稳定时间有别；

（6）用 U 盘拷出测量数据，用相应仪器配套的软件对数据进行分析处理即可。

注：如果需要重复测量，即可从终点开始，管尾往管头牵引测量，重复（1）～（5）即可。

操作过程中，管头管尾的静置主要用于对管头管尾的标记及对 IMU 的误差估计。管道惯性测量仪的测量精度除了与仪器内部 IMU 精度及组合导航算法有关外，与现场操作也有很大关系，因此在实际操作时，应注意以下事项：

（1）管道中心坐标是通过管道两端参考点坐标按组合导航算法进行推导得出的，也就是说管道位置的解算必须完全信赖管道两端参考点坐标，该坐标的误差将直接引入成果中，推荐用 RTK GNSS 或者全站仪对管道两端中心进行坐标测量，精度要求在 10cm 以内。

（2）行走支架的选择与调节，要选择合适的支架并通过调节螺母让支架轮能贴合管壁，调得过松与过紧会影响仪器过焊缝的平顺性，也会影响到测量结果精度，需要现场操作积累经验。

（3）管口静置时间应满足厂家要求，同时应保证静置质量，要避免静置时对仪器的扰动，例如前后溜或者手抖。

（4）牵引速度的控制，过快容易产生高频晃动，过慢不易过焊缝，推荐 $0.6\sim1.2\text{m/s}$，实际牵引速度还会受不同规格的管、不同的焊接工人、不同的管道曲率半径等因素影响，因此也需要使用者不断总结经验。

（5）管道内测量环境要求，被测管道为全空，内无阻碍物和水，管道无严重变形（>30%）；两个端口露出。

（6）将 U 盘数据转存到计算机，用专用软件分析处理数据，输入管道测量起始点坐标并生成探测点坐标数据和报告。

（7）地下管道三维轨迹惯性定位测量工作应采取安全措施，应按符合现行的国家相关规定执行。

3）测量误差要求

地下管道三维轨迹惯性定位测量工作的精度应满足表 3.6-3 的要求，其他要求应满足《地下管道三维轨迹惯性测量技术规程》T/CAS 452—2020 要求。

地下管道三维轨迹惯性定位测量精度要求   表 3.6-3

测量管段长度 （m）	平面位置中误差允许值 （mm）	高程中误差允许值 （mm）
$L\leqslant100$	125	0.075
$L>100$	$L\times0.125\%$	$L\times0.075\%$

管道出入口坐标的测量精度应满足：平面位置中误差不得大于±50mm（相对于邻近控制点），高程测量中误差不得大于±30mm（相对于邻近高程控制点）。

4）测量数据分析

（1）数据下载后宜在现场进行数据预处理，分析数据原始曲线的形态能否满足下列要求：①曲线均匀有规律，无明显突变异常；②在单次测量曲线中无明显的折线（即：管道惯性定位仪在行进中无较长时间停顿），多次跳跃线等；③测量的管线轨迹与设计图竣工图比较，一般情况下高度相似；④多次测量轨迹，在无明显操作误差影响情况下，相似度很高。

（2）对多次测量的结果，当两次测量的重复性在仪器标称要求范围内时，认定各次测量有效时，计算全部点的误差应满足表 3.6-3 要求，则测量数据合格；当部分重复性测量数据点超出要求时（即较差大于允许中误差的 $2\sqrt{2}$ 值的点数占总点数的比率），均小于10%，也视为测量数据总体合格。否则需要重新测量。

（3）原始测量有效合格数据，每条测量管道至少要有两组。

5）测量成果

管道三维轨迹惯性定位测量仪测量成果的输出，一般有测量管段三维坐标（根据提供的测量起始点坐标系生成相应的坐标）、管道平面坐标图、管道剖面示意图、管道三维轨迹示意图。见图 3.6-49～图 3.6-51、表 3.6-4。

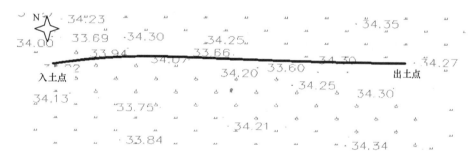

图 3.6-49　平面位置图

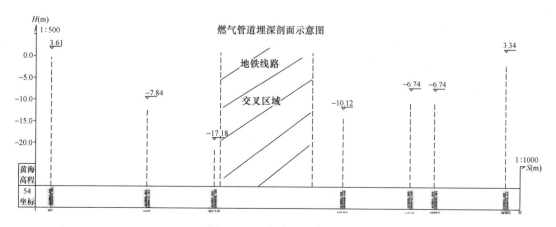

图 3.6-50　深度里程剖面图

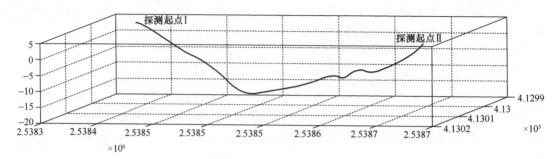

图 3.6-51   三维位置示意图

埋地管道轨迹测量成果表   表 3.6-4

里程（m）	东坐标（X）	北坐标（Y）	高程（H）
0	490497.755	3759915.017	32.41
0.5	490498.205	3759915.224	33.15
1	490498.655	3759915.432	33.08

3.6.5   大埋深管线探测方法

大埋深管线探测方法主要有深孔电磁方法（垂直剖面法）和孔中磁梯度探测方法。

1. 原理

1）深孔电磁法（垂直剖面法）原理

垂直剖面法探测原理与地面水平剖面法一样，不同的是首先用普通物探方法确定出目标管道的大概位置，然后在确保目标管道绝对安全情况下，在其旁边（距离 2~5m 范围）钻勘几个探孔（至少 2 个）。钻孔完成后，在勘探孔内加装 PVC 套管防止勘探孔坍塌，便于探测，钻孔深度必须超过探测目标管道深度 3~5m。探测时在套管中放入特制的探测仪探头，通过探头采集施加的电流信号在不同深度的电磁波信号强度数据，从而分析获得管道的水平位置和埋深数据。勘探孔距离管道越近，获得的探测精度越高。可通过勘探孔逐次逼近目标管道的方法探测，逐步提高超常埋深管线探测准确度。一般情况下，由于被测管线距离地面比较深，其他干扰很小，在勘探孔距离管道 2m 左右时，垂直剖面探测法埋深探测准确度误差在 0.25m 以内，平面位置探测精度控制 0.30m 以内。采用了垂直剖面探测法，探测误差精度与目标管道埋深无关，只与勘探孔距离管道远近有关，距离越近，误差越小。

通过探头采集的电磁波信号，用峰值法探测时找出信号最大的位置，该位置到地面勘探孔起点的距离即为目标管线的真实埋深。通过信号最大的位置两侧信号强度，测算出目标管道距离勘探孔的最近水平距离（即为目标管线到钻孔的垂直距离）。通过垂直剖面探测，可以避开浅部管线的干扰，大大提高探测定位、定深的精度。垂直剖面的理论见公式 3.6-4 及图 3.6-52。

$$H_z = K \cdot i \frac{L}{h^2 + L^2} \qquad (3.6\text{-}4)$$

式中：H_z——探测信号强度；

　　　　K——校正系数；

　　　　i——信号电流强度；

　　　　L——勘探孔与目标管道的水平距离；

　　　　h——目标管道埋深。

　　2）孔中磁梯度探测法原理

　　地球的基本磁场是一个位于地球中心并与地球自转轴斜交的磁偶极子的磁场，在整个地球表面，都有磁场分布，而且磁场强度、磁倾角、磁偏角随地区的不同而变化。但对于单个工程而言，研究的只是局部小范围的磁场，我们可以把地磁场在该区域认为是均匀分布的。在无铁磁性物质的土层中，其磁场强度就是地磁场，即背景场。

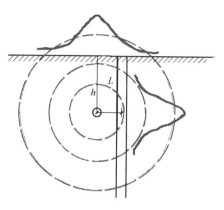

图 3.6-52　垂直剖面法原理图

当土层中存在磁性较强的物质，实测地磁场将与背景场存在明显的差异，这种差异称为磁异常。由于各种物体的磁性不同，产生的磁场强度也不同，其物体空间分布的不同（包括埋深、倾向、大小等），使其在空间磁场的分布特征也不同。孔中磁梯度探测方法原理与管线探测原理基本相同，是利用被探测的金属管道本身产生的磁场做探测目标，距离探测目标越近磁场强度越大，从而实现确定目标管道的确切位置的功能。

　　2. 仪器

　　大埋深管线测量仪器有两种类型，一种是主动源信号类仪器，如各种的电磁原理管线探测仪、声波原理管线探测仪器等，这种仪器探测大埋深管道时根据探测方法不同，有时需要将接收机的电磁感应线圈外置，通过延长线与接收机连接；另一种是被动源信号类仪器，如磁梯度仪、孔中雷达探测仪、高密度大地电阻率测量仪等。常用的仪器设备有廊坊兴尔仪器有限公司生产的 XEDT-Ⅱ型磁梯度仪、北京地质仪器厂生产的 CCT-4 型磁探仪、重庆地质仪器厂的生产 JCX-3 型三分量井中磁力仪等，仪器性能见表 3.6-5。

仪器性能表　　　　　　　　　　　　　　　　表 3.6-5

仪器名称	技术参数	照片
XEDT-Ⅱ型磁梯度仪	仪器测量范围：±100000nT； 仪器深度分辨率：1cm； 仪器分辨率：1nT； 测量模式：现场显示曲线和深度； 最深探测深度：50m（100m 可定制）	
CCT-4 型磁探仪	适用地磁场范围：±80000nT，误差小于5%； 磁场梯度测量量程：±2000nT，误差小于2%； 分辨率：0.1nT； 剩磁：≤1nT； 温度漂移：≤1nT/℃； 长时间漂移：≤5nT/h； 平行误差：≤20nT； 转向差误差：≤20nT	

续表

仪器名称	技术参数	照片
JCX-3 型 三分量井中 磁力仪	测量范围：±99999nT； X、Y 磁敏元件转向差：≤150nT； Z 磁敏元件转向差：≤100nT； 倾角测量范围 0～45°，误差小于 0.2； 方位角测量范围 0～360°，误差小于 2°（倾角 ≥3°）； 线性度：≤2‰； 井下仪器探管外径：φ40mm； 井下仪器适应井斜：0～40°； 测量井深：≤2000m	

3. 方法

1) 深孔电磁方法（垂直剖面法）

探测方法是在待测目标管道勘探位置附近区域，施加探测电流信号（如出露点、阀门井、测试桩等），信号发射机的一个极通过导线直接与被测管道连接，另一个极通过导线和接地棒与大地连接（接地），这样发射机—被测管道—大地构成一个探测电流信号回路。信号发射机可以根据需要施加各种频率信号（一般发射较低频信号，低频信号可以传递得更远、干扰相对较少、测得较深），见图 3.6-53。

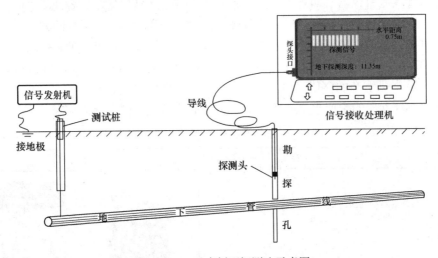

图 3.6-53　垂直剖面探测法示意图

超深管线探测仪信号接收机，由两部分组成，一部分是信号感应线圈（简称探头），是外置型（防水处理很好），通过较长导线与信号接收处理机连接；另一部分是信号处理主机。勘察孔打好后加装 PVC 套管（孔径 DN50～DN90 塑料管），探测时把探头放进勘察塑料管孔里，采用峰值法探测时，信号接收机显示的信号强度将会随逐步接近管道逐渐变大，远离探测目标管道后又逐渐变小的过程。通过记录不同深度位置的信号强度数值，再通过深度数据与信号强度数据分析拟合成二维曲线图，以深度位置数据为横坐标，对应的信号强度数据为纵坐标，信号强度图像显示为正弦曲线；采用谷值法探测时二维曲线图为余弦曲线。

（1）探测目标管道深度

数据分析中的正弦曲线图（图 3.6-54），正弦曲线的最大点（极小值法探测为余弦曲线最小点）对应的横坐标数据，即为管道的深度数据。

（2）探测目标管道到勘探孔水平距离

① 利用正弦曲线的最大点（即管道深度点）正弦曲线图推算目标管道距离勘探孔水平距离（即地面水平剖面法探测管道深度原理），探测理论公式（3.6-5）及理论曲线，当 $x=0$ 时，$H_x = K_i/h$ 达到最大值；当 $x=h$ 时，$H_x = K_i/2h$ 是峰值的一半，据此可以推算出目标管道距离勘探孔的距离（50%法测深），见图 3.6-55。

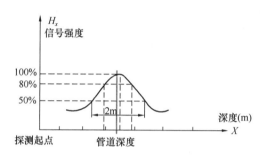

图 3.6-54　垂直剖面法探测深度示意图

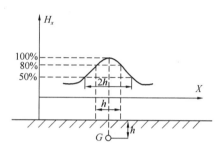

图 3.6-55　垂直剖面法探测距离示意图

$$H_x = Ki \frac{h}{x^2 + h^2} \tag{3.6-5}$$

② 采用谷值法探测，如果探头放入探测孔后，仪器信号增益调到比较大时，目标管道磁场感应信号强度很小或接近于零，说明目标管道在桩孔正下方或距离很近；如果目标管道磁场感应信号有一定的值，说明目标管道不在桩孔正下方，与桩孔有一定水平距离。

采用峰值法探测时，通过分析比较同一个勘探孔内不同深度信号强度大小，经过计算，可以获得勘探孔与目标管道的水平距离和直线距离。通过比较不同位置的两个勘探孔探同一个深度的磁场感应信号大小，可以分析出目标管道在勘探孔的方向是在左侧还是右侧，信号强度大的勘探孔距离管道近，垂直剖面。勘探孔探测示意图见图 3.6-56。接收机探头距离探测目标管道距离分析计算方法如下：

在实际探测工程中，采用峰值法探测，通过分析计算与现场模拟实验获得如下结果：当勘探孔离开目标管道水平距离约 3m（$L=3$m）、探测位置 2 信号强度比探测位置 1 大一倍时（即 $B_2 = 2B_1$），通过分析探测

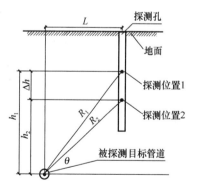

图 3.6-56　垂直剖面勘探孔
探测示意图

位置 1、2 之间的间隔距离（Δh），可以判断出勘探孔内探头位置与目标管道之间的距离（即 h_2 和 R_2 数值），表 3.6-6 是不同探测位置与目标管道距离实测数据。

探测位置与目标管道距离实测数据表　　　　　　表 3.6-6

探测孔与目标管道水平距离（m）	3.0	3.0	3.0	3.0	3.0	3.0	3.0
探测位置 1 信号强度值 B_1（T）	50	50	50	50	50	50	50
探测位置 2 信号强度值 B_2（T）	100	100	100	100	100	100	100
位置 1、2 之间距离 Δh（m）	2.0	2.2	2.5	2.8	3.0	3.3	3.8
探测位置 2 距目标管道 h_2（m）	3	5	7	8	9	10	12

结论，目标管道与勘探孔水平间距一定，探头在勘探孔内两个不同深度，得到的信号强度值相差一倍时，探测位置 1 与探测位置 2 的距离间隔越小，说明探测位置距目标管道越近。当勘探孔内探头下潜深度与目标管道处于同一个水平面时，根据公式（3.6-5）可以获得最大磁场感应信号。勘探孔水平离开目标管道一定距离，采用谷值法探测（即探头线圈平面垂直于地平面）时，探头在垂直于地平面的勘探孔内做上下移动，获得的目标管道磁场感应信号强度变化，由公式（3.6-5）可知，等同于在水平地面的谷值法探测。

（3）管线成果验证

因为超深管线敷设深度较深，直接开挖验证不现实，且目标管线都有防腐层，直接用勘察钻机去钎探，往往不能达到效果，或会破坏管道的防腐层，这是权属单位不能够接受的结果。下面介绍一种可以保护待测目标的验证方式，通过上述超深管线探测方式已经获得待测目标的深度、勘察孔距离待测目标的水平距离（h_1，s_1），通过同样探测方法，在距离现有勘察孔 $2s_1$ 的位置（两个勘察孔的连线垂直于目标管道）重新探测，获得（h_2，s_1），在地面上实际两侧勘察孔的水平间距 S；比较 $\Delta_1 = h_1 - h_2$ 及 $\Delta_2 = S - 2s_1$，理论上 Δ_1、Δ_2 为零或接近于零；但实际上勘察打孔时未必垂直，有一定的倾斜，此时应测斜，加以改正即可，见图 3.6-57。

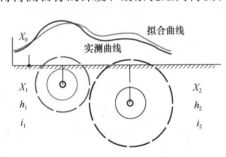

图 3.6-57　数据反演分析图

2）孔中磁梯度探测方法

用磁力仪探测地下管道位置方法。首先利用普通物探方法探测出管道的大概位置，然后在确保探测目标管道绝对安全情况下，在其旁边距离 2～5m 位置钻几个勘探孔（至少两个）。钻孔完成后，在勘探孔内加装 PVC 套管防止勘探孔坍塌，方便于探测。钻孔深度必须超过探测目标管道深度 3～5m。探测时在套管中放入磁力仪探头进行探测，通过探头采集每个钻孔不同深度位置的磁场信号强度，从而获得管道的水平位置和埋深数据。勘探孔距离管道越近，获得的探测精度越高。

（1）管道深度确定

对每个勘探孔测量的不同深度磁场梯度数据进行分析，以深度数据为纵坐标（m），以磁场梯度数据为横坐标做二维数据分析曲线图。图中磁场梯度变化最大位置对应的深度，即为所探测埋地钢质管道的深度，见图 3.6-58。

（2）管道平面位置确定

利用两个距离管道不同的勘探孔测量得到的磁场梯度数据，由于两个勘探孔获得的管道深度相同，只是距离不同，通过解算两个磁场强度方程，就可以得到勘探孔距离目标管道远近。

4. 应用实例

（1）探测 DN800 管径 6MPa 超高压燃气管

某项目位于上海市松江区，为一根 DN800 管径 6MPa 超高压燃气管，管道材质为钢管，非开挖穿越既有道路。本项目需在燃气管道附近实施桥梁桩基，为保障施工安全，需探测出管道的准确位置和埋深。

根据拟定的超高压燃气管专项探测方案，先采用大功率电磁感应法（DM）确定了燃气管线的大致位置，并经权属单位现场交底后，采用井中磁梯度法对管道进行了精测。本次在距离桥梁桩基最近的管道位置共布置了 1 条精测剖面，含 6 个钻孔测点，测点间距 1.5m。钻孔采用无损水冲法钻进工艺。最终，成功地探测出了管

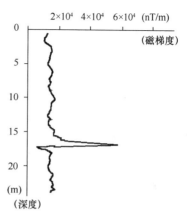

图 3.6-58 磁场梯度曲线

道的准确位置和埋深，管道中心埋深约为 18.5m，管顶埋深为 18.1m。后经钻孔验证，管道实际管顶埋深为 18.25m，探测平面误差为 0.2m，埋深误差为 0.15m，见图 3.6-59。

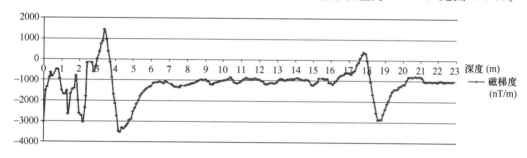

图 3.6-59 DN800 管径 6MPa 超高压燃气管井中磁梯度探测成果图

（2）探测 DN300 管径输油管

某项目位于上海市浦东新区，为一根 DN300 管径输油管，管道材质为钢管，非开挖穿越河道。本项目需在输油管道附近实施桥梁桩基，为保障施工安全，需探测出管道的准确位置和埋深。

根据拟定的输油管专项探测方案，先采用大功率电磁感应法（DM）确定了输油管的大致位置，并经权属单位现场交底后，采用井中磁梯度法对管道进行了精测。本次在河道两侧桥梁桩基位置附近共布置了 2 条精测剖面，每条精测剖面含 6 个钻孔测点，测点间距 1.0m。钻孔采用无损水冲法钻进工艺。最终，成功地探测出了管道的准确位置和埋深，管道中心埋深约为 12.5m，管顶埋深约为 12.2m。后经钻孔验证，管道实际管顶埋深为 12.1m，探测平面误差为 0.1m，埋深误差为 0.1m，见图 3.6-60。

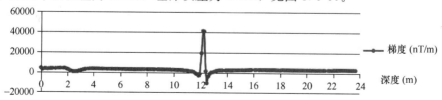

图 3.6-60 DN300 管径输油管井中磁梯度探测成果图

第4章 埋地燃气管道防腐层检测与评价

4.1 概述

腐蚀是影响埋地钢质燃气管道安全运行的主要危害，埋地钢质燃气管道发生腐蚀漏气往往是防腐层存在缺陷引起的，因此保证埋地燃气管道防腐系统完整性是防止燃气管道发生腐蚀的必要条件。

要保证埋地燃气管道防腐层的完整性，需要从埋地燃气管道的建设初期开始把好防腐质量关，并且在投入运行后长期维护与管理。确保质量完好的有效方法就是对燃气管道进行检测，一是建设初期埋地管道防腐系统总体质量检测，二是埋地运行后的管道安全管理与检测。近几年来燃气泄漏爆炸事故逐年增多，事故数量与伤亡甚至出现了成倍增加的现象。仔细分析这事故发生的原因，总结起来不外乎三个方面，一是埋地燃气管道位置标识不准确（或根本就无标识），对埋地管道的地理信息缺少检测，由开挖施工第三方破坏引起燃气泄漏发生爆炸事故；二是管道埋地之后，由于管道防腐系统失效，缺少必要的检测手段或采取的检测技术手段不科学完善，由自然环境腐蚀穿孔引起燃气泄漏爆炸事故，这类事故占总体事故数量约 50% 以上；三是没有对管网按规范要求实施安全检测与检查。

4.1.1 埋地钢质管道失效原因及分析

根据国家标准《油气输送管道完整性管理规范》GB 32167—2015 的分类方法，将管道事故原因主要分成时间因素、固有因素、与时间无关的 3 大类，见表 4.1-1。

管道失效原因分类　　　　　　　　　　　表 4.1-1

分类	危害因素	子因素
时间因素（受时间的影响，危险会增大）	外腐蚀	阴极保护失效、防腐绝缘层失效、土壤腐蚀、杂散电流等
	内腐蚀/磨蚀	管内输送介质的温度、流速以及腐蚀性
	应力腐蚀开裂/氢致损伤	高 pH 应力腐蚀开裂、近中性 pH 应力腐蚀开裂及氢致开裂
	凹陷疲劳损伤	—
固有因素（管道在设计施工中遗留的问题）	与制管有关的缺陷	管线焊缝缺陷，管体缺陷
	与焊接/施工有关的因素	管道环焊缝缺陷，制造焊缝缺陷，褶皱弯管或屈服，螺纹磨损/管线破损/接头失效
与时间无关	机械损伤	甲方、乙方或第三方造成的损坏，管道旧伤，故意破坏
	误操作	维养人员操作不当、操作失误
	自然与地质灾害	地震、洪水、山体滑坡、雷电等

注：除规范列举的失效原因外，还有材料失效、其他外力损伤和不明原因等。

4.1.2　防腐层检测目的和意义

　　管道防腐层绝缘电阻是指单位面积的防腐层电阻，决定了自身对管道的防腐保护能力，其数值大小由防腐层漏敷的数目和大小所决定，测量防腐层的绝缘电阻判断防腐层的技术状态，是管道防腐层质量的一种检测方法，通过准确定量检测防腐层绝缘电阻，真实反映埋地管道防腐层绝缘技术状态，从而为防腐层管理和维护提供依据，延长管道运行寿命。

　　实现对埋地管道防腐层绝缘电阻的检测，可为防腐层检漏、维修、大修、新建管道防腐层质量评估等方面提供依据，作为管道防腐层质量评价标准。

　　管道防腐层绝缘电阻率为单位面积的防腐层平均电阻，单位为 $\Omega \cdot m^2$，其数值大小基本由防腐绝缘层材质、结构、缺陷数目和大小决定，是衡量防腐层质量好坏的尺度。防腐层"缺陷"包括：破损、针孔、开裂、剥离、老化。准确定量的测得管道防腐层绝缘电阻值，就可以用于评价埋地管道防腐层质量状况。

　　管道防腐层绝缘电阻检测与防腐层检漏是确保管道防腐层质量不可缺少的两个检测项目，其区别在于："检漏"是在未知"缺陷点"的情况下，沿管道上方"逐点"仔细检测，好似大海捞针，工作量较大；管道防腐层绝缘电阻检测是沿管道"逐段"测量，可以较快地全面掌握管道防腐层质量状况，快速做出总体评价。

4.2　埋地燃气管道防腐层检测仪器

　　埋地管道防腐层检测仪器可划分为两类。一类是埋地管道防腐层总体质量检测与评价类仪器，如 PCM、DM、选频变频仪、电位测量仪等；另一类是埋地管道防腐层缺陷点探测仪器，如 ACVG、DCVG、音频检漏仪、PCM/DM-A 字架、电火花检测仪等。常用的检测仪器见表 4.2-1。

管道电流衰减率法检测仪器一览表　　　　　　　　表 4.2-1

仪器名称	仪器型号	仪器产地	图片	备注
防腐层检测仪器	PCM 系列	国内外		操作简单、配备有 A 字架可同时进行防腐层缺陷点检测；缺点是需要人工测距和处理数据，工作效率较低
	DM 系列	香港		操作简单、配有 GPS 可自动测量点距离，配备有 A 字架可同时做防腐层缺陷点检测；缺点是工作效率一般

续表

仪器名称	仪器型号	仪器产地	图片	备注
防腐层检测仪器	C-SCAN	美国		能够现场分析得到数据，缺点是软件固化、不能够根据实际情况调整参数
	SL-系列	国产		检测灵敏度较高，使用方便，检测不受地形影响，工作效率高，缺点是要掌握好需要工作经验

4.3 埋地燃气管道防腐层质量检测

埋地燃气管道外防腐层绝缘电阻检测的方法很多，比较常用的非开挖检测方法主要有电流衰减率法、变频选频法、断电电位、电流-电位法、馈电法等；开挖检测方法有拭布法、防腐层面电阻率测试法等。

4.3.1 电流衰减率法

管道电流衰减率法检测防腐层的绝缘电阻率，又称多频管中电流法，采用等效电流原理评价防腐层绝缘电阻，是目前非开挖检测中比较常用的一种检测方法（仪器见表 4.2-1 中 PCM、DM 系列）。其通过给埋地管道施加一个电流信号后，沿管道走向检测各个点管道中的电流强度大小，然后计算出管道的防腐层电流衰减率 Y 值（dB/m）。

1. 原理

管道电流衰减率法是《城镇燃气埋地钢质管道腐蚀控制技术规程》CJJ 95—2013 推荐的检测方法，仪器由两部分组成：一部分是发射机，可同时向管道施加多个频率的电流信号；另一部分是接收机，可接收发射机所发射的不同频率的电流信号。检测时发射机在测试桩施加检测信号后，信号接收机沿管道走向隔一定距离测量一个管道中的电流强度信号（图 4.3-1）。

这种方法基于"点电流源供电"无限长线导体的电磁场分布理论，无论交流或直流，电磁场分布与介质的均匀程度密切相关，因此，检测的理论基础是假定管道周围土壤电阻率差别不大，特别是沟回填土比较均匀一致。管道的信号电流分布符合式（4.3-1）：

$$I = I_0 e^{-ax} \tag{4.3-1}$$

式中：I——管道中任意处的电流强度值；

　　　I_0——发射机向管道施加电流点的电流值；

　　　x——测量点到供电点的距离；

　　　a——衰减系数（与被测管道的防腐层绝缘电阻、导电率、防腐层厚度、管道的直径、厚度、材质、电容有关）。

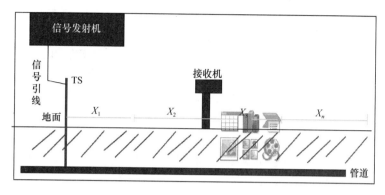

图 4.3-1　电流衰减率法

$$\alpha = \frac{\sqrt{2}}{2} \sqrt{(RG - \omega^2 LC) + \sqrt{(R^2 + \omega^2 L^2)(\omega^2 G^2 + C^2)}} \qquad (4.3\text{-}2)$$

其中，R 为管道纵向电阻；G 为管道防护层横向漏电导（管道的绝缘电阻 R_g 包含在 G 中）；C 为管道与大地的分布电容；L 为管道的自感系数；ω 为检测时的选定值（为角频率）。

将安培电流按式转化为分贝电流。当已知任意两点的电流分贝值后按式（4.3-3）求出电流衰减系数 α，即：

$$Y = 8.6858\alpha = \frac{I_{dB2} - I_{dB1}}{X_2 - X_1} \qquad (4.3\text{-}3)$$

其中，$I_{dBx} = 20\lg I(x)$，为 x 点的电流分贝值；Y 为单位长度管道电流平均衰减率。

式（4.3-2）中 R、L、C、ω 都为已知量，α 求出后按式（4.3-3）即可求出 Y，Y 即为包含着能反映防护层状况的绝缘电阻 R_g 值。

按照式（4.3-3），当管道的防腐层出现缺陷时，电流会通过破损点流失，在破损点附近电流衰减率值 α 会突变增大。在 Y-X 的关系图上该段的图形出现上跃，由此可判定防腐层破损点的存在和位置（图 4.3-2）。根据电流衰减率的大小变化，还可以计算出防腐层平均绝缘电阻率的大小值。由此评价防腐层的整体质量状况，计算管道防腐层的平均绝缘电阻率。

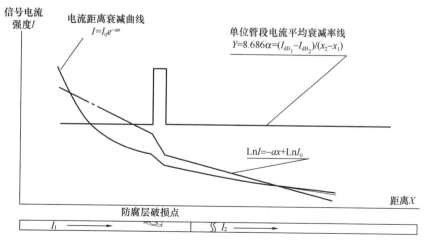

图 4.3-2　防腐层破损电流图

同一种材质的管道埋地条件相同时，防腐层的平均绝缘电阻率大的，衰减系数就小；反之平均电阻率小的，衰减系数就大，也就是电流泄漏严重。

当管道的防腐层由同种材料构成，且各段的平均绝缘电阻率差别不大时，管道中电流强度的自然对数与远离供电点的距离呈线性关系变化，其斜率大小取决于防腐层的电阻率。单位距离的衰减率与距离绘制成的二维图形是一条平行于 X 轴的直线。

2. 数据评价

利用 PCM 数据计算防腐层质量状况将管道电流检测数据导入软件或计算公式计算出衰减率值（dB/m），根据《埋地钢制管道腐蚀防护工程检验》GB/T 19285—2014 中"附录 K（规范性附录）埋地钢质管道外防腐层分级评价""表 K.2 外防腐层电流衰减率 Y 值（dB/m）分级评价"进行分级评价或《城镇埋地钢质管道腐蚀控制技术规程》CJJ 95—2013 中防腐层质量分级标准，其评价指标见表 4.3-1。

外防腐层电流衰减率 Y 值（dB/m）分级评价 表 4.3-1

类型	管径 (mm)	级别			
		1	2	3	4
3LPE	323	$Y\leqslant0.013$	$0.013<Y\leqslant0.06$	$0.06<Y\leqslant0.129$	$Y>0.129$
	660	$Y\leqslant0.02$	$0.02<Y\leqslant0.072$	$0.072<Y\leqslant0.158$	$Y>0.158$
	813	$Y\leqslant0.021$	$0.021<Y\leqslant0.078$	$0.078<Y\leqslant0.2$	$Y>0.2$
硬质聚氨酯泡沫防腐保温层和沥青防腐层	219	$Y\leqslant0.08$	$0.08<Y\leqslant0.11$	$0.11<Y\leqslant0.2$	$Y>0.2$
	323	$Y\leqslant0.093$	$0.093<Y\leqslant0.129$	$0.129<Y\leqslant0.216$	$Y>0.216$
	529	$Y\leqslant0.11$	$0.11<Y\leqslant0.15$	$0.15<Y\leqslant0.23$	$Y>0.23$
	660	$Y\leqslant0.112$	$0.112<Y\leqslant0.158$	$0.158<Y\leqslant0.24$	$Y>0.24$
	812	$Y\leqslant0.114$	$0.114<Y\leqslant0.2$	$0.2<Y\leqslant0.28$	$Y>0.28$
		优	良	监控运行	差

注：1. Y 是基于标准土壤电阻率 $10\Omega\cdot m$ 情况下的计算值，根据实际情况，在试验分析的基础上，分界点可以适当调整。

2. dB 值$=20|\lg(I_1/I_2)|$，I_1、I_2 为相邻 2 个检测点的实测电流值，此电流值为在管道上施加 128Hz 电流的检测值，仪器采用不同频率时，分级评价可参照执行。

3. 位于两者之间的管径，采用插值法，位于表中所列范围之外的，参照上表最接近的管径执行，可据经验进行适当调整。

外防腐层电流衰减率评估方法是目前国内外应用比较成熟的一种检测方法，可长间距快速探测整条管线的防腐层状况，也可缩短间距对破损点进行定位，属于非开挖地面测量。受地面环境电磁场影响，测量结果存在偏差，不直观，如管体的电阻、内电感、外电路以及防腐层的电容率等因素影响测量结果的准确度。

4.3.2 变频选频法

1. 原理

根据变频选频原理，管道防腐层绝缘电阻测量仪（套）由变频信号源一台、选频指示器二台组成。变频信号源：输出频率范围 0.8～300kHz 连续可调；输出电平 0dB、+10dB。选频指示器：测量频率范围 0.8～300kHz 连续可调；测量电平范围 0～−90dB

（锁相）。现场测量时仪器配置与接线如图 4.3-3 所示。

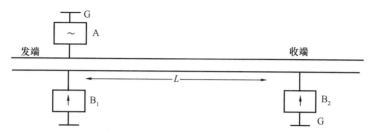

图 4.3-3　变频选频检测法仪器接线示意图
A—变频信号源；B_1、B_2—选频指示器；G—接地极；L—被测管段长

　　被测管段的长度及防腐层的优劣与选用测量信号的频率有密切关系。基本原则是：被测管段长，使用测量信号频率偏低；被测管段短，使用频率偏高；管道防腐层质量差，使用信号频率偏低；防腐层质量好，使用频率偏高。被测管段之间不能有分支管道。

　　实测任意长管道时，长度是可知的，绝缘质量是未知的。使用什么测量信号频率是根据收、发两端选频指示器所测量的电平差确定（通过对讲机联系）。当两端电平差小于 23dB 时，需升高频率。当两端电平差大于 23dB 时，需降低频率，直至电平差为 23dB 或稍大于 23dB 时，读取信号频率值及电平差值。由于被测管段长度、直径、壁厚、材质及防腐层材料、结构、厚度及管道所处土壤环境都是不同的，所以这些参数必须已知。将参数值及现场测量的频率值及电平差值，利用 AY508 8.0 版软件，即可计算出被测管段的防腐层绝缘电阻值，再评定防腐层质量等级。

　　2. 特点

　　变频选频法是采用可变的高频信号，巧妙地利用了变频与选频，使测量信号的传输控制在被测管段范围内，解决了传输公式的边界条件要求，以及由于采用高频信号而引入的阻抗、容抗、感抗及电流、电位分布的向量和繁复计算等问题。

　　变频选频法测量管道防腐层绝缘电阻技术具有如下特点：

　　（1）可以测量埋地长输管道、油田及城市煤气管网连续管道上任意长度管段的防腐层绝缘电阻。

　　（2）适用于不同管径、不同钢质材料、不同防腐层绝缘材料、不同防腐层结构、处于不同环境的埋地管道。

　　（3）测量时只需要在被测管段两端点与金属管实现电气联通（可在检测桩、闸门处），不必开挖管道，不影响管道正常工作状况。

　　（4）所测结果不受被测管段以外的管道长短、有无分支、有无阀门、有无绝缘法兰及管道防腐层质量好坏的影响。

　　（5）测量方法简单、迅速、准确。实测一段任意长管段只需几分钟。

　　"变频选频法" 是利用 300Hz ～ 400kHz 高频信号实施测量的，所以必须备有一台连续可调的 "变频信号源"；为了掌握送入管道信号的传输衰耗分布规律，必须备有测量管道电位分布的 "选频电平表"，为此《SL-AY508V 型管道防腐层绝缘电阻测量仪》是由一台 "变频信号源"（简称信号源）及两台 "选频电平表"（简称选频表）组成。

　　3. 方法

　　发端的读数以 B_1 选频表为准，收端的读数以 B_2 选频表为准；信号源的测试线接管道端为 2m，接地端为 20m；选频表的测试线接管道端为 2m，接地端为 2m；将测试线一端插入信号源和选频表最右边两个孔（不分正负），另一端分次插入两台选频表最右边两个孔（不分正负）[注：最右边往左数的第三个孔不用（无效）]；接管道端，接地端，接仪器端等，其接触要良好，否则测量误差大，或者无法测量。特殊情况，测试线可以自行加长；如果接收端的信号弱（比如−60dB 以下），可以按动信号源的"L↑"键，使信号源的输出增加 10dB；接地棒尽可能地与被测管道垂直；发端信号源（A）输出有两个端子，一端接管道（利用检测桩或阀门），另一端接距管道 20m 插入地中的接地极棒；发端选频表（B₁）有两个测量端子，一端接管道（与信号源同一点），另一端接插入管道上方土壤中的接地极棒（相当测量管道对地电位）；收端选频表（B₂）有两个测量端子，一端接管道，另一端接插入管道上方土壤中的接地棒（相当测量管道对地电位）。

针对不同被测管段长度和不同的防腐层质量状况，应使用不同频率的信号测量，即所谓"变频"；选择正确频率信号，即所谓"选频"。如何选择正确的测量频率值，取决于收、发两端选频表测量对应频率下的电平衰耗（电平差）值，要大于或等于 23dB；在不知道被测管段防腐层质量的情况下，只需试测几个频率即可得到。

综合被测管道防腐层质量及被测管段距离，最终得到真实反映被测管段防腐层质量的现场实测数据为：测量频率值（Hz）和 电平衰耗值（dB）。

4. 结果

接好线后：①发端信号源（A），开机输出电平置 0dB 挡（若管道防腐层质量很差或外界干扰信号很强时可输出 +10dB），输出信号频率置 30000Hz，作为"初始试测频率"；②发端选频表（B₁），调整测量频率为 30000Hz，会自动测得发端点电平值（−dB）；③收端选频表（B₂），调整测量频率为 30000Hz 与发端选频表（B₁）同时测量，会自动测得收端点的电平值（−dB）。

通过对讲机、电话等通信工具联系，报告收、发两端点电平值（−dB），计算出两端电平差（dB），如果电平差大于 23dB，则需降低信号源频率，如果电平差小于 23dB，则需提高测量信号频率；改变频率后重复上述测量步骤，直至达到收、发两端电平差为 23dB 或稍大于 23dB，此时记录信号源显示的频率值及收、发两端选频表在该频率下测得的电平差值。

我们需要测量的管道防腐层绝缘质量情况是千差万别的，被测量的管段长度也不会是相同的，所以针对不同管段长度和防腐层质量状况，所选择的正确测量信号频率必然是不同的。

5. 埋地管道防腐层绝缘电阻的计算

"变频选频法"在定量求得被测管道防腐层绝缘电阻（$\Omega \cdot m^2$）时，应取得以下两部分参数：

（1）实测参数（现场测量数据）：

① 信号频率值（精确到 Hz）；

② 被测段电平差值（dB，精确到小数点后 1 位）；

③ 被测管段距离（精确到 m，可查施工图或实测）。

（2）原始参数：

① 管道参数：金属管道外半径、金属管道内半径；

② 材料参数：金属管材电导率（查表）；

③ 环境参数：土壤电阻率（应用四极法在收、发两端点测量，取平均值即可）。

按动选频"计算"键，将实测参数及原始参数输入"变频选频法计算软件"，即可求得被测管段"埋地管道防腐层绝缘电阻值"。

由于变频选频技术的广泛应用，已不仅限于长输管道，还可用于油田管网、城市煤气管网。为此，通过深度推导建立了新的数学模型，计算软件不断升级，2009 年开发了 SL-AY508V-9.5 版软件。

以 $\phi720$ 的 16 锰钢管石油沥青防腐层管道为例，其所需参数值列于表 4.3-2 中。

埋地管道参数表（以 $\phi720$ 管道举例）　　　　　表 4.3-2

参数名称	单位	数值	备注
被测管段长	m	1000	误差<1%
金属管外半径	mm	360	$\phi720$ 管道
金属管内径	mm	352	
金属管材电阻率	$\Omega \cdot mm^2/m$	0.22	实测几点平均值
土壤电阻率	$\Omega \cdot m$	25.0	
实测频率	Hz	6789	
电平差	dB	23.00	

将表中各项参数输入仪器中，即可计算出被测埋地管段的防腐层绝缘电阻值（$\Omega \cdot m^2$）。

4.3.3　断电电位法

给管道施加电位为 V 的阴极保护电流，如果出现电压偏离了没有保护电流流过时的电位 V_0 的现象，就称为发生了阴极极化，V 称极化电位，V_0 称自然电位，其中 ΔV（即 $V-V_0$）称为负偏移电位。ΔV 与相对应的保护电流密度 j_s 的比值 r'_a，称为涂层面电阻率。

如果管道为均匀极化（管道长 L、外径 D、涂层漏电阻 R、所需保护电流 I），就很容易推导出 $r'_a = \Delta V/j_s$（因 $r'_a = R/\pi DL$，$R = \Delta V/(j_s \cdot \pi DL)$，即 $r'_a = \Delta V/j_s$）。对于不均匀极化的管道，将管道划分成若干段进行计算，也可以得到：

$$r'_a = \Delta V/j_s$$

一般将参比电极置于地表测得的管/地电位作为极化电位，以用来判断管道是否达到阴极保护标准，并用于计算涂层面电阻率。这种作法忽略了电路中各电压降的影响，容易造成将未达到阴极保护标准的管道判断为达到了阴极保护标准，所求出的涂层面电阻率大于实际的面电阻率，容易给管道防腐造成危害。如果用衰减因子法测量涂层面电阻率 r'_a，可有效避免发生这个问题。具体方法为，给有限长管道输入电流 I_0，测出流入中间点 L' 的电流 I，就可由下式求出 r'_a。

$$r'_a = \frac{\pi DR_0 L^2}{Y \dfrac{\text{arcch} I_0}{2I} Y^2} \tag{4.3-4}$$

式中：R_0——管道纵向电阻率（Ω/m）；

L——有效管道长度（m）。

$$I_0 = V_m \ (a/R_0) \ \text{sha}L \tag{4.3-5}$$

$$V'_0 = V_m \text{cha}L \tag{4.3-6}$$

采用此方法可快速准确地测出 r'_a，而不需测试管道的极化电位及自然电位。由末端要求的偏移电位 V_m，可用式（4.3-5）、式（4.3-6）求出应给管道输入的电流 I。如果通电点的偏移电位为 V'_0，实测首末端的偏移电位为 V''_0、V''_m，则 V''_0、V''_m 一定负于 V_{in}、V'_0，因为测量值 V''_0、V''_m 含有以土壤电压降为主的电压降。这种方法避免了用含有土壤电压降的管/地电位测量值来判断管道是否达到阴极保护标准而产生的弊端。

由于局部的漏敷点和破损点对涂层面电阻率测试结果的影响较小，所以不能因测得的涂层面电阻率大，就认为涂层表面是完整的。在管道施工完成后，需用检漏仪沿线检查可能存在的漏敷点和破损点，查出后应立即修补，避免出现管道主体达到了阴极保护标准，而漏敷点和破损点未达到阴极保护标准的问题。

4.3.4　电流-电位法（计算绝缘电阻率）

1. 测量要求

（1）测量段内管道应无分支、无接地装置，若有牺牲阳极必须断开。

（2）在新建管道上测量应保证管道回填土沉降完全密实。

（3）测量段必须不受阳极地电位影响。

（4）测量段距离通电点不小于 πD。

（5）测量段保护电流方向应同向流回通电点，否则应重新分段。

（6）在动态杂散电流区域，应在测量段两端同时测量管地电位和管内电流。

（7）长度宜为 500～10000m（一般为 5000m）的管道。

2. 电位测量步骤（测量简图见图 4.3-4）

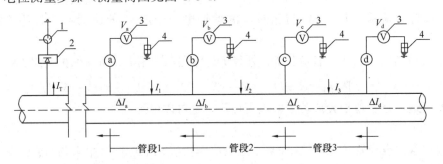

图 4.3-4　外防腐层电位测量简图

1—同步断续器；2—恒电位仪或临时电源；3—数字万用表；4—CSE

（1）在测量之前，应确认测量段管道已经充分极化，保护电流稳定，且在靠近通电点附近的断电电位没有出现比 -1150mV（对厚度小于 1mm 的防腐层为 -1100mV）（CSE）更小值的过保护电位。

（2）获得测量段的长度（精确到 1.0m）。

（3）测量期间，对测量区间有影响的阴极保护电源应安装电流同步断续器，并设置合理的通/断周期，同步误差小于 0.1s。通/断周期设置宜为：通电 12s，断电 3s。

（4）测量各测量点的通电电位和断电电位，测量点的通/断电位差按公式（4.3-7）计算。

$$\Delta V_a = V_{a \cdot on} - V_{a \cdot off} \tag{4.3-7}$$

式中：V_a——a 测量点的通/断电位差（V）；

$V_{a \cdot on}$——a 测量点的通电电位（V）；

$V_{a \cdot off}$——a 测量点的断电电位（V）。

（5）计算每对相邻两测量点的电位差比率 K，K 值应在 1.6～0.625，否则应在中间再增加一处或多处测量点，直至 K 值位于 1.6～0.625。

$$K = \Delta V_a / \Delta V_b \tag{4.3-8}$$

式中：K——第 1 管段的电位差比率；

V_a——a 测量点的通/断电位差（V）；

V_b——b 测量点的通/断电位差（V）。

（6）按附的测量方法，测量各测量点处通电状态和断电状态下的管内电流，其通电和断电状态下的管内电流应有明显的变化。

3. 防腐层绝缘电阻率计算

图 4.3-4 中所示管段 1 的平均通/断电位差（ΔV_1），单位 V

$$\Delta V_1 = V_a - V_b \tag{4.3-9}$$

图 4.3-4 中所示管段 1 的电流漏失量（ΔI_1），单位 A

$$\Delta I_1 = I_a - I_b \tag{3.4-10}$$

图 4.3-4 中所示管段 1 的防腐层绝缘电阻率（R_g），单位 m²

$$R_g = (\Delta V_1 \div \Delta I_1) \times \pi \times D \times L \tag{3.4-11}$$

式中：D——管道外径（m）；

L——第 1 测量段的长度（m）。

4. 分级评价

外防腐层电阻率 R_g 值分级评价见表 4.3-3。

外防腐层电阻率 R_g 值分级评价　（kΩ·m²）　　表 4.3-3

防腐类型	级别			
	1	2	3	4
3LPE	$R_g \geqslant 100$	$20 \leqslant R_g < 100$	$5 \leqslant R_g < 20$	$R_g < 5$
硬质聚氨酯泡沫防腐保温层和沥青防腐层	$R_g \geqslant 10$	$5 \leqslant R_g < 10$	$2 \leqslant R_g < 5$	$R_g < 2$

注：此表中 R_g 值是基于线传输理论计算所得，电阻率是基于标准土壤电阻率 10Ω·m

4.4　埋地燃气管道防腐层缺陷检测

防腐层缺陷检测方法比较多，有交流电位梯度法（皮尔逊法或 ACVG）、电磁电流衰减法（PCM）和直流电位梯度法（DCVG）。三种方法测量原理有相似之处，仪器都是由信号发射机和信号接收机组成。信号发射机的一个极与管道连接，另一个极接入大地，发射一个或多个频率直流或交流电信号，发射机—管道—防腐层—大地，构成一个信号回路。在管道防腐层缺陷处，信号电流会从管道内加大流出到大地，流出的信号电流会在大地中形成一个电位梯度场，电流流出点梯度最大，通过信号接收机可找到大地上的电位梯度场，判断管道防腐层缺陷点位置、严重程度。

4.4.1 交流电位梯度法（皮尔逊法或 ACVG）

1. 原理

交流电位梯度法也称作皮尔逊法。主要用来查找防腐层的破损点，一般来说是查找"防腐质量相对很差"的部位。严格地说它不能对包覆层的绝缘性能做分级评价，但与其他方法共同使用可得到较好的检测效果。该方法效率高，成本较低，操作简便，实地标定防腐层破损点的位置，不需要进行繁琐的内业计算工作。

检漏原理是发射机向地下管道发送特定的电流信号，电流信号通过发射机—管道—防腐层—大地，构成一个信号回路。电流信号在沿地下管道传播过程中，防腐层破损点处会加大流出到大地中，形成一个电位梯度场，管道防腐层破损点对应的地面为电位梯度场的中心，中心处电位梯度最大（图 4.4-1）；用信号接收机检测查找管道对应地面的电位梯度场，就可发现管道防腐层缺陷点的位置，根据这一原理就可找出管道防腐层的破损点。

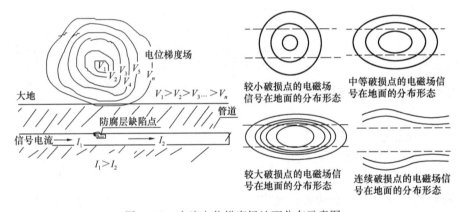

图 4.4-1　交流电位梯度场地面分布示意图

2. 方法

如图 4.4-2 所示，在管地之间施以典型值为 1000Hz 的交流信号，该信号通过管道防腐层的破损点处时会流失到大地土壤中，因而电流密度随着远离破损点而减小，就在破损点的上方地表面形成了一个交流电压梯度。检测时由两名操作者沿着管道一前一后走在管道上方行走，当操作人员走到漏点附近时，检漏仪开始有反应，当走到漏点正上方时，喇叭中的声音最响，示值最大，从而准确找到漏蚀点。目前采用交流电位梯度法原理国产化的仪器为 SL-系列，由于国产的 SL-系列仪器在皮尔逊法原理基础上有所发展创新，在检测方法中以两个操作人员的

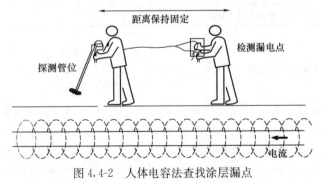

图 4.4-2　人体电容法查找涂层漏点

人体代替原来的接地电极，以两个人体的感应电容电位差表示防腐层漏电信号，故该方法又称"人体电容法（SL）"。NACE0502 中将该方法单独作为皮法列出，就其原理上说该方法对破损点的检测属于 ACVG。

这两种仪器的差异见表 4.4-1。

ACVG 方法原理两种仪器的性能比较　　　　　表 4.4-1

仪器类型	信号频率	电极	破损程度指示	仪器操作人数	检测环境
PCM、DM、RD 系列管线仪，A 子架组合系列仪器	4Hz、8Hz（或 3Hz、6Hz）、128Hz、512Hz、640Hz 等混频	合金钢铁钉、两级测量间距固定	根据 DB（电流）值判断缺陷点相对严重性，直观，与操作人无关	1	比较适用于土壤地面环境，硬化地面需要对 A 子架电极做特殊处理
特点	使用 A 子架检测埋地管道防腐层缺陷点，方法简单容易掌握，可以根据 dB 值分析判断缺陷点相对严重性，对硬化地面环境有时不能够实施检测				
SL-系列	1000Hz	人体、电极间距可不固定，延长电极间距可提高检测灵敏度	电流显示缺陷点相对严重性，需要检测人经验分析	2	适用于各种地面环境
特点	使用 SL-系列仪器检测埋地管道防腐层缺陷点，方法简单易学会，检测灵敏度很高，漏检率很低，但分析判断缺陷点严重性需要有一定工作经验才能够顺利掌握，一旦掌握工作效率很高，对硬化地面环境不影响检测，灵敏度较高，干扰相对多				

交流电位梯度法简单易学，破损点定位准确，检测效率相对较高，在当前埋地钢管外防腐层破损检测技术中被广泛应用。但在干燥土壤环境、柏油等硬质地面检测效果相对较差，特别是使用 A 字架做电极时。对于复杂电环境情况下检测存在干扰，分析评价缺陷点处腐蚀与破损严重程度，还要结合其他检测手段辅助及工作经验、开挖验证修正，综合分析才可做到使检测结果准确无误。

3. 数据分析

大地电位梯度场分析：施加的信号电流在管道防腐层缺陷点大地中形成的电位梯度场大小与强弱，与施加的信号电流大小正相关，与防腐层缺陷点的大小正相关，与防腐层破损的严重正度正相关，与信号施加点的距离负相关，与管道的埋深负相关，相同电流大小情况下土壤的电阻率低电位梯度场信号强，相反则弱。

在各种条件相同情况下，测量信号电位梯度显示数值为 300mV 左右时（或 dB 值），要比显示数值 900mV 左右的漏点小（或 dB 值）；从防腐层缺陷点电位梯度场辐射距离分析，小漏点辐射距离小（一般为 1~2m），大漏点辐射距离可达 6m 以上，牺牲阳极可达 10m 左右。

缺陷点大小统计分析法：如果以泄漏电位和辐射距离这两个因素作图，就会出现一个个三角形，三角形面积的大小，近似地反映了管道上破损点的大小（图 4.4-3）。

用经验公式估算防腐层缺陷点的大小：

$$D_g = (D'_g \times D \times L) \div (L' \times F)$$

图 4.4-3　缺陷点大小统计分析法

式中：D_g——修正后的泄漏点处电位差；

　　　D'_g——实测时的电位差；

　　　D——管道埋深度；

　　　L——泄漏点辐射的距离，从最大到背景值止；

　　　L'——两个检测人之间的距离；

　　　F——土壤介电常数修正系数，特干土取 0.5，一般土取 1，湿润土取 2，水中土取 4。

经过公式修正后的电位差所表示的漏点面积大小，一般 300mV 以下为小漏点，600mV 以上为大漏点，中等漏点介于两者之间。

4.4.2　电磁电流衰减法（PCM 法）与交流电位梯度法（ACVG 法）

1. 电磁电流衰减法原理

PCM（或 DM）信号电流通过管道时，在破损处由于绝缘电阻低有电流流失现象，有一部分电流通过破损点流入大地，沿管道流动的信号电流在此处就会有减小陡变（图 4.4-4），对检测到的电流信号经过分析处理，由此可以判断出地下管道防腐层破损点存在的区域。

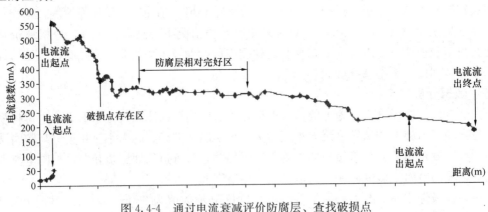

图 4.4-4　通过电流衰减评价防腐层、查找破损点

可以把检测到的电流信号换算成分贝值，看上去更加直观。当一定频率的信号电流从管道某一点供入后，电流沿管道流动并随距离的增加而衰减，电流 I 将随距离 X 呈指数衰减。将检测电流值经对数转换后得到以分贝（dB）表示的电流值 I_{dB}，转换关系为：

$$I_{dB} = 20\log I + K \tag{4.4-1}$$

式中：K——常数（dB）。

定义 Y 为 I_{dB} 的变化率，单位为 dB/m，有：

$$Y = (I_{dB2} - I_{dB1})/(X_2 - X_1) \tag{4.4-2}$$

通过把检测数据进行转换，可绘制出 $I_{dB}-X$ 和 $Y-X$ 曲线，当管道出现防护层破损时，将必然有电流从破损处流入土壤中，因此 $I_{dB}-X$ 曲线必然会有异常的衰减，在 $Y-X$ 曲线上就会出现一个明显的脉冲突变，这就是利用电流的异常衰变来确定防腐层破损点的原理。其中其 $I_{dB}-X$ 和 $Y-X$ 曲线如图 4.4-5 所示。

这种方法属于非接触地面检测，通过磁场变化判断防腐层的状况，因而受地面环境状况影响较小，可以对埋地管道进行准确定位，确定防腐层破损点区域位置，并能分段计算防腐层的绝缘电阻，对防腐层的状况整体评价。工程测量中所使用的仪器轻便，操作也比较简单，目前在油田燃气系统、公用行业、石化企业等领域应用广泛。但由于检测磁场是由电流的感应所产生，受

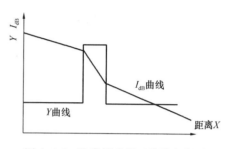

图 4.4-5　防腐层破损时曲线变化图

到磁场叠加及介质的影响，对相邻比较近的多条管道难以分辨，在管道交叉、拐点处以及存在交流电流干扰时，所测得的数据难以反映管道防腐层的真实状况。同时，该方法定位防腐层破损点精确度较差，效率低，需要多次重复测量逐步缩小检测范围。

国内检测单位应用相对较多的是 PCM（DM 系列）、RD 管线仪系列与 A 支架组合和 SL-系列仪器，这些仪器都是基于交流电位梯度法（或称为皮尔逊法）原理制作而成。PCM DM 和 RD 管线仪 A 子架组合系列仪器优点是操作简单，方法容易掌握，一个人即可完成检测，缺点是检测效率相对较低、水泥等硬化地面效果不理想。

2. 交流电位梯度法方法

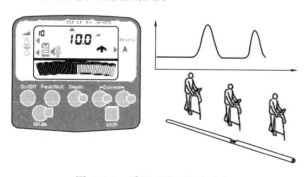

图 4.4-6　采用 PCM 的 A 支架定位破损点以及测量破损程度

PCM、DM 和 RD 管线仪 A 子架组合系列仪器检测时，测量的是两固定金属地针之间的电位差，检测时向管道中施加特定频率交流信号，检测人员在管道上方将 A 支架地针插入地表，依据接收机上的箭头方向和值（或信号电流值）的大小判断缺陷点的位置和相对大小（图 4.4-6）。一般情况下 dB 值（或漏电电流值）越大相对缺陷点越严重，反之越轻。管道埋深、土壤电阻率、施加电流信号大小等，对 dB 值均有影响。因此，准确评价破损程度严重程度 dB 值只是一个参考指标，还需要参考其他因素校正，方能够获得准确结果。

要提高测量精度，两个接地极必须同管线上方土壤有良好接触，检测区域附近存在其他电信号或电力线时，易受外界电流的干扰，常出现错误信息显示。测量时外电流阴极保护系统工作情况下对检测结果影响很小。

1）检测步骤

（1）根据管道定位检测结果，结合管道上牺牲阳极布设位置、管道阴极保护测试桩分布位置、管道附属设施（弯头、三通、固定墩、套管等）以及管道附近电力、通信电缆分布情况等数据，确定现场数据采集点位置，避免其对检测数据产生影响；

（2）应用 RD-PCM 检测仪现场采集管道防腐层检测有关参数、数据。

2）记录的填写

（1）原始记录必须统一已规范化的格式记录。

（2）所有记录（包含 GPS 定位值）完整，需有足够的信息以保证其能够再现。检测原始记录除了完整记录检测数据外，还应详细记录相关的检测准备、检测环境条件等。

（3）记录填写应真实、齐全、及时、清晰。记录上必须有操作人员和记录人员签名，校核者必须认真核对检测数据并签名。现场记录时，测试操作人员读数，记录人员复诵记录并查看设备显示，防止发生传递差错。不允许收拾现场后再记录数据。所有记录，应于现场及时复核。

（4）记录中用的名词、术语应规范和统一，并符合标准要求。检测数据应与所用检测设备的分辨率、准确度相适应。

（5）每一项原始记录应注册总页数，页序编号不许间断、重复，检测图表、设备自身直接打印输出的记录，须一同编号。

3. 数据分析

PCM、DM 系列仪器发射机频率，发射的是混频信号（极低频率 3Hz 或 4Hz，故障定位频率 6Hz 或 8Hz，以及定位频率 128Hz 或 512Hz 或 640Hz，三种频率）叠加而成。

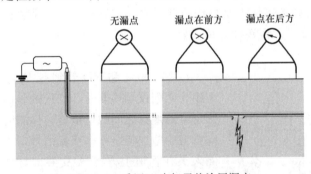

图 4.4-7　采用 A 支架寻找涂层漏点

混频信号中有故障定位频率，用于使用 A 字架测量信号电流泄漏点在土壤中产生的电位梯度（ACVG）；还有频率标识电流来源方向（绝缘故障点方向），从而查找和定位防腐层绝缘故障点指示漏电点，如果接收机箭头向前指，说明漏点在前面（图 4.4-7）；接收机箭头向后指，说明漏点在后面；其中极低频率近似于直流信号，基本不存在电感和电容产生的电流损失，用于辅助分析和确认定位电流值的异常变化；定位频率 128Hz 或 640Hz 信号提供定位管线位置的信号，国内规程中防腐层总体质量分析评价，通常是指采集测量这两种频率电流。

4.4.3　直流电位梯度法（DCVG）

1. 原理

在施加了直流电源或有阴极保护的埋地管线上，电流经过土壤介质流入管道，当防腐层有破损点裸露的钢管处时，会在管道防腐层破损处的地面上形成一个电位梯度场。根据土壤电阻率的不同，电位场的范围将在几米到几十米范围变化。对于较大的防腐层缺陷点，电流流动会产生 200～500mV 的电位梯度甚至更大，缺陷较小时，也会有 20～

200mV 电位梯度。电位梯度最大点在电场
中心较近的区域（＜1.0m）。实践证明，
DCVG 检测技术在所有的埋地钢质管道外
覆盖层缺陷检测技术中是较为简便、准确、
可靠的，是较好的埋地钢质管道外覆盖层
缺陷定位技术之一。

图 4.4-8　DCVG 检测仪

DCVG 检测仪器由一个高灵敏度的电压
表和两只硫酸铜参比电极构成(图 4.4-8)。直
流电位梯度法（DCVG）与交流电位梯度
法的原理基本相同，只是检测信号由交流
变为了直流，一般情况下直流电位梯度法
（DCVG）管道中的电流信号，采用的是管
道阴极保护系统的电流信号。当管道的防腐层存在缺陷点时，阴极保护的电流信号会从破
损点处流入或流出，也会在缺陷点的周围土壤中形成一个直流电位梯度场，防腐层缺陷点
对应的地面为直流电位梯度场的中心，电位梯度最大。如果阴极保护电流从防腐层缺陷点
处流入，这时管道的防腐层缺陷点处于阴极状态，管道得到有效保护，不会发生腐蚀；如
果阴极保护电流从防腐层缺陷点处流出，这时管道的防腐层缺陷点处于阳极状态，管道没
有有效阴极保护，正在发生腐蚀。因此采用直流电位梯度法（DCVG）检测，通过分析地
面电位梯度的方向，可以得知埋地管道防腐层缺陷点处管道是否发生了腐蚀，这是直流电
位梯度法（DCVG）检测的优势所在。

为了去除其他电源的干扰，DCVG 测试技术采用了不对称的直流信号加在管道上。
由一个安装在阴极保护电源阴极输入端的周期定时中断器控制阴保电流周期变化。

DCVG 测试技术是通过在管道地面上方的两个接地探极（Cu/CuSO$_4$ 电极）和与探极
连接的高灵敏度毫伏表来检测因管道防腐层破损而产生的电压梯度，进而来判断管道破损
点的位置和大小。在进行检测时，两根探极相距 2m 左右沿管线进行检测，当接近防腐层
破损时毫伏表指示的数值逐渐变大，走过缺陷点时数值指示又逐渐变小。当破损点在两探
极中间时，毫伏表指示为零。检测原理见图 4.4-9。粗检测后将探针间距调整为 300mm，
提高定位精度。漏点附近位置出现最大电压差。缺陷形状可从地表电场形状来推测得到。

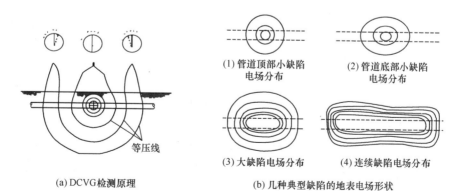

(a) DCVG 检测原理

等压线

(1) 管道顶部小缺陷
电场分布

(2) 管道底部小缺陷
电场分布

(3) 大缺陷电场分布

(4) 连续缺陷电场分布

(b) 几种典型缺陷的地表电场形状

图 4.4-9　DCVG 检测示意图

2. 方法

采用直流电位梯度法（DCVG）进行检测时，只需一个人操作即可（图 4.4-10），通过对检测仪器的参数设置，检测过程中可以对管道上的防腐层缺陷点现场进行准确定位，也可以将检测数据存储在仪器内，回去下载后连同阴极保护数据进行系统的分析（图 4.4-11）。

图 4.4-10　DCVG 检测实例图

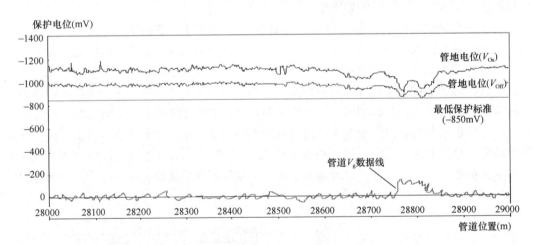

图 4.4-11　DCVG 与 CIPS 实测数据分析图

在进行电位梯度测量时，为了获得足够大的 IR 降，必要时应当提高恒电位仪的输出电流，但不应超过恒电位仪的最大输出电流。恒电位仪的 V_{on}（通电）和 V_{off}（断电）电位偏差最好达到 500～600mV。但是恒电位输出功率增加时，相应的管线极化电位也提高了，为此中断器的 V_{on} 电位应尽量缩短，比如 V_{on} 电位 300ms，V_{off} 电位 700ms。有时为了获得足够大的 IR 降，必要时应当在恒电位仪中间位置临时添加阴极保护电流。为检测提供的其他恒电位仪输出电流必须与主机同步中断。

3. 数据分析

DCVG 测试技术不仅对埋地管道破损点的定位精度高，而且可以判断破损点的形状，埋地管道防腐层破损处的形状可通过在其上方的地面上画等压线的方法进行判定。当 DCVG 测试技术对破损点定位完成以后，使用一根探极放在破损点地表电场的中心，另一根探极在中心点四周按等电位进行测试，根据所描述的电场等压线的形状，对破损点的形状和在管体的位置进行判断。这种测试方法是非常费时的，在正常检测过程中这种检测方式不常使用，多数情况下，只在管道维修时才使用。

在管道顶端的小破损点，其等压线是圆形的，在管道正下方的破损，其等势区在管线的一侧且呈椭圆形，长的破损处为拉长的等势线。当管道防腐层因老化而出现大面积的龟裂和破损时，在管道两侧会出现连续的电压梯度，沿管线方向的两边有最大值，中间有一个无效区。在实际检测中，由裂口形成的特定形状的电压梯度轮廓线可容易地辨别裂口的形状。

在实际检测过程中，由防腐层裂口形成的电场等势轮廓线可容易地辨别裂口的形状，通常在管道防腐层缺陷侧旁也有很强的电压梯度，因而在检测过程中每隔三步就要在管线垂直方向进行一次检测，可清晰地测试出缺陷的形状，并可减少管道防腐层缺陷点的漏检。

在相距很近的一些小破损点，可能产生一些独立的区域，由于相互作用会在中间形成一个无效区域。在这种情况下，为了准确地确定破损点的位置，检测时应尽量减小两探极间的距离，可有效的区分缺陷点的作用，并准确地对缺陷进行定位。在实际检测过程中，对于间距较小的缺陷可以认为是一个缺陷点，可有效地减少工作量，加快检测速度。

在阴极保护正常工作条件下，使用 DCVG 测试技术确定破损位置后，应将测试信号作一些调整，直流信号调整到阴极保护正常的保护水平，例如在正常的阴极保护条件下，管地电位为 -1000mV，由于加了中断器，阴极保护输出电流降低，保护电位下降。在进行埋地管道破损点蚀测试时，应该也调到 -1000mV，此时中断器应该继续工作。这些条件的设定是为了了解埋地管道在正常阴极保护正常工作条件下，防腐层破损点的腐蚀情况，在这种条件下进行腐蚀测试可以查明破损点的腐蚀严重性。而破损点的测试应该在远离破损点的地方将 DCVG 的两根探极紧挨着插入土中，将毫安表的指针调到中心零位，然后一根探极放在破损点在地表中心点上，另一根探极放在较远地点，此时毫安表的指针可能有几种指示情况，如图 4.4-12 所示。

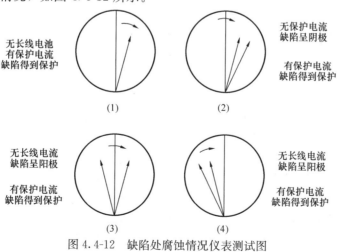

图 4.4-12　缺陷处腐蚀情况仪表测试图

由于其他 DC 电源对管道的影响,指针可能始终偏向阳极或阴极,在阴极保护 1/3 通电情况下指针向缺陷处晃动,在图 4.4-12 的(3)和(4)两种情况下可能有腐蚀发生。这 4 种情况可清楚地表明阴极保护的实际情况,所以埋地管道防腐层破损点是否有腐蚀发生与阴极保护有着密切的关系。在这 4 种情况中,最危险的情况为在有无阴极保护的条件下管道都呈阳极,这表明在此破损点没有阴极保护电流流入或很微弱,对管道没有起到保护作用,在实际检测中一旦发现这种情况就应该对此破损点立即进行开挖、检查和维修。

4.4.4 复杂环境下埋地管线防腐层缺陷点检测

(1)检测区域土壤过分干旱或沙漠地区,会影响管道中泄漏电流在地表形成电场分布,施加检测信号时应将接地棒处浇水,减小接地电阻,检测时两名检测人员可穿布鞋或赤脚,这样可提高漏点信号强度。

(2)采用 A 字架检测法检测水泥地面环境,可用湿海绵将两个接地极包裹并浇水,采用湿布法进行检漏。

(3)检测的目标管线旁有相邻较近的其他管线(如水管、电力线、同类型管道等),信号发射机的接地线尽量不要跨过这些管线。

(4)在地表面检测到有较强的泄漏点信号,在排除存在其他干扰影响的情况下,挖开后却看不到,可进一步用以下方法查找,A 漏点太小看不到,可用电火花检漏仪查找;B 漏点挖偏看不到,可在开挖坑处再用检测仪对缺陷点定位,沿管道方向向开挖坑泄漏信号强的那一边继续挖;C 漏点处于管道下方看不到,可用镜子或电火花检漏仪查找,如果是防腐层接口处,查看包裹是否不严或空鼓引起防腐层渗水。

4.4.5 数据评价

各种检测方法防腐层缺陷点分类标准见表 4.4-2。

表 4.4-2

防腐层缺陷点分类标准

防腐层缺陷类别	一类缺陷点	二类缺陷点	三类缺陷点
电流漏失率(%)	>15	5~15	<5
电位梯度(mV)	>600	300~600	<300
电流漏失率(dB)	>65	40~65	<40
电场辐射距离(m)	>5	2~5	<2

一类缺陷点:防腐层破损严重,或破损面积较大,防腐层已经失去了防腐作用,相当于管道裸露在土壤中,这类破损点管道已经或正在发生严重腐蚀。一类破损点管道无论是否有阴极保护系统,必须立即对破损的防腐层进行修复,否则管道迟早会发生腐蚀穿孔。

二类缺陷点:防腐层质量很差,破损点处防腐层还存在,但已几乎失去防腐作用,防腐层和管道之间已发生了严重剥离,水已进入了防腐层与管道之间,有些点管道已发生了不同程度腐蚀,这类破损点需要在 1~2 年内进行修复。否则也会发展成一类缺陷点形成穿孔。这类点若有阴极保护时可以缓期维修,但会加速牺牲阳极的损耗。

三类缺陷点：防腐层老化严重，或存在缝隙或渗水现象，防腐层与管道存在轻度剥离，防腐层的绝缘电阻率很小，漏电严重，或者是防腐层很薄。裸露后用眼睛观察不出裸铁点，用电火花仪检查时有火花产生。这类防腐层破损点，在有阴极保护系统保护电位达到保护标准情况下，可以不用修复。没有阴极保护时 3 年内需要修复。

特别注意：利用交流电位梯度法检测管道防腐层缺陷点，对缺陷点做分类处理时，目前主要还是靠工作经验，以上提供的分类方法只是一个分类的参考因素，不是唯一的标准。

4.4.6　防腐检测注意事项

（1）被检测管线上覆土应该和管线有较好的接触，新敷设的管线应在覆土后一段时间等土密实后再进行检漏，否则效果可能会受影响。

（2）采用人体电容法检测，检漏仪的两根检漏线金属块必须与人体有良好的接触，用两手捏紧检漏线金属块，人体不可与屏蔽层相碰，芯线与屏蔽层不可相碰，否则会造成检测仪失灵。

（3）发射机周围有一定距离内是盲区（10～15m），此范围内接收机将会收到来自发射机和管线两方面的信号，如果要在此范围内探测，可延长发射线，将发射机移到稍远的地方，并将发射信号调小。

（4）由于操作者事先难以对地下管线的状况有详细的了解，以致选择了不正确的接线点，而受到旁侧管线的干扰，所以在任何情况下，尽可能多地了解地下各种管线的分布状态信息，根据这些情况选择发射机最佳信号注入点和接地线的接地点。

（5）如果防腐探测时电流无法加载上去，由于地棒和地的导电性问题，可以在附近找雨水井，将地磅绑好放入井内和水接触，电流自然加载上去。

（6）被检测的管道途经河道、沟、湖、塘、沼泽等地段，检测人员不能够到达管道上方，采用人体电容法做防腐检测时，可用一导线一端扣有接线鼻，另一端与人体电容法检漏线鱼夹电性相连，将线在水中沿管道上方拖动，当接线鼻到漏点上方时，漏电信号会通过泥土和水的传导，到达检漏仪接收机，这样可以完成对管道的检测。

（7）纵向检漏时有漏点，横向验证时却检测不到，反之横向检测时有漏点，纵向检测时漏点却消失，产生上述现象时，可能是漏点周围存在载流管线，两名检测人员位置变化时相对电位发生了变化，也可能是两名检测人员中的一人鞋底特别绝缘，与干燥土壤共同作用，形成高阻层，此时可将人体电容法改为接地探针法，即两名检测人员在检测时用接地棒或粗铁丝插入土中，原现象就会消失。

4.5　开挖检测

开挖检验应选择最可能出现的腐蚀活性区域，检验人员应首先按严重程度的不同对所有破损点进行分类，并确定开挖检验顺序，开挖检验顺序见表 4.5-1。开挖检验项目：外观检查、漏点检测、厚度检测、粘结力检测。

1. 确认开挖顺序

开挖检验顺序分类　　　　　　　　　　　　表 4.5-1

一类	二类	三类
优先开挖	计划开挖	监控
多个相邻管段外防腐层均被评为 4 级的管段上的破损点。 两种以上不开挖检测手段均评价为 4 级管段上的破损点。 初次开展外防腐层评价时,检测结果不能解释的点或采用不同的不开挖检测方法进行检测,评价结果不一致的破损点。 存在于外防腐层等级为 4 级、3 级管段上,结合历史和经验判断有可能出现严重腐蚀的破损点。 无法判定腐蚀活性区域严重程度的破损点	1) 孤立并未被列入一类中的 4 级的点。 2) 只存在外防腐评为 3 级管段上集中区域的点,且已有腐蚀事故记录	1) 不开挖检测判断为 2 级的点。 2) 未被列入一类、二类的点

注:外防腐层分级评价分别见表 4.3-1 和表 4.4-2。

2. 外观检测

外防腐层表面应无漏涂、气泡、破损、裂纹、剥离和污染等。

3. 漏点检测

防腐层过薄位置的漏点:使用直流电压为 900～36000V 的电火花检漏仪。

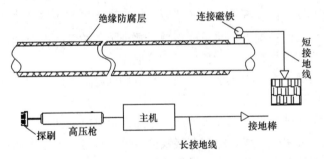

图 4.5-1　电火花检测原理示意图

检测厚度在 0.025～0.5mm 防腐层中的漏点:使用直流电压低于 100V 的低压湿海绵检漏仪,不能检测出防腐层过薄的位置。

检漏原理:金属表面绝缘防腐层过薄、漏铁及漏电微孔处的电阻值和气隙密度都很小,当有高压经过时就形成气隙击穿而产生火花放电,给报警电路产生一个脉冲信号,报警器发出声光报警,根据这一原理达到防腐层检漏目的,见图 4.5-1。

4. 厚度检测

使用磁性涂层测厚仪,按照仪器说明书的规定采用适当厚度的标准片进行校准,每根管沿顶面等间距测量 3 次,将顶面记为"0"点钟,顺时针分别在管子"3""6""9"点钟方向等间距测 3 次,记录 12 个防腐层厚度数据,并得出平均值、最大值、最小值;对硬质聚氨酯泡沫防腐保温层,当无法采用磁性涂层测厚仪时,可利用游标卡尺进行检测,见图 4.5-2。

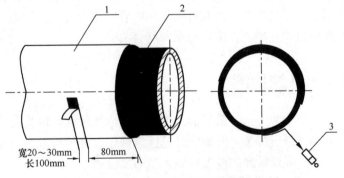

图 4.5-2　剥离强度测试示意图
1—防腐层;2—钢管;3—弹簧秤

5. 粘结力检测（附着力）

防腐层在金属基底表面的附着力强度越大越好；防腐层本身坚韧致密的漆膜，能起到良好的阻挡外界腐蚀因子的作用。拉开法是评价附着力的最佳测试方法，《色漆和清漆附着力拉开实验》ISO 4624：2016 为附着力拉开法的目前最新版应用标准，相类似的测试标准还有《摩擦带标准规格》ASTM D4514—2006。

聚乙烯防腐层（含热缩套）：先将防腐层沿环向划开宽度为 20～30mm、长 100mm 以上的长条，划开时应划透防腐层，并撬起一端。用测力计以 10mm/min 的速率垂直钢管表面匀速拉起聚乙烯层，记录测力计数值。聚乙烯胶粘带防腐层：先将防腐层沿环向划开宽度 10mm、长 100mm 以上的长条，划开时应划透防腐层，并撬起一端。用测力计以不大于 300mm/min 的速率垂直钢管表面匀速拉起聚乙烯层，记录测力计数值，将测定时记录的力值除以防腐层的剥离宽度，即为剥离强度，单位为 N/cm。

拉开法测试仪器有机械式和液压/气压驱动两种类型。附着力的强度以 N/mm^2（MPa）来表示，测试图见图 4.5-3。

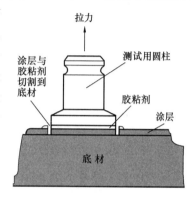

图 4.5-3　附着力拉开法测试图

6. 评价方法

当防腐层实测厚度低于 50% 设计厚度时，外防腐层直接判为 4 级；当粘结力大于设计值的 50%，不影响管道外防腐层分级。外观检查和漏点检测评级见表 4.5-2。

外防腐层开挖检验分级评价（外观检查与漏点检测）　表 4.5-2

级别		1	2	3	4
外观描述	3LPE	色泽明亮，粘结力强，无脆化、无龟裂，无剥离；无破损	色泽略暗，粘结力较强，轻度脆化，少见龟裂，无剥离；极少见破损	色泽暗，粘结力差，发脆，显见龟裂，轻度剥离或充水；有破损	粘结力极差，明显脆化与龟裂，严重剥离或充水；多处破损
	沥青				
	硬质聚氨酯泡沫防腐保温层	防护层表面应光滑平整，无暗泡、麻点、裂口等缺陷。保温层应充满钢管和防护层的环形空间，无开裂、泡孔条纹及脱层、收缩等缺陷	防护层色泽略暗，表面光滑，无收缩、发酥、泡孔不均、烧芯等缺陷；保温层应充满钢管和防护层的环形空间，无开裂、泡孔条纹及脱层、收缩等缺陷，但有极少数空洞	防护层色泽暗，有收缩、发酥、泡孔不均、烧芯等缺陷；保温层有开裂、泡孔条纹及脱层、收缩等缺陷，并有大量空洞	防护层色泽暗，有收缩、发酥、泡孔不均、烧芯等缺陷，并有大量龟裂；保温层有大量空洞，出现严重充水现象

续表

级别			1	2	3	4
漏点检测电压（kV）	3LPE		$V \geqslant 25$	$25 > V \geqslant 15$	$15 > V \geqslant 5$	$V < 5$
	石油沥青	普通（$\geqslant$4mm）	$V \geqslant 16$	$16 > V \geqslant 8$	$8 > V \geqslant 2.4$	$V < 2.4$
		加强（$\geqslant$5.5mm）	$V \geqslant 18$	$18 > V \geqslant 9$	$9 > V \geqslant 3.8$	$V < 3.8$
		特加强（$\geqslant$7mm）	$V \geqslant 20$	$20 > V \geqslant 10$	$10 > V \geqslant 4.0$	$V < 4.0$
	环氧煤沥青	普通（$\geqslant$0.3mm）	$V \geqslant 2$	$2 > V \geqslant 1$	$1 > V \geqslant 0.4$	$V < 0.4$
		加强（$\geqslant$0.4mm）	$V \geqslant 2.5$	$2.5 > V \geqslant 1.25$	$1.25 > V \geqslant 0.5$	$V < 0.5$
		特加强（$\geqslant$0.6mm）	$V \geqslant 3$	$3 > V \geqslant 1.5$	$1.5 > V \geqslant 0.6$	$V < 0.6$
	单层熔结环氧粉末	普通（$\geqslant$0.3mm）	$V \geqslant 1.5$	$1.5 > V \geqslant 0.8$	$0.8 > V \geqslant 0.3$	$V < 0.3$
		加强（$\geqslant$0.4mm）	$V \geqslant 2$	$2 > V \geqslant 1.0$	$1.0 > V \geqslant 0.4$	$V < 0.4$

可参考下列分级标准评定长方形内涂层的附着力等级：

1）1级——涂层明显地不能被撬剥下来；

2）2级——被撬离的涂层小于或等于50%；

3）3级——被撬离的涂层大于50%，但涂层表现出明显的抗撬性能；

4）4级——涂层很容易被撬剥成条状或大块碎屑。

4.6 防腐层评价

4.6.1 外防腐层质量分级评价

埋地管道防腐层总体质量分级评价，其评价指标参见本书表4.3-1。

4.6.2 外防腐层破损点密度 P 值（处/100m）分级评价

将测试数据导入软件或计算公式中，根据《埋地钢制管道腐蚀防护工程检验》GB/T 19285—2014 中外防腐层破损点密度 P 值（处/100m）分级评价说明进行分级评价，见表4.6-1。

外防腐层破损点密度 P 值（处/100m）分级评价 　　　　表 4.6-1

防腐类型	级别			
	1	2	3	4
3LPE	$P \leqslant 0.1$	$0.1 < P < 0.5$	$0.5 \leqslant P \leqslant 1$	$P > 1$
硬质聚氨酯泡沫防腐保温层和沥青防腐层	$P \leqslant 0.2$	$0.2 < P < 1$	$1 \leqslant P \leqslant 2$	$P > 2$

注：相邻最小距离不超过2倍管道中心埋深的两个破损点可当作一处。

第5章 燃气管道管体腐蚀检测与评价

5.1 概述

埋地钢质燃气管道腐蚀从检测方法来说可分为管道内检测及管道外检测。管道外检测主要是检测管道外防腐涂层是否完整及管体外腐蚀情况，管道内检测主要检测管体变形、裂纹及管道内腐蚀情况等。

直接评价是一种利用结构化过程的完整性评价方法，通过该方法，管道运营者可综合管道的物理特征、运行历史与管道检查、检测和评价的结果，直接评价管道完整性。一般包括外腐蚀直接评价（ECDA）和内腐蚀直接评价（ICDA）。

5.1.1 检测与评价一般过程

预评价（Pre-Assessment）→间接检测与评价（Indirect Inspection）→直接检测与评价（Direct Examination）→后评价（Post-Assessment）

5.1.2 外腐蚀直接评价（ECDA）

1. 预评价

间接检测与评价和直接检测与评价前的准备工作。包括：

（1）资料及数据收集。

（2）ECDA可行性评价：开展检测评价工作的可能性。

（3）ECDA管段划分：目的是使各具特性的不同管段都得到最准确的检测与评价，如管道原始物理特性、地貌、地理位置、管段重要性、敷设环境、检测方法等。

（4）检测方法、设备的选择及技术要求：需要两种以上的间接检测工具和方法来确保检测的可靠性。检测方法选择见表5.1-1。

检测方法选择
表 5.1-1

检测对象	密间隔电位法 CIPS	电流电位梯度法 ACVG/DCVG	音频法/皮尔逊法	交流电流衰减法
带防腐层漏点的管段	2	1，2	2	1，2
裸管的阳极区管段	2	3	3	3
近河流或水下穿越管段	2	3	3	2
无套管穿越的管段	2	1，2	2	1，2
带套管的管段	3	3	3	3

检测对象	密间隔电位法 CIPS	电流电位梯度法 ACVG/DCVG	音频法/皮尔逊法	交流电流衰减法
短套管	2	2	2	2
铺砌路面下的管段	3	3	3	1，2
冻土区的管段	3	3	3	1，2
相邻金属构筑物的管段	2	1，2	3	1，2
相邻平行管段	3	1，2	3	1，2
杂散电流区的管段	2	1，2	2	1，2
高压交流输电线下管段	2	1，2	2	3
管道深埋区的管段	2	2	2	2
（有限的）湿地区管段	2	1，2	2	1，2
岩石带/岩礁/岩石回填区的管段	3	3	3	2
检测方法特点	评价阴极保护系统有效性、确定杂散电流影响范围	精确定位防腐层漏点位置	确定防腐层漏点的地面测量技术	评价防腐层管段的整体质量和防腐层漏点位置定位

注：1. 可适用于小面积防腐层漏点（孤立的，一般面积小于 $600mm^2$）和在正常运行条件下不会引起阴极保护电位波动的环境。

2. 可适用于大面积防腐层漏点（孤立或连续）和在正常运行条件下不会引起阴极保护电位波动的环境。

3. 不能应用此方法，或在无可行措施时不能实施此方法的。

2. 间接检测与评价

该阶段的内容是对管道进行地面初步测试，确定防腐层缺陷和其他异常点的区域，以指导检测开挖点的确定。

包括防腐层缺陷检测、腐蚀活性测试、阴极保护有效性检测、交直流干扰检测、土壤腐蚀性调查、其他异常检测等，并按相关标准评价。

3. 直接检测与评价

（1）确定开挖点的位置和开挖顺序；

（2）进行土壤腐蚀性测试；

（3）测试腐蚀状况和管体腐蚀缺陷；

（4）管道安全评估；

（5）腐蚀原因分析；

（6）对间接检测结果指标修正。

4. 后评价

（1）确定再次评估的时间间隔；

（2）评估 ECDA 过程的有效性；

（3）反馈：对间接检测结果的确认和分类、间接检测的分级评价准则、直接检查中收集的数据、安全评价结果、腐蚀原因分析、周期性再评价的时间安排等。

5.1.3　内腐蚀直接评价（ICDA）

1. 预评价

间接检测与评价和直接检测与评价前的准备工作，包括：

（1）资料及数据收集。

（2）ICDA 可行性评价：开展检测评价工作的可能性。

（3）ICDA 管段划分：目的是使各具特性的不同管段都得到最准确的检测与评价，如管道原始物理特性、地貌、地理位置、管段重要性、敷设环境、检测方法等。

（4）检测方法、设备的选择及技术要求，检测方法选择见表 5.1-1，也可使用其他合适的方法。

2. 间接检测与评价

（1）该阶段的内容是对管道进行地面初步测试，筛选埋地管道内壁腐蚀可能性大的区域，以指导详细检测开挖点的确定。

（2）对需检测的 ICDA 区，可采用管道瞬间电磁法，在条件许可时也可用管道超声导波法测量管体金属损失率，以筛选管道金属平均损失率较严重的管段。

（3）对筛选出的腐蚀较严重管段，进行管道外防腐层缺陷及其腐蚀活性地面检测，目的是筛选出管壁外腐蚀较严重段，从而判断管道内腐蚀可能性较高的管段。

3. 直接检测与评价

（1）确定间接检测中筛选出的内腐蚀可能性较高的管段是否存在腐蚀及其腐蚀程度。

（2）确定管道内腐蚀可能性较高管段的开挖数量。

（3）对直接开挖处管段进行内腐蚀缺陷检测，即用管道超声导波法确定管道内腐蚀的位置，采用自动超声检测法或 X 射线检测方法测试管道缺陷的深度和形状。同时对管道外腐蚀的缺陷也进行检测。

（4）选择相关评价方法，计算腐蚀处管道的剩余强度及最小残余壁厚。

（5）结合介质腐蚀性、缓蚀剂有效性等日常运行管理调查数据，分析腐蚀原因，提出维修建议。

（6）对间接评价分级的修正。

4. 后评价

（1）确定再次评价时间。

（2）评价 ICDA 有效性。

（3）反馈：对间接检测结果的确认和分类、间接检测的分级评价准则、直接检查中收集的数据、安全评价结果、腐蚀原因分析、周期性再评价的时间安排等。

5.2　燃气管道管体腐蚀检测

5.2.1　开挖检测

开挖检测方法是管道腐蚀检测最常用的方法，因其直接可视、检测方法简单而得到广泛应用。管道开挖裸露外腐蚀点，采用千分尺法测量腐蚀点面积和腐蚀坑深；采用超声波法检测管道壁的剩余厚度，根据管道最初规格壁厚和检测数据分析评估管道的内腐蚀速率、剩余承压强度。开挖检测法检测点位置的选择综合下列因素进行确定：

（1）防腐层检漏中检测到的埋地管道防腐层比较严重的破损点；

（2）具有代表性的低洼或相对低洼的积水管段、受潮湿天气冲蚀的斜坡地段，并兼顾等距离布开挖点原则；

（3）观察到的防腐层破损裸露的管段；

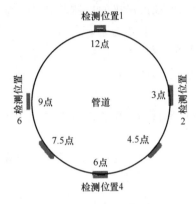

图 5.2-1　检测位置

（4）曾经发生过泄漏或爆管的地段；

（5）管道受气流冲刷严重的位置（如管道上下起伏点或贵点位置）；

（6）其他因素：如人口密集地区的管段、腐蚀严重段适当加密等，或根据现场腐蚀状况及运行管理人员经验进行不均匀布点或均匀布点，见图 5.2-1。

1. 管道腐蚀测量

1）截面测量

不均匀布点的方式可为：面向介质流动方向，从管顶（12 点钟）开始逆时针顺序布置 6 个测点，测点所处位置为 12 点、9 点、7 点半、6 点、4 点半、3 点；采用超声波测厚仪对每个截面上的 6 个点进行超声波测厚。根据各截面测点的测量结果，筛选出不少于 2 个腐蚀较严重的点进行网格法测量并记录，见表 5.2-1。

埋地管道开挖检测数据记录表　　　　表 5.2-1

检测点编号	检测管段名称与位置	剩余厚度（mm）								腐蚀速率（mm/年）		评级
		1	2	3	4	5	6	最大减薄	平均减薄	最大	平均	
1												
2												
3												

2）网格测量

单个腐蚀缺陷的网格测量：以管体腐蚀较严重的点作为中心点，在中心点上、下、左、右各画不少于 5 条的经纬线组成网格线，网格线间距不大于 10mm。用超声波测厚仪测量每个交点的管道剩余壁厚，测量数据进行记录（表 5.2-2），筛选确定该网格区域最小的剩余壁厚。

埋地管道开挖检测数据记录表　　　　表 5.2-2

检测点编号	检测管段名称与位置	外腐蚀点（mm）			腐蚀速率（mm/年）		评级
		形状	面积	最大深度	最大	平均	
1							
2							
3							

多个腐蚀缺陷的网格测量：如果腐蚀区域轴向边缘距网格边缘不足 25mm，应在网格边缘继续加画环向网格线并测量，直至距离网格边缘 25mm 内没有腐蚀缺陷为止。如果腐蚀区域边缘环向距网格边缘不足 6 倍壁厚，应在网格区域边缘继续加画轴向网格线并测量，直至距离网格边缘超过 6 倍壁厚内没有腐蚀缺陷为止。

3）腐蚀区域深度和尺寸的确定：

（1）最大腐蚀区域深度的确定：以该管段截面测点测量的最大值作为原始壁厚，用原始壁厚减去最小剩余壁厚，即为该网格区域的最大腐蚀区域深度。

（2）腐蚀区域尺寸的确定：以原始壁厚乘以 90％ 或减去 1mm 的最大值作为腐蚀边缘壁厚值的基准，精确到 0.1mm，以此确定内腐蚀区域。采用插值法在网格线记录表上绘制腐蚀区域形状，缺陷尺寸用腐蚀截面最大轴向和环向长度表示。

（3）单个腐蚀缺陷：用直尺在网格线记录表上测量腐蚀区域沿管道轴向和环向的最大长度，误差不超过 1mm。

（4）多个腐蚀缺陷：相邻区域边缘轴向间距小于 25mm 时，应视为同一缺陷。最大长度为相邻腐蚀缺陷轴向长度与间距长度之和。相邻区域边缘环向间距小于 6 倍壁厚时，应视为同一缺陷。最大长度为相邻腐蚀缺陷环向长度与间距长度之和。

4）管道腐蚀性质检测

（1）清除破损防腐层后，应对管道金属表面的腐蚀产物、金属腐蚀状况进行检测和记录。

（2）外观目检：详细描述金属腐蚀的部位，腐蚀产物分布（均匀、非均匀）、厚度、颜色、结构（分层状、粉状或多孔）、紧实度（松散、紧实、坚硬），并应对现场腐蚀状况进行彩色拍照。

（3）腐蚀产物成分现场初步鉴定。

化学法鉴定：取少量腐蚀产物于小试管内，加数滴 10％ 的盐酸，若无气泡，表明腐蚀产物为 FeO；若有气体，但不使湿润的醋酸铅试纸变色，可判为 $FeCO_3$；若产生有臭味气体，并使湿润的醋酸铅试纸变色，则可能为 FeS。进一步的成分和结构分析，可在现场取样，密封保存后送室内分析。

目检法鉴定：根据产物颜色进行初步判别。现场腐蚀产物的成分判别（目检法）见表 5.2-3。

现场腐蚀产物的成分判别（目检法）　　　　　　表 5.2-3

产物颜色	主要成分	产物结构	产物颜色	主要成分	产物结构
红棕至灰黑	FeO	—	黑棕	FeS	六角形结晶
红	Fe_2O_3	六角形结晶	绿或白	$Fe(OH)_2$	六角形或无定形结晶
黑	Fe_3O_4	无定形粉末或糊状	灰	$FeCO_3$	三角形结晶

（4）清除腐蚀产物后，记录腐蚀形状、位置，参照表 5.2-4。

腐蚀面类型特征 表 5.2-4

类型	特征
均匀腐蚀	腐蚀深度较均匀一致，创面较大
点蚀	腐蚀呈坑穴状，散点分布，星麻面，深度较大
电干扰腐蚀	蚀点边缘清楚，坑面光滑

判定腐蚀类型；若均匀腐蚀与点蚀掺杂，可按主要腐蚀倾向估计，并对腐蚀的管体进行拍照。

5.2.2 管道内腐蚀调查、检测与评价

1. 管内腐蚀情况调查内容

（1）记录管道日常运行参数（如温度、压力、流量等）、腐蚀事故及维修情况。

（2）调查内容：管道输送介质成分分析、化学药剂性能及配伍性测试、介质腐蚀性调查、现场运行参数（温度、压力、流速）、管道内防腐层和内腐蚀状况监测（内防腐层检漏、测厚、粘结性和管道内腐蚀状况外观、腐蚀深度、腐蚀产物等）、管道腐蚀穿孔及维修记录等。

（3）调查项目、方法及调查点应根据调查数据分析介质中各项化学成分与介质腐蚀速度沿管线或流程的变化规律，绘制变化曲线图；分析介质腐蚀因素及缓蚀剂的现场应用效果及配伍性。必要时，可将介质取样做室内介质腐蚀性分析。

（4）进行管道内防腐层及内腐蚀状况的监测。日常调查宜每半年进行一次评价。记录调查数据并存档。

2. 管内介质腐蚀性检测

挂片法是油气田腐蚀监测中使用最广泛，也是最直接、有效的方法。从失重可以计算出其放置期内的平均腐蚀速率，也可以用电子显微镜测量坑的深度并计算点蚀速率，观察点蚀的形状还能判断腐蚀的类型。另外，分析挂片上附着的垢样可以知道结垢的类型，并采取相应阻垢措施。腐蚀挂片法是将试片在腐蚀介质中暴露某个特定的时间周期后取出，进行失重测量和较详细检查的方法。

（1）管道内介质腐蚀型挂片试验的规定：污水介质中的最短挂片试验周期为 1~2 个月，原油介质中的最短挂片试验周期为 4~6 个月，管道内介质取样分析点与介质腐蚀性调查挂片点应一致，并应在挂片或取片时进行介质化学成分分析。腐蚀挂片必须放在有代表性的部位，挂片的方向以不影响流体流动为宜。

（2）腐蚀速率的计算公式：通过计算挂片在放入腐蚀介质前与取出后这一段时间内的重量差值，可以计算出实际情况下该材质的均匀腐蚀速率；碳钢材质的腐蚀挂片平均腐蚀速率的计算公式为：

$$CR = 365 \times W \times 10/(D \times A \times T) \tag{5.2-1}$$

式中：CR——平均腐蚀速率（mm/年）；

　　　W——总损失重量（g）；

　　　D——挂片材质密度（g/cm³）；

　　　T——暴露时间（d）；

A——挂片暴露于介质的总面积（mm^2）。

3. 内腐蚀的外检测方法

管道内腐蚀外检测方法有以下几种：

（1）开挖检测法：利用地面检测方法，判断管道腐蚀较严重的位置，确定开挖位置。在确定的开挖处对管道腐蚀点进行检测，评价内腐蚀状况。

（2）超声导波：利用超声导波，检测管体金属横截面积损失量；利用超声波，对管道剩余壁厚检测。

（3）瞬变电磁：基于瞬变电磁原理，检测管体金属损失量的地面检测。

5.3　燃气管道管体腐蚀评价

燃气管道腐蚀评价可分为三个步骤：第一步最小剩余壁厚评价，第二步危险断面评价，第三步管道剩余强度评价。

5.3.1　腐蚀评价标准

取值方法：为避免偶然误差，截面法的每个测点在同一位置重复测量 3～5 次，然后取平均值作为测试结果。测试结果保留至小数点后两位。

取值要求：按不同评价方法的要求，对数据进行四舍五入后，按表 5.3-1～表 5.3-3 标准进行分析与评价。

管体金属损失率评价分级表　　　　　　　　　　　表 5.3-1

检测方法	评价指标	轻	中	严重
瞬变电磁检测	平均管壁减薄率（%）	<5	5～10	>10
超声导波检测	管壁横截面积损失率（%）	<5	5～10	>10

管道金属腐蚀程度评价指标　　　　　　　　　　　表 5.3-2

项目	轻	中	较重	严重	穿孔
壁厚最大腐蚀坑深（%）	<10	≥10～<25	≥25～<50	≥50～<80	≥80

管道内介质及环境腐蚀性评价指标　　　　　　　　表 5.3-3

项目	级别			
	低	中	较重	严重
平均腐蚀速率（mm/年）	<0.025	0.025～0.125	0.126～0.254	>0.254
点蚀速率（mm/年）	<0.305	0.305～0.610	0.611～2.438	>2.438

5.3.2　直接检测数据处理

（1）当检测的防腐层破损点没有全部开挖调查或开挖点的腐蚀管道没有全部测量钢管壁厚，测量得到的管壁最大腐蚀损失只能代表该位置当时的情况。如需反映整体管道的情况，需要对测量数据进行处理。

（2）由局部探坑测量数据推算整个管段（或管道）最大腐蚀坑深：

① 需在局部探坑内测量 $10\sim12$ 个最大腐蚀坑深，按极值统计方法推算整体管道可能出现的最大腐蚀坑深，计算相应最小剩余壁厚 T_{mm}。

② 当上述方法实施有困难时，工程上可用以下方法估计：考虑安全系数，管道可能的最大腐蚀坑深近似取实测最大腐蚀坑深值的两倍，并依此计算 T_{mm}。

（3）轴向长度参数 λ 见式（5.3-1）：

$$\lambda = \frac{1.285s}{\sqrt{D_i T_{min}}} \tag{5.3-1}$$

式中：D_i——管道内径（mm）；

s——危险截面最大轴向长度（mm）；

T_{min}——最小安全壁厚（mm）。

（4）环向长度参数 ξ：

$$\xi = C/D_i$$

式中：C——危险截面最大环向长度（mm）。

（5）可采用其他检测管道最大腐蚀坑深的测试方法。

5.3.2.1 均匀腐蚀速率

$$K_w = (W_o - W)/St \tag{5.3-2}$$

式中：K_w——均匀腐蚀速率，g/（m² ·年）；

W_o——试验前试件重量（g）；

W——试验后试件重量（g）；

S——试件面积（m²）；

t——试验时间（年）。

5.3.2.2 局部腐蚀速率

$$K_\sigma = 100\% \times (\sigma_{b0} - \sigma_b)/\sigma_{b0} \tag{5.3-3}$$

式中：K_σ——局部腐蚀速率（％）；

σ_{b0}——腐蚀前的强度极限；

σ_b——腐蚀后的强度极限。

5.3.2.3 管壁腐蚀参数测量与评价

（1）对金属管壁腐蚀区域进行管壁金属腐蚀深度测量。首先清除该区域表面腐蚀产物，用探针法或超声波法测量最小剩余壁厚 T_{mm} 或最大腐蚀坑深。按标准《钢质管道及储罐腐蚀评价标准》SYT 0087.1—2018 的要求进行评价。

（附评价标准：1 管道最小安全壁厚 $T_{min} > 0.9 \times$ 壁厚 T_0，可以继续使用；2 管道最小安全壁厚 $T_{min} \leqslant 0.2 \times$ 壁厚 T_0 或 $< 2mm$ 时，立即更换；3 其余条件进行第二步评价）

管道最小安全壁厚：

$$T_{min} = pD/2\sigma \tag{5.3-4}$$

式中：p——管道运行压力（MPa）；

D——管道外径（mm）；

σ——管材最低屈服强度（MPa）。

剩余厚度比：

$$R_t = T_{mm}/T_{min} \tag{5.3-5}$$

式中：T_{mm}——最小壁厚（mm）

T_{min}——最小安全壁厚（mm）。

（2）当管体存在大面积腐蚀坑时，除上述测量外，还须按现行《钢质管道金属损失缺陷方法》SY/T 6151 确定危险区域尺寸，以管道最小要求壁厚 T_{mm} 为基准，确定腐蚀坑内危险截面，测量危险截面的尺寸，即测定该截面的最大轴向长度 s 和最大环向长度 C 值，做分析评价。

5.3.3　最小剩余壁厚评价（第一步）

（1）当最小剩余壁厚 $T_{mm} > 0.9 \times$ 壁厚 T_0，可以继续使用。

（2）当最小剩余壁厚 $T_{mm} \leqslant 0.2 \times$ 壁厚 T_0 或 $T_{mm} < 2mm$，必须立即更换。

（3）其余条件进行第二步评价，对单纯点蚀，无腐蚀面积时，可以跳过第二步，直接进行第三步评价。

5.3.4　危险截面评价（第二步）

（1）当 $R_t > 1$ 时，可以继续使用。

（2）当 $R_t < 0.5$，或者 $R_t = 0.5 \sim 0.9$，但按表 5.3-4 判定危险截面轴向参数 λ 或环向参数 ξ 中只要有一项超标，判为不可接受，应降压使用或计划维修。

（3）除上述情况外，进行第三步评价。

危险截面尺寸的超标标准　　　　表 5.3-4

项目	R_t 值								
	0.90	0.85	0.80	0.75	0.70	0.65	0.60	0.50	0.40
$\lambda >$	20	5	2	1.75	1.5	1.25	1	0.75	0.6
$\xi >$		—		3.1	1.25	0.90	0.75	0.6	0.48

注：对表中两个中间值，用插值法计算。

5.3.5　管道剩余强度评价（第三步）

检验中发现的存在缺陷，管道剩余强度因子 RSF 定义为缺陷管道的剩余强度与缺陷管道剩余强度之比，RSF 计算公式：

$$RSF = \frac{R_t}{1 - \dfrac{1}{M_t}(1 - R_t)}$$

$$M_t = (1 + 0.48\lambda^2)^{0.5} \tag{5.3-6}$$

管道剩余强度评价。按以下要求进行评价：

（1）当 RSF 不低于 0.9 时，监控。

（2）当 RSF 为 $0.5 \sim 0.9$ 时，必须降压使用，使用压力 =（原运行压力）$\times$（$RSF/0.9$）。

（3）当 RSF 低于 0.5 或管道不可降压时，该缺陷不可接受，需要计划维修。评价过程和相应的维护处理建议汇总见表 5.3-5。

评价过程汇总表   表 5.3-5

评价方法		评价等级						
		I	II A	II B	III	IV A	IV B	V
1	剩余壁厚评价	$T_{mm} > 0.9T_0$	$T_{mm}/T_0 = 0.9 - 0.2$				—	$T_{mm} \leqslant 0.2T_0$ 或 $T_{mm} < 2mm$
2	危险截面评价	—	$T_{mm} > T_{min}$		—		$T_{mm} < 0.5T_{min}$ 或危险截面超标	—
3	剩余强度评价	—	—	$RSF \geqslant 0.9$	$RSF = 0.5 \sim 0.9$	$RSF < 0.5$	—	—
处理建议		继续使用	监控		降压使用		计划维修	立即维修

5.3.6　剩余寿命预测

根据危害管道安全的主要潜在危险因素选择管道剩余寿命预测的方法。管道的剩余寿命预测主要包括腐蚀寿命、裂纹扩展寿命、损伤寿命等。针对腐蚀缺陷进行剩余寿命预测，可以采用公式 (5.3-7) 计算：

$$RL = C_1 \times C_2 \times SM \frac{t}{GR} \tag{5.3-7}$$

式中：RL——腐蚀剩余寿命（年）；

C_1——校正系数（$C_1 = 0.85$）；

C_2——管理系数（$C_2 = 0.80$）；

SM——安全裕量；$SM = \dfrac{\text{计算失效压力}}{\text{屈服压力}} - \dfrac{MAOP}{\text{屈服压力}}$；

$MAOP$——最大允许操作压力（MPa）；

GR——腐蚀速率（mm/年）；

t——名义壁厚（mm）。

5.3.7　燃气管道合于使用评价

1. 合于使用评价（Fitness for Service）

是对含缺陷结构能否适合于继续使用的定量工程评价。它是在缺陷定量检测的基础上，通过严格的理论分析与计算，确定缺陷是否危害结构的安全可靠性，并基于缺陷的动力学发展规律研究，确定结构的安全服役寿命。合于使用评价在全面检验之后进行。合于使用评价包括对管道进行的应力分析计算，对危害管道结构完整性的缺陷进行的剩余强度评估与超标缺陷安全评定，对危害管道运行安全的主要潜在危险因素进行的管道剩余寿命评估预测，以及在一定条件下开展的材料适用性评价，流程见图 5.3-1。

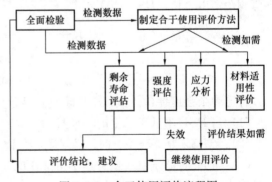

图 5.3-1　合于使用评价流程图

2. 全面检验项目与实施方法

（1）资料进行审查、分析。

（2）根据资料分析辨识危害管道结构完整性的潜在危险。

（3）直接检测：直接检测方法包括管道内检测、外腐蚀直接检测等。根据危害管道完整性的因素选择一种或者几种直接检测方法。

① 管道内检测：对具备内检测条件的管道可采用管道内检测器对管道内外腐蚀状况、几何形状进行检测。当内检测发现管道有严重缺陷点时应当进行开挖直接检验。

（a）内腐蚀直接检测：内腐蚀直接检测方法的步骤主要包括预评价、间接检测、直接检查、后期评价四个步骤。管道内腐蚀直接检测应当在凝析烃、凝析水、沉淀物最有可能聚集之处以及两相界面处（即油、水、气界面）进行；可采用多相流计算、高程点分布等方法确定检测位置。对管道进行内腐蚀直接检测时，一般在开挖后采用超声壁厚测定法进行直接检测，确定内腐蚀状况；也可采用腐蚀监测方法或者其他认可的检测手段。

（b）应力腐蚀开裂直接检测：对有应力腐蚀开裂严重倾向的管道，一般采用直接对管道进行无损检测的方法或者其他适宜的方法进行检查。

操作应力：

$$\sigma = (p_c \times d_w)/2t \tag{5.3-8}$$

式中：σ——操作应力（MPa）；

　　　p_c——管段最大允许操作压力（MPa）；

　　　d_w——管道外直径（mm）；

　　　t——管道壁厚（mm）。

② 外腐蚀直接检测：外腐蚀直接检测的具体项目，一般包括管线敷设环境调查、防腐（保温）层状况不开挖检测、管道阴极保护有效性检测、开挖直接检验。根据检测结果对腐蚀防护系统进行分级，原则上分为四个等级，1 级为最好，4 级为最差。

③ 穿、跨越段检查：应当对穿越段进行重点检查或者检测。对跨越管道的检查参照工业管道定期检验的有关要求进行，并且按照相关国家标准或者行业标准对跨越段附属设施进行检查。

④ 其他位置的无损检测：除对以上条文规定的检测位置进行无损检测外，必要时对下述位置的裸露管道也应当进行无损检测抽查——阀门、膨胀器连接的第一道焊接接头、跨越部位、出土与入土端的焊接接头，检验人员和使用单位认为需要抽查的其他焊接接头。

⑤ 理化检验：对有可能发生 H_2S 腐蚀、材质劣化、材料状况不明的管道，或者使用年限已经超过 15 年并且进行过与腐蚀、劣化、焊接缺陷有关的修理改造的管道，一般应当进行管道材质理化检验。理化检验包括化学成分分析、硬度测试、力学性能测试、金相分析。

⑥ 耐压压力试验：当内检测或直接检测不可实施时，可以采用耐压、压力、试验的方法进行检验。耐压、压力、试验按照相关国家标准或者行业标准的规定。

⑦ 其他要求：进行全面检验时，应当包括年度检查内容。

（4）下次全面检验周期和方法

根据全面检验、剩余强度评估和剩余寿命预测结果，预计下次检验日期，其全面检验周期不能大于表 5.3-6 规定，并且最长不能超过预测管道寿命的一半。确定下次周期时，应考虑以下因素：

　　a）法律法规的最新要求；

　　b）管道所属企业的安全管理规定和安全运行策略；

　　c）检验检测的性质、检验检测使用的方法；

　　d）适用性评价（合于使用评价）结果，以及缺陷和问题的修复和处理情况。

公用管道——全面检验最大时间间隔　　　　　　　　　　表 5.3-6

管道级别	GB1-Ⅲ级次高压燃气管道	GB1-Ⅳ级次高压燃气管道、中压燃气管道、GB2 级管道
最大时间间隔（年）	8	12

注：1. PE 管或者铸铁管道全面检验周期不超过 15 年；

　　2. 对于风险评估结果表明风险值较低的管道，经使用单位申请，负责使用登记的部门同意，全面检验周期可适当延长。

　　确定下次全面检验的方法：一是根据外腐蚀直接检测结果确定下次外腐蚀直接检测方法，二是根据内腐蚀抽查结果确定是否需要进行内腐蚀直接评价。

第6章 阴极保护系统检测

6.1 阴极保护方法与设施

目前埋地钢质管道阴极保护系统常用的保护方式有两种，一是牺牲阳极阴极保护，这种阴极保护方式施工简单，使用面比较广，对周围其他管线没有干扰影响，现在城市内的燃气管道绝大多数都采用这种保护方式；另一种是外加电流阴极保护方式，这种保护方式管道保护距离长，保护电流大小可以根据需要随时调节。

6.1.1 牺牲阳极阴极保护

根据金属在电动势序列中相对位置的不同，将比被保护金属的电位更负的金属或合金做为阳极，与被保护的金属连接并处于同一电解质中时，被保护的金属发生阴极极化，以达到减缓腐蚀的目的，这种方法称为牺牲阳极阴极保护，简称牺牲阳极保护。

保护原理：被保护的管道与牺牲阳极用导线连接在一起，埋在大地中（或置于水中），构成一个腐蚀反应电池。在这个反应体系中，管道为阴极，牺牲阳极为阳极，大地为电解质。在这个体系中牺牲阳极的电极电位要比管道的电位负，牺牲阳极通过消耗自身的材料产生电流保护管道，所以称为牺牲阳极，见图6.1-1。

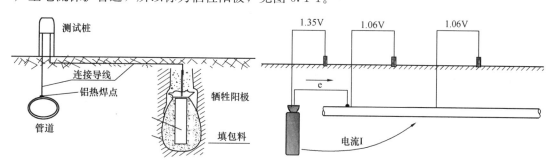

图6.1-1 牺牲阳极示意图

牺牲阳极用于管道的保护，常用的牺牲阳极材料有三类：镁（镁合金）、锌（锌合金）、铝（铝合金）。镁、锌、铝在电动势序列中比铁更活泼，也就是说标准电极电位更负，当这些更活泼的金属与管道在同一电解质中，活泼金属的电子向管道方向迁移，所以阳极的电位正向偏移，管道接收电子电位负向偏移，从而达到保护管道的效果。外面的填包料为膨润土、硫酸钠等，具有良好的导电性和较低的电阻，用于保持电解质。

一个完整的牺牲阳极阴极保护系统包含：牺牲阳极、参比电极、测试桩、绝缘装置（含绝缘接头保护器）、电连续性装置，辅助装置还有电缆、填包料、智能测试装置、检查片、排流装置等。

1. 钢质管道常用牺牲阳极材料

（1）为钢质管道提供保护的牺牲阳极材料，须满足以下条件：

① 相对于被保护金属（即阴极）有足够负且稳定的电位。

② 自腐蚀率小，且腐蚀均匀，具有高而稳定的电流效率。

③ 电化学当量高，即单位重量产生的电流量大。

④ 工作中阳极的极化率要小，溶解均匀，产物易脱落。

⑤ 腐蚀产物无毒、不污染环境。

常用的牺牲阳极材料及使用条件见表 6.1-1。

采用牺牲阳极材料及使用条件　　　　　　　　　　　表 6.1-1

水中		土壤中	
牺牲阳极种类	电阻率（Ω·m）	牺牲阳极种类	电阻率（Ω·m）
镁	>500	镁（−1.5V），锌	<15
		锌或 AL-Zn-In-Si	<5（含 Cl−）
锌	<500	镁	40～60
		镁合金（−1.6～−1.5V）	<40
铝	<150	带状镁阳极	>100
		高纯镁（−1.7V）	60～100

（2）镁牺牲阳极

① 镁合金阳极具有单位质量发生电量大、电位负的优点，是理想的牺牲阳极材料。

② 镁合金阳极主要应用于土壤、淡水、工业水及海水环境中的金属结构物的阴极保护。

③ 适用国家标准《镁合金牺牲阳极》GB/T 17731—2015。

④ 按照生产方法分为两类：铸造和挤压。

⑤ 按照形状分为：梯形、D 形、棒状（包括圆棒和矩形棒）、镯式、带状等，见表 6.1-2、表 6.1-3。

镁阳极的化学成分〔质量百分比（%）〕　　　　　　　表 6.1-2

元素		牌号		
		AZ63B	AZ31B	M1C
合金元素	Mg	余量	余量	余量
	Al	5.3～6.7	2.5～3.5	5.3～6.7
	Zn	2.5～3.5	0.6～1.4	2.5～3.5
	Mn	0.15～0.60	0.2～1.0	0.15～0.60
杂质元素	Fe	≤0.003	≤0.003	≤0.01
	Cu	≤0.01	≤0.01	≤0.01
	Ni	≤0.002	≤0.001	≤0.001
	Si	≤0.08	≤0.08	≤0.05
	Ce	—	—	—
	Zr	—	—	—
	Ca	—	≤0.04	—
	Be	—	—	—
	Ti	—	—	—
其他元素	单个	—	≤0.05	≤0.05
	总计	≤0.30	≤0.30	≤0.30

镁阳极的电化学参数　　　　　　　　　　表 6.1-3

参数	牌号		
	AZ63B	AZ31B	M1C
开路电位（-V，Cu/CuSO₄）	1.57～1.67	1.57～1.67	1.77～1.82
闭路电位（-V，Cu/CuSO₄）	1.52～1.57	1.47～1.57	1.64～1.69
实际电容量（Ah/kg）	≥1210	≥1210	≥1100
电流效率（%）	≥55	≥55	≥50

（3）锌牺牲阳极

适用范围：适用于环境温度低于 49℃的海水、淡海水介质中的金属结构物（如船舶、机械设备、海港设施、钻井平台、港口码头等）以及电阻率小于 $15\Omega \cdot m$ 土壤中的管道、电缆等设施金属防腐蚀的阴极保护。

执行国家标准《铝合金牺牲阳极》GB/T 4950—2021，见表 6.1-4、表 6.1-5。

锌牺牲阳极的化学成分［质量百分比（%）］　　　表 6.1-4

元素	锌合金	高纯锌
Al	0.1～0.5	≤0.005
Cd	0.025～0.07	≤0.003
Fe	≤0.005	≤0.0014
Pb	≤0.006	≤0.003
Cu	≤0.005	≤0.002
其他杂质	总含量≤0.1	—
Zn	余量	余量

锌合金阳极的电化学参数　　　　　　　表 6.1-5

参数	条件		备注
	在土壤中，0.03mA/cm² 条件下	在海水中，1mA/cm² 条件下	
开路电位（V）	≤-1.05	-1.09～-1.05	饱和甘汞参比电极
工作电位（V）	-1.03	-1.05～-1.00	
实际电容量（Ah/kg）	≥530	≥780	
消耗率（%）	≤17.25	≤11.23	
电流效率（%）	≥65	≥95	

（4）铝牺牲阳极

主要应用于氯离子含量高的海水或电阻率小于 $20\Omega \cdot m$ 的咸水中的船舶、机械设备、压载水舱、海底管道、原油储罐内壁、海洋平台等的阴极保护。

适用国家标准《铝合金牺牲阳极》GB/T 4948—2021，见表 6.1-6、表 6.1-7。

锌合金阳极有焊接式、螺栓连接式、长条形、圆盘状等形式。

铝合金牺牲阳极的化学成分〔质量分数（%）〕　　　　表 6.1-6

合金种类		Al-Zn-In-Cd	Al-Zn-In-Sn	Al-Zn-In-Si	Al-Zn-In-Sn-Mg	Al-Zn-In-Mg-Ti
化学成分（%）	Zn	2.5～4.5	2.2～5.2	5.5～7.0	2.5～4.0	4.0～7.0
	In	0.018～0.050	0.020～0.045	0.025～0.035	0.020～0.050	0.020～0.050
	Cd	0.005～0.020	—	—	—	—
	Sn	—	0.018～0.035	—	0.025～0.075	—
	Mg	—	—	—	0.50～1.00	0.50～1.50
	Si	—	—	0.10～0.15	—	—
	Ti	—	—	—	—	0.01～0.08
杂质含量，不大于	Si	0.1	0.1	0.1	0.1	0.1
	Fe	0.15	0.15	0.15	0.15	0.15
	Cu	0.01	0.01	0.01	0.01	0.01
Al		余量	余量	余量	余量	余量

铝合金牺牲阳极的电化学性能　　　　表 6.1-7

项目	阳极材料	开路电位（V）	工作电位（V）	实际电容量（Ah/kg）	电流效率（%）	消耗率〔kg/(A·年)〕	备注
电化学性能	1型	−1.18～−1.10	−1.12～−1.05	≥2400	≥85	≤3.65	参比电极-饱和甘汞电极
	2型	−1.18～−1.10	−1.12～−1.05	≥2600	≥90	≤3.37	

2. 不同类型牺牲阳极应用选择（埋设环境）

土壤电阻率与阳极种类选择对应关系见表 6.1-8。

土壤电阻率与阳极种类选择对应关系　　　　表 6.1-8

土壤电阻率（Ω·m）	>100	60～100	40～60	<40	<15	<5（含 Cl⁻）
可选阳极种类	带状镁阳极	镁（−1.7V）	镁合金	镁合金（−1.5V）	镁合金（−1.5V），锌	锌或铝合金

注：1. 在土壤潮湿情况下，锌合金阳极使用范围可扩大到 30Ω·m。

2. 表中电位均相对硫酸铜参比电极。

3. 对于高电阻率土壤环境及专门用途，可选择带状牺牲阳极。

3. 牺牲阳极应用范围

根据牺牲阳极的优缺点，主要适用于以下范围：

（1）广泛应用于小型（需要保护电流量通常小于 1A）或处于低土壤电阻率（通常小于 100Ω·m）环境下的金属结构阴极保护。

（2）对一个结构的特定区域需提供局部阴极保护。例如：漏点修复的地方或阀室或套管处均可安装牺牲阳极。

（3）地下管网密集，采用强制电流阴极保护会产生腐蚀干扰的区域。

4. 牺牲阳极的安装

（1）牺牲阳极的分布可采用单支或多支两种方式，阳极埋设方式分为立式和水平式两种，埋设方向有轴向和径向。

（2）牺牲阳极埋设位置一般距管道外壁 3～5m，最小不宜小于 0.3m。

（3）埋设深度以阳极顶部距地面不小于 1m 为宜，对于北方地区，必须在冻土层以下。成组埋设时，阳极间距 2～3m 为宜。在地下水位低于 3m 的干燥地带，牺牲阳极应加深埋设。

（4）带状牺牲阳极应根据用途和需要与管道同沟敷设或缠绕敷设。

5. 牺牲阳极的工作寿命

阳极工作寿命按下式计算：

$$T = 0.85 \times \frac{W}{\omega I} \tag{6.1-1}$$

式中：T——阳极工作寿命（年）；

$\quad\quad W$——阳极净重量（kg）；

$\quad\quad \omega$——阳极消耗率 [kg/(A·年)]；

$\quad\quad I$——阳极平均输出电流（A）。

牺牲阳极的理论电容量并非全部用于阴极保护，部分会由于自身腐蚀而消耗。因此，当 85% 的阳极被消耗后就认为阳极失去了效用。

6. 牺牲阳极填包料

牺牲阳极填包料的作用为改善牺牲阳极的工作环境，变牺牲阳极与土壤接触为牺牲阳极与填包料接触，降低牺牲阳极接地电阻，增加牺牲阳极的输出电流，使牺牲阳极不结痂、减少阳极不必要的极化，维持阳极地床长期湿润。

如果直接将阳极埋设在土壤中，由于土壤成分的不同，会加剧阳极的自身腐蚀，并使阳极消耗不均匀；填包料可以吸收、保持水分，提高阳极效率，保证阳极表现腐蚀均匀；腐蚀产物易于移开阳极表面。

填包料成分一般为：75% 石膏粉 $CaSO_4 + 2H_2O$，20% 膨润土/黏土，5% 硫酸钠 Na_2SO_4，也可根据表 6.1-9 配置。

牺牲阳极填包料配方表　　　　　　　　表 6.1-9

序号	阳极类型	质量百分比（%）			适用土壤电阻率（Ω·m）
		石膏粉	膨润土	工业硫酸钠	
1	镁合金牺牲阳极	50	50	—	≤20
2	镁合金牺牲阳极	75	20	5	>20
3	锌合金牺牲阳极	50	45	5	≤20
4	锌合金牺牲阳极	75	20	5	>20

7. 牺牲阳极的优缺点

优点：①不需要外部电源；②对邻近金属构筑物无干扰或很小；③应用灵活、易于安装；④投产调试后运行维护简单；⑤工程越小越经济；⑥保护电流分布均匀、利用率高。

缺点：①输出电流小（一般小于 1A）、仅用于保护电流需求小的场合；②驱动电压低，运行电位不可调，受环境因素影响较大，仅用于低土壤电阻率（小于 100Ω·m 为宜）环境；③要求防腐层质量较好；④消耗能源（有色金属）。

6.1.2 外加电流阴极保护

1. 外加电流阴极保护概述

外加电流阴极保护技术目前已经十分成熟，在这个系统中，需要有一个稳定的直流电源，能够保持系统的长期不间断的供电。直流电源的获得可以通过交流电整流实现，可以是太阳能电池、蓄电池、风力发电、热力发电等。这些电源设备应具备的特点是，输出电压、电流可以调节，可长期供电且可靠性较高、寿命长、易于维护和保养、对环境的适应性强，具有防雷、防过载、故障保护装置。

外加电流阴极保护利用外部直流电，通过辅助电极向被保护体施加电流，使得被保护体成为电化学反应的阴极。方法是将外部电源提供的电流通过阳极地床输入到土壤，电流在土壤中流动到被保护结构，抵消结构上的腐蚀电流，并从汇流点返回电源设备。

一套完整的外加电流阴极保护系统主要由整流电源（如恒电位仪）、阳极地床、参比电极、连接电缆、电绝缘装置、测试装置、保护装置以及数据远传系统等构成，见图6.1-2。

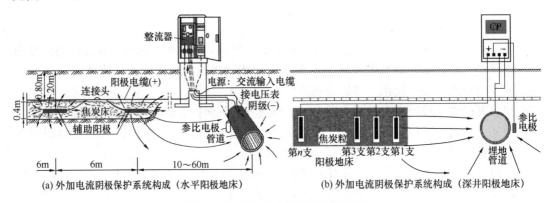

图 6.1-2　外加电流阴极保护示意图

2. 外加电流阴极保护电源设备

外加电流系统的电源设备是阴极保护的核心，电源设备不断地向被保护金属构筑物提供阴极保护电流。所以对外加电源设备的基本要求为：可长期连续供电，输出电流电压可调；安全可靠（具有过载、防雷、故障保护装置）；适宜其工作环境；有富裕的电容量；输出阻抗应与管道阳极地床回路电阻相匹配；操作维护简单。

目前用于阴极保护的电源设备类型有：整流设备（整流器、恒电位仪、恒电流仪），电源设备有热电发生器（TEG）、密闭循环蒸汽发电机（CCVT）、太阳能电池、风力发电机、大容量蓄电池等。

一般应用于长输管道的为恒电位仪，国内大量使用的是可控硅恒电位仪。

恒电位仪是整流器中的一个类别，是一个负反馈放大输出系统，与被保护金属结构物（如埋地金属管道）构成闭环调节，通过参比电极测量通电点电位，作为取样信号与控制信号进行比较，实现控制并调节极化电流输出，使通电电位得以保持在设定的控制电位上。具有恒电位输出、恒电流输出功能，有些还同时具有同步通断功能、数据远传等功能。

恒电位仪特点：可靠性高，寿命长；输出、输入端有防雷保护装置；输出电压、电流可调，可自动调整输出；保护电位稳定；具有抗过载、防干扰等功能。

恒电位仪输入电源一般为 220V 市电，输出直流电源，输出正极连接辅助阳极，负极连接被保护金属结构物，直流电源通过辅助阳极地床和被保护金属结构物及环境介质构成了一个完整的电流回路，为被保护结构物提供阴极保护电流，避免被环境腐蚀，见图 6.1-3。

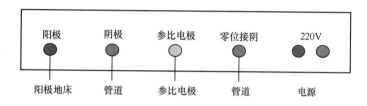

图 6.1-3　恒电位仪接线方式示意图

3. 外加电流阴极保护的辅助阳极

阳极地床有多种，从埋设方式上分为水平阳极地床和深井阳极地床。从工作方式上可以分为可溶性阳极、半溶性阳极和不溶性阳极，见表 6.1-10。

表 6.1-10

阳极地床材料类型、消耗率及特点表

阳极材料类型	举例	年消耗率 [kg/(A·年)]	特点
可溶性阳极	Fe	9～10	价格便宜、维护成本较高
	Al		
半溶性阳极	Pb	—	价格适中、维护成本一般
	SiFe	1.4	
	Fe_2O_3	0.5	
	石墨	—	
完全溶性阳极	Pt	6mg/(A·年)	价格昂贵、较少维护

辅助阳极又称为阳极地床，是外加电流阴极保护系统中，将保护电流从电源引入土壤中的导电体。通过辅助阳极把保护电流送入土壤，经土壤流入被保护的管道，使管道表面进行阴极极化（防止电化学腐蚀），电流再由管道流入电源负极形成一个回路，这一回路中管道为负极，处于还原反应防止腐蚀，而辅助阳极进行氧化反应遭受腐蚀。

辅助阳极通常并不直接埋在土壤中，而是在阳极周围填充碳质回填料而构成阳极地床。

4. 辅助阳极的材料和适用环境

常用做辅助阳极的材料：高硅铸铁阳极、石墨阳极、钢铁阳极、导电聚合物阳极和金属氧化物阳极。

在一般土壤或淡水中可采用高硅铸铁阳极、石墨阳极、钢铁阳极。

在盐渍土、海滨土或酸性和含硫酸根离子较高的环境中，宜采用含铬高硅铸铁阳极。

高电阻率的地方宜使用钢铁阳极。

覆盖层质量较差的管道及位于复杂管网或多地下金属构筑物区域内的管道可采用导电聚合物阳极，但不宜在含油污水和盐水中使用。

金属氧化物阳极可适用于土壤、污水、海水、钢筋混凝土等环境。

高电阻率土壤和外防腐层质量较差、处于复杂管网或地下构筑物的管道适合使用柔性阳极。

5. 阳极地床回填料

阳极地床回填料一般都是颗粒状焦炭，也可采用石墨加石灰。

主要功能：加大阳极与土壤的接触面积，降低阳极地床的接地电阻；转移阳极反应的位置，减少阳极的消耗量，延长阳极的使用寿命；增加空气的流通，避免产生气体阻塞。

6. 阳极地床的工作原理

在外加电流阴极保护系统中，辅助阳极是提供电子的（负电荷）一方到阴极，提供负电荷过程不是自动的，而是靠外加电源的电动势驱动来实现的。

$$M \longrightarrow M^{2+} + 2e^-$$
$$M^{2+} + 2H_2O \longrightarrow M(OH)_2 + 2H^+$$
$$2H_2O \longrightarrow O_2 + 4H^+ + 4e^-$$

当阳极地床周围存在干扰、屏蔽、地床位置受到限制，或者在地下管网密集区进行区域性阴极保护时，使用深埋式阳极，可获得浅埋式阳极所不能得到的保护效果。深埋式地床根据埋设深度不同可分为浅深井（20～40m）、中深井（50～100m）和深井（＞100m）三种。

深井阳极地床的特点是接地电阻小，对周围干扰小，消耗功率低，电流分布比较理想。它的缺点是施工复杂，技术要求高，单井造价贵。

7. 外加电流阴极保护的参比电极

饱和硫酸铜参比电极是阴极保护系统中的重要组成部分，作为恒电位仪自动控制的信号源，一般采用长效饱和硫酸铜参比电极埋设在汇流点附近。参比电极埋设的位置应尽量靠近管道，以减少土壤介质中的 IR 降影响。其结构如下：

电极结构：电极由素烧陶瓷罐、管状、柱状或弹簧状铜电极和硫酸铜晶体所构成。使用前应在水中浸泡 24h，形成饱和硫酸铜溶液。

电极地床结构：在参比电极周围填充 5～10cm 厚的填包料（同牺牲阳极填包料）。填包料的主要成分为石膏粉、硫酸钠、膨润土，其体积比为 75：5：20。

8. 外加电流阴极保护应用范围

适用于保护金属结构物对保护电流需求量大、保护区域大（如长输管道），或环境介质电阻率较高的金属结构物。

9. 外加电流阴极保护的优缺点

优点：①用来保护大型甚至没有防腐层的结构；②输出电流连续可调；③保护范围大；④受环境电阻率限制较小；⑤工程越大越经济；⑥保护装置寿命长。

缺点：①需要外部电源；②安装工作量大；③安装后需要大量的测试调试，否则可能面临连接电缆极性接错、电连接或绝缘不到位而加速腐蚀的风险；④投产调试后需要管理日常、检测和维护费用高；⑤可能引发对邻近金属构建物杂散电流干扰的高风险；⑥可能导致过保护，引发防腐层的破坏及管材氢脆。

6.1.3　阴极保护系统设施

1. 电绝缘装置

（1）作用：使被保护金属与其他金属结构或环境进行电气绝缘，防止阴极保护电流的散失。

（2）常采用绝缘接头、绝缘法兰，也包含套管内绝缘支撑、绝缘管接头、管桥上的绝缘支架等。

（3）安装位置：实施阴极保护的管道与未保护的设施之间，如管道与站、库的连接处；干线管道与支线管道的连接处；异种金属、新旧管道连接处；不同防腐层的管段间；不同电解质的管段间；杂散电流干扰区。

（4）要求：电绝缘装置应满足运行环境的要求，如运送介质、温度及压力等，并且还需具备高介电强度和电阻率。

绝缘法兰不宜埋地，如果埋于地下，绝缘法兰两边导通，就会失去绝缘效果。

埋于地下的绝缘接头应配有测试桩，以便检测绝缘效果。

尽可能安装整体型绝缘接头，整体型绝缘接头分自放电式和不放电式两种。

接地极材料应与阴极保护系统相匹配，如采用锌接地极。

为了避免闪电以及输电线路接地引起的高压电涌损坏绝缘装置，宜采用带有自放电式的绝缘装置或安装绝缘装置保护器。

2. 电连续性装置

安装在钢质管道的非焊接管道连接头的永久性跨接、法兰连接、站外干线管道连接、阀室外连接、预应力混凝土管道环向筋的连接等。

3. 测试装置

测试桩：为了检测维护管道的阴极保护系统，在管道沿线设置电位、电流、绝缘、跨接、套管、长效参比电极、试片、探头、极化探头、直流去耦设施等测试桩，一般情况为电位测试桩每公里设置一个；电流测试桩每 5～8km 设一个；其他测试桩在需设处设一个。

检查片（或极化探头）：由与管道同材质的金属制成。检查片可为两种，既可同时使用也可独立使用，一种与管道相连，处于阴极保护状态，为阴极保护电位检查片；一种不与管道相连，处于自然腐蚀状态，为腐蚀失重检查片。同时同地使用时经过一定时间后将两种检查片的失重量进行比较，可分析管道的阴极保护效果，或者采用极化探头。

4. 监测装置

与外部管道交叉处、金属套管处、电流监测装置、绝缘接头处、排流点处和汇流点处等位置安装的监测装置。

远程监测装置：采用远程监测、遥感技术或其他数据传输系统进行数据远传，如现在用得较多的智能测试桩，配合长效参比电极、极化探头或检查片，进行数据远传。

5. 各种电缆

阳极线、阴极线、零位接阴线、参比电极引线、测试桩引线、均压线等。

均压线：为避免干扰腐蚀，用电缆将同沟敷设、近距离平行或交叉的管道连接起来，以消除管道之间的电位差，此电缆称为均压线。

6. 其他装置

防雷保护：在雷电频发地区，绝缘接头和阴极保护设备，应当安装防雷保护装置。通常绝缘接头两侧和直流电源输出端可安装电涌保护器。

电涌保护器：为防止供电系统故障或雷击造成的管道上的电涌冲击，应采用火花间隙类的放电器。

套管：不宜使用金属套管。如果使用金属套管，套管内的输送管防腐层应保证完好。金属套管应采用非金属绝缘支撑垫与输送管道实现电绝缘，金属套管不应带有防腐层。套管两端应绝缘密封并安装排气管。可在套管与管道之间充填具有长效防腐作用的物料。

6.2 阴极保护系统检测及数据分析

6.2.1 阴极保护系统检测与要求

1. 检测项目

埋地燃气管道的阴极保护系统是埋地钢质管道防止腐蚀的一个非常重要的措施，安装好投入运行后，为了保证其发挥应有的防腐蚀作用，需要对其进行各种项目的检测。日常检测与检查最小频次应符合表 6.2-1 要求，并将所有的检测与检查结果记录。

阴极保护日常测量与检查最小频次　　　　　　　表 6.2-1

项目	内容	检查周期
强制电流系统	检查阴极保护电源运行情况， 记录阴极保护电源设备的运行参数	每天
	综合测试强制电流阴极保护系统的性能，宜包括： 阴极保护电源运行情况检测， 阳极地床的接地电阻测试， 阴极保护电源接地系统性能测试， 电源设备控制系统检测， 电源设备输出电压与输出电流校核	≤6 个月
与外部构筑物的连接 （电阻跨接或者直接跨接）	设备功能的全面测试、电流大小与方向、电位	≤6 个月
长效硫酸铜参比电极	测量与校准参比电极的误差	≤3 个月
安装阴极保护检查片 或者极化探头的测试桩	检查片的 on/off 电位， 检查片上的电流	≤3 个月
关键测试桩	测量通电电位	≤6 个月
所有测试桩	测量断电电位	≤3 年
牺牲阳极系统	综合测试牺牲阳极系统，宜包括：输出电流、管地电位、接地电阻、电缆连接的有效性	≤6 个月
所有的电绝缘装置	电绝缘装置的有效性	≤6 个月
防浪涌保护器	防浪涌保护器的有效性	≤6 个月

　　阴极保护系统投入运行前调试内容应包括阴极保护有效性测试与调整等，调试阶段的所有检查结果和测试数据包括但不限于下列内容，见表 6.2-2、表 6.2-3。

强制电流系统调试项目　　　　　　　　　　　　　　　表 6.2-2

序号	检测内容	序号	检测内容
1	强制电流阴极保护系统的参数和设置	7	流经检查片的电流
2	辅助阳极接地电阻	8	跨接线上的电流检测
3	管道自腐蚀电位	9	排流电流
4	管道上的交流感应电压	10	采用的可变电阻值
5	管道 on/off 电位	11	所有电绝缘设施有效性检测
6	检查片的 on/off 电位	12	调试前后的干扰检测

牺牲阳极系统调试测试项目　　　　　　　　　　　　　表 6.2-3

序号	检测内容	序号	检测内容
1	牺牲阳极系统的测量参数：阳极开路电位、阳极闭路电位、阳极输出电流、阳极接地电阻等	7	跨接线上的电流
2	管道自腐蚀电位	8	排流电流
3	管道上的交流感应电压	9	采用的可变电阻值
4	管道 on/off 电位	10	所有电绝缘设施有效性检测
5	检查片的 on/off 电位	11	调试前后的干扰测试
6	流经检查片的电流	12	

　　注：外加电流阴极保护和牺牲阳极阴极保护所有检测项目与内容检测完成后，应做以下几项工作：①调试完成后，阴极保护系统有效性评价；②调试过程中所采取的改进措施；③改进阴极保护系统的其他措施。所有调试完成后，管道断电电位应满足阴极保护准则要求，管道交流电压应满足现行《埋地钢质管道交流干扰防护技术标准》GB/T 50698 的规定。

　　2. 检测要求

　　管道管理部门应按相关规范要求，定期对阴极保护系统进行检查与测试，确保阴极保护系统运行正常、管道断电电位满足阴极保护准则要求。

　　1）专项调查

　　当部分或全段管段阴极保护不充分时，须开展专项调查，查找导致阴极保护失效的原因。专项调查内容包括但不局限于：

　　（1）管道外防腐层非开挖状况调查。

　　（2）阴极保护设施调查：

　　① 对采用强制电流保护法的进行阴极保护电源运行情况检测、阳极地床的接地电阻测试、阴极保护电源接地系统性能测试、电源设备控制系统检测、电源设备输出电压与输出电流校核、测量与校准参比电极的误差、电缆连接的有效性等。

　　② 对采用牺牲阳极保护的，调查牺牲阳极输出电流及接地电阻、电缆连接的有效性等。

（3）土壤腐蚀性调查。

（4）阴极保护电绝缘设施有效性调查：防浪涌保护器的有效性调查；测试绝缘接头电绝缘情况，金属套管、混凝土钢筋、接地系统与管道的绝缘情况。

（5）管道杂散电流测试调查。

（6）阴极保护有效性测试：

① 对采用强制电流阴极保护或者可断电的牺牲阳极阴极保护的管道，测试每个测试桩处的直流电位与交流电压，并进行断电电位测试；当直流电位或者交流电压波动较大时，采用数据记录仪在测试桩处进行 24h 连续监测并记录。

在所有安装检查片或者极化探头的测试桩处进行断电电位测试；当存在直流杂散电流干扰时，连续监测至少 24h 并记录。

② 对阴极保护效果较差的管道，采用密间隔电位测试技术。

③ 主要使用设备：管道防腐层检测仪、接地电阻测试仪、万用表、$Cu/CuSO_4$ 参比电极（便携式）、数据记录仪、数字型电位差计等。

④ 测试方法参照《埋地钢质管道阴极保护参数测量方法》GB/T 21246—2020。

⑤ 其他需要的测试。

2）测量与评价要求

（1）测量方法要求：满足同步通/断法测试条件时，应采用同步通/断法在所有测试桩进行断电电位测量；无法满足同步中断或多组牺牲阳极及无法断开管道与牺牲阳极连接时，可采用极化探头或者检查片进行断电电位测量。

当管道阴极保护存在局部或全部保护不足，应进行专项调查并采取相应的整改措施，确保阴极保护的有效性。调整整改措施后，重新测量管道断电电位。

当管道存在杂散电流干扰时，选择适当位置长期埋设检查片，通过检查片腐蚀速率检查结果了解判定管道的阴极保护有效性。

（2）评价要求：埋置于一般土壤和水环境的钢质管道，最小保护电位为 $-0.85V$（CSE），限制临界电位为 $-1.20V$（CSE），断电电位应不正于最小保护电位，不负于限制临界电位；其他环境参照本书表 2.3-4 内容评价。

当无 IR 降阴极保护电位准则难以达到以上要求时，可采用阴极极化或去极化电位差大于 100mV 的判据。交直流干扰情况下参照相关标准评价。

6.2.2 阴极保护系统参数检测方法

1. 电位测试仪器、参比电极要求

1）数字万用表

内阻不小于 $10M\Omega$，精度不低于 0.5 级。万用表红表笔插入电压、电阻测试（$V \cdot \Omega$）孔内，为正极，接测试桩的接线端子（管道连接点）；黑表笔插入万用表的（COM）孔（公共端），为负极，接参比电极；将万用表的旋转开关旋转到直流、量程为 V 的挡位。

数据记录仪一般内置通断器，使用前设置合理的通断周期，根据制造厂家使用说明书操作，数据记录仪通常为三个接线端，一端接管道，一端接试片，一端接硫酸铜参比电极。

2）参比电极

应采用硫酸铜参比电极，并应符合下列要求：

（1）流过 CSE 的允许电流密度不大于 $5\mu A/cm^2$；

（2）电位漂移不能超过 30mV；

（3）携带的饱和硫酸铜参比电极内溶液液应在铜电极的 2/3 以上，若液位低要适量加注纯净水（蒸馏水）；硫酸铜溶液保持有结晶体。若没有结晶体，需向溶液中加一定量的晶体硫酸铜，以保证溶液处于饱和状态。

注意事项：测量前，确认工作环境的安全性，并检查是否存在危险电压。对万用表、参比电极、数据记录仪进行校准。插入土中的参比电极应垂直地面，稳定、可靠地与土壤接触，底部不能垫有草叶或草根。

2. 自然电位检测

（1）将硫酸铜电极放置在管道上方地表潮湿土壤中（若太干燥可以浇点水），保证电极底部与土壤接触良好；

（2）万用表连接管道和硫酸铜参比电极，接线方法见图 6.2-1；

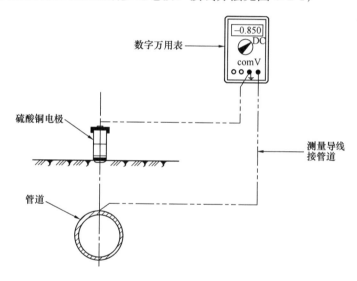

图 6.2-1　数字万用表管地电位测量接线示意图（地表参比法）

（3）将万用表的旋转开关旋转到直流、量程为 V 的挡位，读取和记录测试结果。

注：在杂电干扰的情况下，管地电位是负值且稳定（红表笔接参比电极数值为正，反之为负）；在测试记录上做好记录，注明测试天气、时间。

3. 通电电位检测

1）地表参比测量法

地表参比测量法可以测量管道的自然电位、牺牲阳极开路电位和牺牲阳极闭路电位（埋地管道的保护电位），是最常用的检测方法（图 6.2-2）。

注：将参比电极（CSE）安放在管道的上方的潮湿土壤中，保证参比电与土壤接触良好。然后将万用表读数挡调到合适的量程上（一般 2V 挡即可），读取稳定的读数即可。

2）近参比测量法

当土壤的 IR 降比较大时，通常采用近表参比测量法，检测管道的保护电位，接线方法见图 6.2-3。

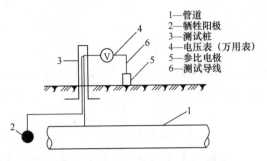

图 6.2-2　地表参比测量法接线示意图

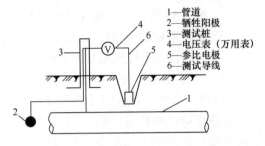

图 6.2-3　近参比测量法接线示意图

近参比测量法操作条件：在管道的正上方挖一个坑，将参比电极安放在距离管道3～5cm 处，按地表参比测量法读数即可。这种测量方法主要应用在干燥的土壤或沙漠中。

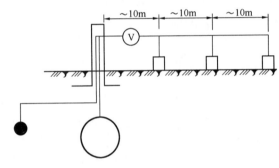

图 6.2-4　远参比测量法接线示意图

3）远参比测量法

当管道附近电场干扰比较严重时，通常采用远参比测量法，接线方法与地表测量方法相同（图 6.2-4）。

测量方法：第一个点将 CSE 放在远离管道约 10m 的地方，测量一个管道电位数。然后每隔约 10m 测量一个数，直到两个测量点读数差距小于 5mV 为止，倒数第二个点测量的管道对地电位读数即为管道对地电位。

4. 牺牲阳极开路电位测量

测量前，把牺牲阳极与管道连接的导线（或铜片）断开；万用表的一支表笔与牺牲阳极线连接，另一支接参比电极（CSE），余下检测步骤同自然电位测量。

5. 牺牲阳极闭路电位测试

牺牲阳极线与被保护管道线连接在一起，余下步骤与管道通电电位测量一样。

6. 牺牲阳极输出电流检测

1）标准电阻法

使用 0.1Ω 或 0.01Ω 标准电阻，标准电阻的两个电流接线柱分别接到管道和牺牲阳极的接线柱上，两个电位接线柱分别接数字万用表，并将数字万用表置于 DC 电压最低量程。接入导线的总长不大于 1m，截面积不宜小于 2.5mm²，接线见图 6.2-5。

标准电阻的阻值宜为 0.1Ω，准确度为 0.02 级；为了获得更准确的测量结果，标准电阻可为 0.01Ω，此时采用的数字万用表，DC 电压量程的分辨率应不大于 0.01mV，数据处理：

$$I = \frac{\Delta V}{R}$$

式中：I——牺牲阳极（组）输出电流（mA）；

　　ΔV——数字万用表读数（mV）；

　　R——标准电阻阻值（Ω）。

2）直接测量法

选用分辨率为1mA的数字万用表，用内阻小于0.1Ω的DC直流量程档直接读取并记录电流值即可。接线方法见图6.2-6。

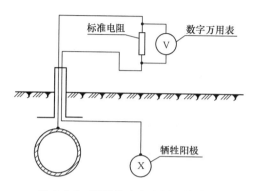

图6.2-5 阳极输出电流测量接线图

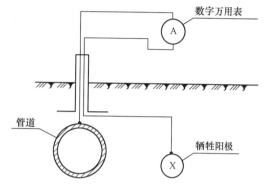

图6.2-6 直接测量电流法接线示意图

7. 管道阴保电流测试

1）电压降法

在阴极保护已经投入运行的管道上（有些管道安装有电流测试桩），按照图6.2-7连接测量装置，用高精度毫伏表测量出a、b两点之间的电位差，计算出管道中的阴极保护电流即可。

（1）测量a、b两点之间的管长L_{ab}，误差不大于1%。L_{ab}的最小长度应根据管径大小和管内的电流量决定，最小管长应保证a、b两点之间的电位差不小于$50\mu V$，一般L_{ab}取30m。

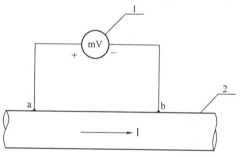

图6.2-7 电压降法测试接线示意图
1—直流电位差计（或数字万用表）；2—管道

（2）测量a、b两点之间电位差。如果采用直流电位差计测量，应先用数字万用表判定a、b两点的正、负极性并粗测V_{ab}值。然后将正极端和负极端分别接到直流电位差计的相应接线柱上，细测V_{ab}值［若采用高精度数字电压表（分辨率达到$1\mu V$）时，可直接测量V_{ab}值］。

（3）数据处理：

$$I = \frac{V_{ab} \cdot \pi(D-\delta)\delta}{\rho L_{ab}}$$

式中：I——流过 ab 段的管内电流（A）；

V_{ab}——ab 间电位差（V）；

D——管道外径（mm）；

δ——管道壁厚（mm）；

ρ——管材电阻率（$\Omega \cdot mm^2/m$）；

L_{ab}——ab 间的管道长度（m）。

2）标定法测量管中电流

按照图6.2-8连接好测量装置，接好后调整可变电阻器 R 电阻，使 c、d 两点之间的毫伏表电压值显示为零，这时电流测量表 A 测量显示的电流值，即为管道中的阴极保护电流数值。注意极性，所施加的标定电流应与被测管内电流的流向相同。$L_{ac} \geqslant \pi D$，$L_{db} \geqslant \pi D$，L_{cd} 的长度不宜小于 10m。

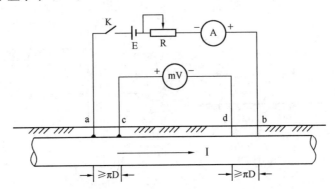

图 6.2-8　直接测量电流法和标定法接线示意图

使用仪器要求：采用分辨率 $1\mu V$ 的数字电压表或电位差计。$0 \sim 10\Omega$ 磁盘变阻器，12V 直流电源，直流电流表。

测试步骤：按图 6.2-8 所示接线，$L_{ac} \geqslant \pi D$，$L_{db} \geqslant \pi D$，L_{cd} 的长度不宜小于 10m；在开关 K 未接通情况下测量 c、d 之间电位差，记作 V_0；①合上开关 K，调节变阻器，使电流表 A 的读数约为 10A，并同时记录毫伏表测量的 c、d 电位差 V_1，单位为 mV；②调节变阻器，使电流表读数约为 5A，并同时记录毫伏表测量的 c、d 电位差 V_2，单位为 mV；

数据处理：

按式（6.2-1）分别计算施加 I_1 和 I_2 时的校正因子 β_1、β_2 及平均校正因子 β；

$$I = V_0 \times \beta \qquad (6.2\text{-}1)$$

$\beta_1 = I_1 / (V_1 - V_0)$；$\beta_2 = I_2 / (V_2 - V_0)$；$\beta = (\beta_1 + \beta_2) / 2$；

式中：β_1——施加 I_1 电流时的校正因子（A/mV）；

　　　β_2——施加 I_2 电流时的校正因子（A/mV）；

　　　β——平均校正因子（c、d 管段管道电阻的倒数）（A/mV）；

　　　I_1——第一次标定施加的电流（A）；

　　　I_2——第二次标定施加的电流（A）；

　　　V_0——未施加标定电流时 c、d 电位差（mV）；

　　　V_1——施加 I_1 电流时 c、d 电位差（mV）；

　　　V_2——施加 I_2 电流时 c、d 电位差（mV）；

　　　I——c、d 管段管内电流（A）。

管内保护电流计算：测量点的管内保护电流按式（6.2-2）计算。例如 a 点，b、c、d 等点依次类推：

$$\Delta I_a = I_{a \cdot on} - I_{a \cdot off} \qquad (6.2\text{-}2)$$

式中：ΔI_a——a 测量点的管内保护电流（A）；

　　　$I_{a \cdot on}$——a 测量点的通电状态下的管内电流（A）；

　　　$I_{a \cdot off}$——a 测量点的断电状态下的管内电流（A）。

3）测试要求

当测试数据值出现下列情况之一时，需要对该检测点及相邻近点的牺牲阳极组进行输出电流、接地电阻和开路电位测试：

（1）保护电位达不到要求时；

（2）与前次测试值有明显差异时；

当测试值出现下列情况之一时，建议进行开挖检查：

（1）开路电位测试值明显异常时（正向偏移较大）；

（2）接地电阻测试值很大（数十欧姆以上）；

（3）输出电流测试值很小，与初次试值有明显差异时。

8. 接地电阻测试

1）三角形接地电阻测试法

适用于强制电流辅助阳极地床（浅埋式或深井式阳极地床）、对角线长度大于 8m 的棒状牺牲阳极组或长度大于 8m 的锌带。

（1）电位极沿接地体与电流极的连线移动电极三次；每次移动的距离为 d_{13} 的 5% 左右，若三次测试值接近，取其平均值作为长接地体的接地电阻值；若测试值不接近，将电位极往电流极方向移动，直至测试值接近为止。长接地体的接地电阻也可以采用图 6.2-9 所示的三角形布极法测试，此时 $d_{13}=d_{12}\geqslant 2L$。

（2）转动接地电阻测量仪的手柄，使手摇发电机达到额定转速，调节平衡旋钮，直至电表指针停在黑线上，此时黑线指示的度盘值乘以倍率即为接地电阻值。

（3）记录测试结果，注明测试天气、地点、时间、测试结构类型、测试值和测试方法。

2）短接地电阻测试法

当被测牺牲阳极组的支数比较多，且该组阳极组成的接地体对焦线长度大于 8m 时，d_1 长度不得小于 20m，d_2 长度不得小于 40m，接线见图 6.2-10。

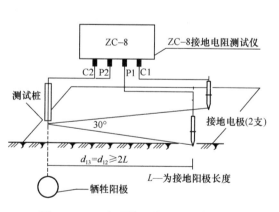

图 6.2-9　三角形接地电阻测量接线图

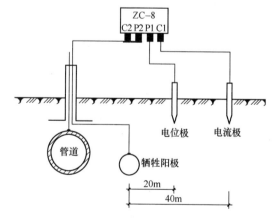

图 6.2-10　短接地电阻测量接线图

适用于测量对角线长度小于 8m 的接地体的接地电阻。如牺牲阳极、接地网、避雷针等电阻测试。测量前，必须将阳极（或接地极）与管道断开，采用图 6.2-10 所示接线图接线方式，沿垂直于管道的一条直线布置电极，电流极离牺牲阳极约 40m，电位极约 20m，按仪器操作说明进行检测，读取接地电阻值。

9. 外加电流阴极系统极化电位测量（瞬时断电法）

外加电流阴极保护系统在阴极保护电源应安装电流同步中断器，并设置合理的通/断周期（同步误差宜小于 10ms）。合理的通/断周期和断电时间设置原则是：断电应有足够长的时间，在消除冲击电压影响后采集数据（断电 100ms 后测量），读取平缓的断电电位，同时应避免过度去极化（断电 500ms 前测量）。将硫酸铜电极放置在管道上方地表的潮湿土壤上，保证电极底部与土壤接触良好。按照测量数据记录仪操作说明书对其进行参数设置，包含文件名、采集通道、采样间隔、断电周期等参数。接线方法见图 6.2-11。

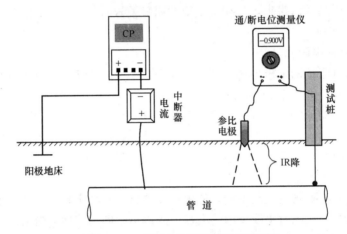

图 6.2-11　通断电位测量接线示意图

打开测量仪器开始记录通电电位（V_{on}）和断电电位（V_{off}），所测得的断电电位为硫酸铜电极安放处电位，数据记录仪可自动保存记录测试数据。这种测量方法由于是在断电情况下测量的管道电位，回路中的阴极保护电流为"零"，因此 IR 降为零，是管道阴极极化电位。

注意事项：测量前确认管道已充分极化。没有外界杂散电流干扰的情况下，通断电位是负值且稳定。记录数据时注明测试天气、测试桩号、测试地点、时间、测试值和测试类型。

管道上设置有用于干扰防护的电容类元件的去耦合装置时，应考虑设置较长的断电时间。测试过程中应保持设备输出电流的稳定，当发现相同测试点各通/断周期断电电位出现持续衰减现象，应调整通/断周期。

10. 牺牲阳极阴保极化电位测试

对于采用牺牲阳极阴保系统的管道，牺牲阳极不能够与管道断开情况下，检测管道的极化电位可采用试片法进行检测。检测时在埋地燃气管道上用导线连接一个与管道材质相同的标准测试片，测试片与管道构成一个电流导通的网络，埋地燃气管道上的各种电流会流向测试片，对测试产生极化作用（接线方法见图 6.2-12）。

11. 绝缘接头（法兰）绝缘性能检测

绝缘接头（法兰）绝缘性能测试有很多种方法，如电压法、兆欧表法、电位法、漏电率测量法、电流环测量法等，对于运行在役管道，可采用检测方法如下：

1）电位法（非保护端无阴极保护）

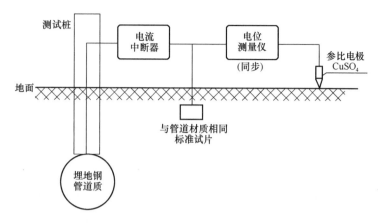

图 6.2-12 试片法测量埋地钢质管道极化电位示意图

测量绝缘接头（法兰）两侧管道对地电位，判断其绝缘性能，测量接线按图 6.2-13。测量 24h 前断开接头处接地电池。

（1）测量前确认管道保护端处在有效的阴极保护状态，非保护端在非保护状态；

（2）将硫酸铜电极安放置要测量的绝缘接头（法兰）附近地上（保位置不变），采用数字万用表分别测量绝缘接头（法兰）非保护端 a 点的管地电位 V_a 和保护端 b 点的管地电位 V_b；

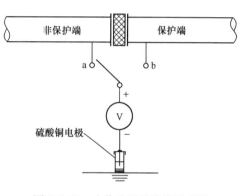

图 6.2-13 电位法测量接线示意图

电位法检测数据分析，当有阴极保护端电位测量电位值与设置的阴极保护电位达标值相同（$-0.85V \sim -1.20V$），绝缘接头（或法兰）非保护端电位测量值接近自然电位值时，说明所测量绝缘接头（或法兰）绝缘程度符合要求；若绝缘接头（或法兰）非保护端电位测量值与保护端接近，说明缘接头（或法兰）绝缘程度不符合要求，数据分析实例见表 6.2-4。

电位法检测数据分析实例　　　　　　　　　　　表 6.2-4

序号	测量位置	a 端电位（V）	b 端电位（V）	绝缘性能评价
1	绝缘接头（或法兰）1	-0.57	-1.10	合格
2	绝缘接头（或法兰）2	-1.06	-1.10	不合格
3	绝缘接头（或法兰）3	-0.86	-1.10	绝缘性能不良

2）漏电率测量法

测量按图 6.2-14 进行接线布置，测量仪器可以使用管线仪、PCM、DM 等，测量时尽量使用低频率（接近直流阴极保护），测量要求如下：

（1）断开保护端阴极保护电源、跨接电缆和绝缘接头保护器。

（2）用管线仪/防腐检测仪发射机在保护端接近绝缘接头（法兰）处向管道输入低频交流电流 I。

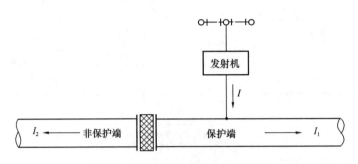

图 6.2-14　漏电率测量接线示意图

（3）在保护端电流输入点外侧，用接收机测量并记录该侧管道电流 I_1。

（4）在非保护端用接收机测量并记录该侧管道电流 I_2。

（5）漏电率计算公式：

$$\eta = \frac{I_2}{I_1} \times 100\%$$

注：测量数据如果出现 $I_2 > I_1$ 情况时，说明绝缘法兰已经完全失效，且非保护端管道与接地网导通。

12. 密间隔电位测量（CIPS）

开始检测之前首先将电流中断器连接在阴极保护站，将电流中断器串接在阴极保护电源的阴极上，红线接管道一端（正极）接管道方向，黑线（负极）接阴保电源的输出端（图 6.2-15）。连接好后开机，调节好阴极保护电力通/断时间（与电位测量仪一致），等同步之后即可开始检测。

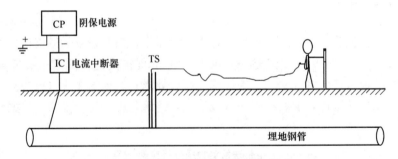

图 6.2-15　密间隔电位测量示意图

检测时首先将绕线器的接线一端与测试桩的管道线连接好，然后将测量主机与绕线器通过专用接线连接在一起，探杖（包含硫酸铜电极）与主机连接好，通过 GPS 系统主机与中断器实现同步后即可开始测量，根据需要每隔 1～3m 测量一组管地电位数据（V_{on} 和 V_{off}）值，自动存储在测量主机内。

CIPS 测量数据分析：现场测量的 CIPS 数据通过数据连线导入计算机后，即可对测量数据进行分析处理，可以将管地电位数据与对应的管道位置，绘制成电位分布曲线图，可以很直观地看到管道各处的阴极保护电位情况（图 6.2-16）。

其中的 V_{off} 电位是阴极保护电流对管道的极化电位（即有效保护电位），通过极化电位曲线可以了解某处地下管道的阴极保护实际效果。通过分析 on/off 管地电位变化曲线，也可发现防腐层上比较大的缺陷，当防腐层有较严重的缺陷时，缺陷处防腐层的电阻率会降低，阴极保护电流密度会在缺陷处增大，土壤的 IR 降也会随之增大，则在缺陷点处的管地电位（on/off）值就会出现正向偏移，在曲线图上出现漏斗形状，尤其是 off 电位值会下降得更加明显。

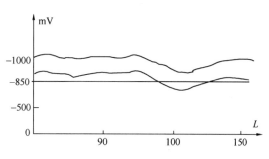

图 6.2-16　测量管地电位数据分析曲线图

　　测量密间隔电位是目前相对比较复杂、科学、准确地评价整条管道阴极保护效果的一种检测技术，测量数据可显示被测管道的阴极保护状态，同时也能够显示管道防腐层破损面积的大小，并具有较高的检测精度。检测过程中，测量仪器可对数据进行自动采样，在砖石铺砌地面、混凝土表面、河流等区域的测量效果也不理想。密间隔电位测量技术，不但应用于阴极保护系统的阴保电位的评价，而且还可应用于无阴极保护系统的管道自然电位的检测与评价。通过分析管/地电位曲线的变化，可以判定管道上是否有杂电干扰存在及干扰的影响范围大小等；还可以判定管道是否存在"宏电池"腐蚀效应。无防腐层管道的 CIPS 检测电位曲线，可分析管道什么部位发生了腐蚀。密间隔电位测量技术应用范围很广泛，对长输油气管道阴极保护系统评价较好。

　　附注：目前 CIPS 生产厂商主要有英国的直流电位梯度科技和销售有限公司（DC-Voltage Gradient Technology and Supply Ltd）、加拿大的阴极保护有限公司（Cathodic Technology Limited）阴保产品生产部、德国的 SSS Korrosion sschutz technik 公司等。在中国区域以加拿大公司的产品应用最为广泛。

6.2.3　阴极保护系统参数意义

　　1. 自然电位

　　自然电位是指在无外部电流影响的情况下，金属表面流入或流出的腐蚀电位，也称自腐蚀电位。通常是埋地管道（或金属）在埋地 24h 及以上情况下用地表参比法测量获得的电位数值，是管道阴极保护运行前的必测项目，根据自然电位检测数据评价阴极保护有效性。

　　2. 通电电位

　　通电电位是有阴极保护系统电流情况下用地表参比法测得的管道（管/地）电位，通电电位包含阴极保护电流对管道极化的电位和测量回路中所有电压降的和（包含土壤的 IR 降和回路各种电阻产生的 IR 降），这个数据通常用于评价管道阴极电流的流域范围（保护范围），或用于分析管道有无杂散电流干扰。通电电位检测数据一般超出保护电源有效输出范围，或出现波动时，管道上就可能存在杂散电流干扰，需要做杂散电流专项检测与调查。

　　3. 牺牲阳极开路电位

　　牺牲阳极开路电位是牺牲阳极与管道连接导线断开情况下，用地表参比测量法测得的牺牲阳极对地电位。此电位数据可用于分析牺牲阳极的工作状况与消耗情况，例如镁合金牺牲阳极若开路电位严重正向偏移时（一般正于－1.20V 情况下），说明牺牲阳极消耗殆尽，需要更换新牺牲阳极。或用于分析牺牲阳极的类型等，通常镁为主材料类型的牺牲阳极开路电位负于－1.5V，锌阳极开路电位负于－1.15V。

4. 牺牲阳极闭路电位

是牺牲阳极线与被保护管道线连接在一起，用地表参比测量法测得的电位数据（或称通电电位）。此电位数据可用于分析牺牲阳极的工作状况与消耗情况，及牺牲阳极对管道的保护效果等。例如新安装牺牲阳极闭路电位严重正向偏移时（一般用硫酸铜参比测得数据正于－0.85V 情况下），说明牺牲阳极保护没有达标。

5. 牺牲阳极输出电流

阳极组输出电流是牺牲阳极与管道连接后，用电流测量法测得的电流数据，代表牺牲阳极为管道提供的保护电流。一般可用于分析牺牲阳极的剩余量、工作状况等。若牺牲阳极的输出电流（通常是几十毫安）已经达到最大，阴极保护还没有达标，说明保护电流密度不足，这种情况需要增加牺牲阳极用量；若牺牲阳极输出电流较小（一般 10mA 以下），管道的阴极保护电位还没有达标，说明牺牲阳极接地电阻过大或存在故障，或可能大部分阳极消耗完毕。

6. 管道内阴极保护电流

通常是指外加电流阴极保护系统在某一个管段的电流强度数据，通过两个观测点管道内电流数据分析，可以了解管道阴极保护电流的衰减情况，间接分析出两个观测点之间管道的防腐层质量状况。

7. 接地电阻测试

外加电流阴极保护系统和牺牲阳极阴极保护均需要检测接地电阻，外加电流阴极保护需要检测阳极地床的接地电阻，数据通常在 1～2Ω，若接地电阻过大，需要采取降阻措施。牺牲阳极阴极保护需要检测牺牲阳极的接地电阻，数据通常要求小于 5Ω，若接地电阻过大，输出电流会变小，影响保护效果，需要采取降阻措施。

8. 外加电流阴极保护极化电位

外加电流阴极被保护系统和牺牲阳极阴极保护系统评价管道的保护效果（即保护电位是否达标），均采用的是极化电位，测量极化电位通常使用瞬时断电法。极化电位是不包含土壤的 IR 降，是阴极保护电流对管道极化产生的电位。电流对管道产生极化需要一定的时间长度。

9. 绝缘接头（法兰）绝缘

绝缘接头（法兰）绝缘检测数据主要用于评价管道上安装的绝缘设施的绝缘程度，管道实施阴极保护后，随着时间的延长，老化作用绝缘性会有所下降，对电绝缘装置的有效性的检测，主要参数指标为装置的电阻值，绝缘接头（法兰）绝缘电阻值较小时，会使阴极保护电流流失，流失严重情况下，会使管道保护电位不达标，需要更换绝缘设备。

10. 密间隔电位（CIPS）

密间隔电位是有阴极保护的管道，从某个测量点起管道上每间隔 1～2m 测量获得的管道一系列电位数据，通常用于分析管道任意一点的阴极保护效果情况，测量数据一般包含通电电位和断电电位（即极化电位）两个数据。一段管的密间隔电位数据，可以清楚地了解该管段每个点的阴极保护情况。

注：本节中的管地电位数据均是以硫酸铜为参比电极测量获得。

6.2.4　牺牲阳极阴极保护系统检测数据分析

城镇埋地钢质燃气管道实施阴极保护时，牺牲阳极阴极保护因其安装方便、不对周围管线产生干扰影响、性价比高被广泛应用。牺牲阳极阴极保护系统在投入运行后，对于牺牲阳极工作状况的了解（如消耗情况、是否存在故障、保护电位是否达标等），是一个非常重要的问题。因土壤腐蚀环境不同，牺牲阳极消耗会存在较大差异，因时间变化牺牲阳极接地电阻会发生改变，要了解这些问题需要对各种检测参数进行分析解读，下面对牺牲阳极阴极保护系统各检测数据参数做分析解读。

1. 牺牲阳极开路电位

牺牲阳极的开路电位，此电位数据可用于分析牺牲阳极的工作状况与消耗情况，分析牺牲阳极的类型等；例如镁合金牺牲阳极若开路电位严重正向偏移，一般正于 -1.20V 情况下，说明牺牲阳极消耗殆尽，需要更换新牺牲阳极。

2. 管道开路电位

是在检测点断开牺牲阳极连接线时检测的管道电位值（远离检测点的牺牲阳极连接管道），这个电位数据代表相邻牺牲阳极最末端管道的保护状况，若此电位不达标，说明相邻的牺牲阳极没有保护到这个位置，也就是为管道提供保护电流密度不足。这种情况下需要做密间隔电位检测，确保两组牺牲阳极能够有效保护到之间的管道。

3. 保护电位测试（即闭路电位）

管道线和牺牲阳极线连接在一起的管道极化电位，是管道保护电位。以此阳极为起点用密间隔电位测量，至保护电位不达标为止，是这组牺牲阳极的有效保护半径。一般要求单组牺牲阳极的保护半径，要大于两组牺牲阳极之间间距的二分之一。

4. 阳极组输出电流

测量数据代表牺牲阳极为管道提供的保护电流，可用于分析牺牲阳极的剩余量、工作状况以及阳极量是否满足保护需要。若牺牲阳极已经达到最大输出电流（几十毫安），阴极保护还没有达标，说明保护电流密度不够需要增加牺牲阳极用量；若牺牲阳极输出电流较小（一般小于 10mA），阴极保护还没有达标，说明保护牺牲阳极存在故障或大部分消耗完毕。

5. 阳极组按地电阻测试

牺牲阳极的接地电阻不宜大于 10Ω，接地电阻越小输出电流越大。一般情况下，当管道的保护电位出现异常，或保护电位不达标时，需要测量接地电阻。

6. 牺牲阳极阴极保护系统失效分析步骤

（1）预判断：对不达标段所有的牺牲阳极进行测试，测试项目包含阳极开路电位、阳极闭路电位、阳极输出电流、阳极接地电阻，如果牺牲阳极开路电位严重正向偏移（如镁合金牺牲阳极 >-1.20V），则可判断牺牲阳极消耗殆尽；或根据设计资料技术要求和历史检测数据判断这些测量参数是否符合要求，如不符合，牺牲阳极可能失效。

（2）再判断：通过针对阳极输出电流变化进行各种项目排查，进一步确认是阳极失效还是其他原因导致的保护电位未达标现象。

（3）牺牲阳极输出电流有问题时的排查项目见表 6.2-5。

牺牲阳极输出电流有问题时的排查项目　　　　　　　　　　　　表 6.2-5

主因	排查项目
阳极输出电流变小	阳极——阴极的电缆连接断开，输出电流为 0； 阳极——导线连接端断开，输出电流为 0； 阴极——导线连接端断开，输出电流为 0； 阳极周围土壤干燥（对阳极周围土壤进行湿润后再检查）； 有没有可能近期发生的环境污染（包括杂散电流）对阳极性能的影响
阳极输出电流变大 （仅供参考）	被保护体与相邻金属构筑物有电连接； 环境改变引起迅速去极化或者水的含氧量增大； 检查绝缘装置是否失效； 检查管道防腐层状况

（4）后判断：当表 6.2-5 中排查项目有问题或不达标时，进行整改，整改后再重复以上所有的测试内容和步骤。当表 6.2-5 中排查项目均正常时，测定土壤电阻率来判定安装的牺牲阳极类型是否符合要求，参考土壤电阻率与阳极种类选择对应关系。

以上项目均正常时，管道保护电位仍不达标，阳极安装数量不足，保护电流密度不足，或阳极体因其他故障导致其失效，主要故障原因：

① 牺牲阳极体未被消耗，但在工作环境（如温度、含盐量）中造成钝化所致，输出电流变小。

② 牺牲阳极体合金化不均匀，造成局部腐蚀，阳极体断裂，输出电流小、接地电阻变大。

③ 阳极杂质含量高，阳极效率低，输出电流小。

（5）牺牲阳极是否失效综合判断。

牺牲阳极阴极保护系统是否失效判断方法见表 6.2-6。

牺牲阳极阴极保护系统是否失效判断方法　　　　　　　　　　表 6.2-6

检测项目	判断原则	
	正常	失效
管道通断电位	符合阴极保护准则	不符合阴极保护准则
阳极开路电位	符合设计资料中牺牲阳极的电化学参数要求	严重正向偏移 0.4V 以上
阳极闭路电位	符合阴极保护准则	不符合阴极保护准则
阳极输出电流	保护电位达标、电流密度满足要求	保护电位不达标、电流密度太小
阳极接地电阻	符合设计资料中牺牲阳极的技术要求	接地电阻过大
土壤电阻率	选择牺牲阳极类型符合规范要求	选择牺牲阳极类型不符合规范要求
电绝缘装置有效性	电绝缘装置符合绝缘标准	电绝缘装置存在电流导通

第7章 杂散电流检测与土壤 环境腐蚀检测

7.1 杂散电流与管道腐蚀

杂散电流主要是指不按照设计或规定途径移动回归，弥散于各个方向的电流。它存在于土壤中，与需要保护的设备系统没有关联；针对埋地管道来说，非管道保护系统设计或固有的第三方电流就是杂散电流。这种在土壤中的杂散电流会通过导体、易导电体、埋地钢质管道某一区域部位进入管道，并在管道中传导一段距离后再离开，流回到土壤中。电流离开管道的地方，管道就会发生电解腐蚀，因此这种腐蚀被称为杂散电流腐蚀。

对于有防腐层的管道，产生杂散电流的先决条件是管道有对地绝缘不良好或完全不绝缘可导电的部位，如果管道和土壤之间完全绝缘，那么理论上杂散电流根本进出不了管道。但现实中完全的绝缘是无法做到的，当管道置于电解质环境中，而这电解质环境有第三方电流介入时，就有可能产生对管道有影响的杂散电流。

杂散电流的输出来源有很多，如外加电流阴极保护系统、DC电车系统、DC开矿以及焊接系统、高压DC、AC传输线路、地铁系统，电气化铁路系统、各种大型用电设施等。杂散电流有动态与静态之分，随时间大小或方向变化的为动态杂散电流，不发生改变的为静态杂散电流。在杂散电流进入点或区域，如埋地钢质管道流入点，管道为阴极而得到保护，不发生腐蚀，但是过大的电流进入时，这部分钢质管道会发生过保护，产生析氢现象，破坏原来管道的防腐层。同时杂散电流离开管道的地方会因为失去电子而腐蚀，这种腐蚀属于电解腐蚀，与杂散电流强度成正比。确定管道是否已经受到杂散电流的干扰，可以通过检测管道电位、电流的变化数据来分析判断。

当有电流流入管道时，这个区域受到保护（如果电流过大，这个区域将过保护），从管道流出时，发生氧化反应，根据法拉第定律，腐蚀电池中的金属重量损失和电流、时间有关，重量损失 $W = K \times I \times T$ ｛W——重量损失（kg）；K——电化学当量［kg/(A·年)］；I——杂散电流强度（A）；T——杂散电流对受干扰管道的作用时间（年）｝，如果是1A的电流并保持不变，那么钢质管道在杂散电流流出区域经过1年的理论重量损失是：$9.1 \times 1 \times 1 = 9.1$kg。如果直径为2.5cm的防腐层破损点流出1A电流，那么在没有其他措施干预的情况下，16h内可在管壁上形成一个锥形穿孔，常见金属的电化学当量见表7.1-1。

常见金属的电化学当量 表 7.1-1

序号	金属	K（kg/A·年）	序号	金属	K（kg/A·年）	序号	金属	K（kg/A·年）
1	铝	3.0	8	高硅	0.5	15	铅	33.9
2	镁	4.0	9	锌	10.7	16	铜（Cu+）	20.8
3	铁（钢）	9.1	10	锡	19.4	17	灰铸铁	7.25
4	低碳钢	7.84	11	紫铜	8.80	18	铅（Pb+）	11.40
5	低合金钢	7.85	12	铜	8.95	19	钛	4.50
6	海军黄铜	8.52	13	不锈钢	7.92			
7	黄铜	8.50	14	硅铸铁	7.0			

7.1.1 杂散电流分类与干扰

1. 分类

根据干扰源的性质，可以将杂散电流分为静态杂散电流和动态杂散电流。大地（水）中的杂散电流，表现为直流电流、交流电流和大地中自然存在的地电流三种状态，且各具有不同的行为和特点。

静态杂散电流指振幅和电流方向恒定的电流，由外加电流用电系统防护失效或接地极扩散流入大地中，对地下金属设施产生杂散电流干扰。例如阴极保护系统的阳极地床、高压直流接地电极、对阴极保护设备之间的非阴极保护金属设施存在杂散电流干扰，形成阴极干扰或阳极干扰。存在静态干扰电流时，管地电位较以往测试值变化，偏离正常值，但这个值一般比较稳定，随时间波动较小。

动态杂散电流指振幅和电流方向发生变化的电流，如电焊机、带电运输系统、大地电流、电力传输、矿业、工业厂房等。存在动态干扰电流时，管地电位也表现为偏离正常值，管地电位较以往测试值变化，偏离正常值，但这个值随干扰源用电强度变化而波动且幅度较大。例如某电力传输系统（如火车、地铁、有轨电车、采矿作业等），由于轨道回路的漏电到大地中，通过大地中的金属管道外防腐层失效的区域进入埋地管道，或大地中的金属导体传导，最后流回轨道供电系统的电流，这种杂散电流随用电设备位置改变而变化，随用电设备电流的大小产生变化。根据干扰源的来源可以分为直流杂散电流、交流直流电流和大地杂散电流。

直流杂散电流：电流有正负极之分，是由直流电源用电系统产生，直流杂散电流主要来源于直流电气化铁路、直流电解系统、直流电焊系统、高压直流输电线路、设施、管道的外加的阴极保护系统等，是危害比较大的杂散电流。

交流杂散电流：由交流用电设备系统产生的杂散电流，一些交流杂散电流会通过感应产生，干扰源与被干扰物体之间不一定存在导电介质，例如埋地金属管道与架空的高压电力输电线，管道会感应交流杂散电流，交流杂散电流主要来源于交流电气化铁路、高压交流输电线路等。

大地杂散电流：大地杂散电流是由于地磁场的变化感应产生的，它也会腐蚀埋地管线，对电气设备和操作人员安全有一定的影响，但是相对而言数量比较小。大地杂散电流还有低电场差异产生，由于大地结构土壤性质不同，存在宏观电位差异，高电位区域会向低电位区域产生电流，若这之间存在金属导体会通过导体流入流出。因太阳风（太阳发出的高能粒子）、地球磁场和地球表面的金属结构物之间交互作用，会产生地电流干扰，这种电流干扰很少会发生。

杂散电流主要来源一般为：①电气牵引网路流经金属物（指铺轨以外的金属物）或大地返回直流变电所的电流；②动力和照明交流电路的漏电；③大地自然电流；④雷电和电磁辐射的感应电流等。

2. 干扰

阴极干扰：被干扰结构物（或管道）在穿跨电解质环境中相对低电位区域时，由于结构物（或管道）电位较高而被迫释放电流，造成这段穿跨位置结构物（或管道）电位相对正向偏移。就是受干扰的管线经过其他保护结构的阴极区域（如离被保护管道过近）时流出电流，产生腐蚀；结构物（或管道）电流进入区域是在远离被阴极保护体的区域通过管道防腐层缺陷点处土壤流入，被干扰管道在这个区域得到保护或过保护，见图 7.1-1。

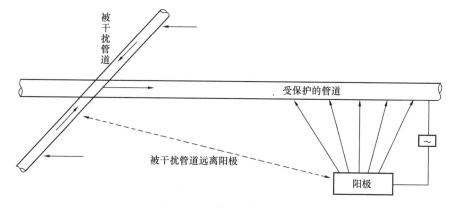

图 7.1-1　阴极干扰示意图

阳极干扰：被干扰结构物（或管道）穿跨电解质环境中相对高电位区域时，结构物（或管道）被迫吸收电流（流入），造成这段穿跨位置阴极保护电位负向偏移。就是受干扰的管线经过其他保护结构的阳极区域（如离阳极地床过近）获得电流流入，得到保护或过保护，电流在管道中流动，在处于低电位区域的防腐层缺陷处流出，造成被干扰管道腐蚀，见图 7.1-2。

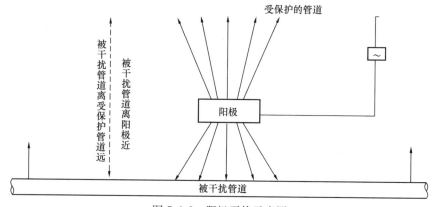

图 7.1-2　阳极干扰示意图

混合干扰：阳极干扰和阴极干扰联合作用的情况，称为混合干扰。以管道为例，在被干扰管道紧靠阳极地床的部位，获得大量电流，得到保护或过保护。在靠近受保护管道区域流出，被干扰管道相对处于高电位状态，失去电流（流出）而产生腐蚀，混合干扰的腐蚀破坏要比单独的阳极干扰或单独的阴极干扰严重得多，见图 7.1-3。

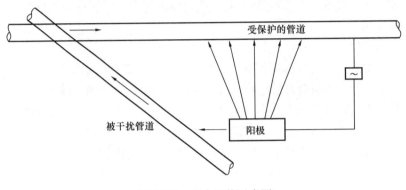

图 7.1-3　混合干扰示意图

7.1.2　杂散电流腐蚀原理

直流杂散电流会致使大部分金属严重腐蚀，交流杂散电流更多的是导致安全问题。直流电的方向不会随着时间而发生改变，是电荷的单向流动或移动，即稳定的流入流出方向，形成恒定的阴极区和阳极区。而交流电的电流和电压不稳定，大小和方向周期性变化，方向的变化让阴极和阳极区不固定，作用于管道上的交流电场非常不均匀，从而造成了强电场的集中腐蚀，这比直流干扰腐蚀更明显，易形成小孔腐蚀，造成穿孔，且可能会产生瞬间的大电流，危害人身和设施安全。

电气化铁路、电车、以接地为回路的用电系统，一般都会在土壤中产生杂散电流，使地下管道产生电化学腐蚀，其腐蚀程度要比一般的土壤强烈得多，有杂散电流存在时，管道管地电位可能高达几伏甚至更高，较无杂散电流的管地电位大几十倍，其影响可远达几十公里，所以必须采取防护措施。

直流杂散电流对金属产生的腐蚀原理同电解情况一样，即阳极为正极，进行氧化反应；阴极为负极，进行还原反应。通常直流杂散电流从土壤进入金属管道的地方带有负电，这一区域称为阴极区。处在阴极区的管道一般不受腐蚀影响，若阴极区的电位过负时，管道表面上会析出大量的氢，造成防腐绝缘层老化、剥离。当杂散电流由管道的某一绝缘层损坏处流出时，管道带有正电，这一区域称为阳极区。处于阳极区的管道，其主要材质钢以铁离子的形式溶于周围介质中，因此阳极区的管道受到腐蚀。

直流杂散电流干扰腐蚀的损耗量与杂散电流强度成正比。即杂散电流的强度愈大，引起的金属腐蚀就愈严重。按法拉第定律计算，当杂散电流强度为 1A 时，一年内可腐蚀几千克金属。在杂散电流干扰比较严重的地区，电流可达几十安培，甚至几百安培。所以，杂散电流造成的集中腐蚀破坏是很严重的。壁厚 8～9mm 钢管，快者 2～3 个月就会穿孔。

无论是动态杂散电流或静态杂散电流，杂散电流流入部位，管道得到保护，过大的杂散电流流入会造成管道局部过保护，如果电位过负，会导致管道表面析出大量氢，而造成防腐绝缘层与管道之间发生玻璃损坏，水或腐蚀性物质进入导致腐蚀的发生和加剧；而杂散电流流出的部位，管道以铁离子的形式溶入周围介质中，因而管道受到腐蚀；以电解化学反应方式进行，腐蚀速度随杂散电流增大而增加。可以通过测量管道电位变化与历史数据相比较来判断是否受杂散电流的影响，符合法拉第定律。

第一定律：即为在电极界面上发生化学变化物质的质量与通入的电量成正比。法拉第第一定律表明，对单个电解池而言，在电解过程中，阴极上还原物质析出的量与所通过的电流强度和通电时间成正比。当我们讨论的是金属的电沉积时，用公式可以表示为：

$$M = KQ = KIt$$

式中：M——析出金属的质量；

　　　K——比例常数（电化当量）；

　　　Q——通过的电量；

　　　I——电流强度；

　　　t——通电时间。

第二定律：即为通电于若干个电解池串联的线路中，当所取的基本粒子的荷电数相同时，在各个电极上发生反应的物质，其物质的量相同，析出物质的质量与其摩尔质量成正比。物质的电化当量 k 跟它的化学当量成正比，所谓化学当量是指该物质的摩尔质量 M 跟它的化合价的比值，单位 kg/mol。第二定律数学表达式：

$$k = M/(Fn)$$

式中：n——化合物中正或负化合价总数的绝对值；

　　　F——法拉第恒量，数值为 $F = 9.65 \times 10000 C/mol$，又称法拉第常数。

溶液中电化学反应离子析出顺序

阴离子：$S^{2-} > I^- > Br^- > cl^- > OH^- > SO_4{}^{2-} > F^-$

阳离子：$Ag^+ > Hg^{2+} > Fe^{3+} > Cu^{2+} > H^+ > Pb^{2+} > Sn^{2+} > Fe^{2+} > Zn^{2+} > Al^{3+} > Mg^{2+} > Na^+ > Ca^{2+} > K^+$

注：铝离子、镁离子、钠离子、钙离子、钾离子得电子能力远远小于氢离子得电子能力，所以这些离子不能在水溶液条件下电极（阴极）析出；但在熔融状态下可以放电。三价铁离子在阴极上得电子生成亚铁离子，而非铁单质。

1. 杂散电流腐蚀原因分析

杂散电流产生的原因很复杂，并且容易受到外界环境因素的影响，但主要可以归纳为以下两点：

（1）电位梯度：如果电场分布不均匀，存在电位梯度，那么金属内部的自由电子会在电场力的作用下发生定向移动，使金属阳离子与电子分离，从而造成对埋地金属管线的腐蚀。另外由于存在着电位梯度，电场会迫使部分电流从铁轨中流出并流入土壤和埋地金属管线中，然后再使电流从埋地金属物中流出，流向大地再返回到牵引变电所的负极，形成对埋地管线的杂散电流腐蚀。

（2）电流泄漏：电流泄漏是杂散电流形成的一个主要原因，电流泄漏主要是因为绝缘不良或接触不好等原因造成的。电流泄漏到埋地管道中时，由于电流的流动迫使金属内部的自由电子发生定向移动，使金属离子与电子分离，使得埋地金属管线遭受腐蚀。

2. 杂散电流电化学腐蚀过程（轨道杂电）

当杂散电流从走行轨泄漏出去再通过道床、大地流入埋地金属管线中，其中走行轨的

A 区是阳极，管道的 B 区为阴极；当杂散电路从管道中流出并通过大地、道床流入走行轨中时，管道的 C 区为阳极，走行轨的 D 区为阴极。由此可知，杂散电流所经过的通路实质上就是构成了两个串联的腐蚀电池。即：

电池 1：A 走行轨（阳极区）→道床、大地→B 埋地金属管线（阴极区）

电池 2：C 埋地金属管线（阳极区）→大地、道床→D 走行轨（阴极区）

根据电化学腐蚀特点，可知埋地管线的阴极区电位较负，一般不会受到腐蚀的影响，但是若电位过负，有可能发生析氢腐蚀，造成管线防腐层的剥离；而在埋地管线的阳极区则会发生激烈的电化学腐蚀，若管道上比较潮湿，可以很明显地看见反应现象。

当外界环境不同时，在管道上会发生不同的电化学反应，其腐蚀反应方程如下：

（1）析氢腐蚀：

阳极：$2Fe \rightarrow 2Fe^{2+} + 4e$ 阴极：$4H^+ + 4e \rightarrow 2H_2 \uparrow$ （无氧酸性）

$4H_2O + 4e \rightarrow 4OH + 2H_2 \uparrow$ （无氧中性、碱性）

（2）吸氧腐蚀：

阳极：$2Fe \rightarrow 2Fe^{2+} + 4e$ 阴极：$O_2 + 2H_2O + 4e \rightarrow 4OH^-$ （有氧酸性）

上述两种反应通常都会生成 $Fe(OH)_2$，但是 $Fe(OH)_2$ 很不稳定，从管道表面析出时很容易受到氧化变成 $Fe(OH)_3$。生成的 $Fe(OH)_2$ 会继续被介质中的氧气氧化成棕色的 $Fe_2O_3 \cdot 2xH_2O$（红铁锈的主要成分），而 $Fe(OH)_3$ 可以进一步生成 Fe_3O_4（黑铁锈的主要成分）。杂散电流会将金属电解分解成氧化物或盐类。杂散电流具有集中腐蚀的特点，若杂散电流集中于管道的某一点，那么经过很长的时间后，管道很容易被腐蚀形成贯穿性小孔，导致管道的腐蚀穿孔。防腐层破损点面积越小，管道越容易被腐蚀穿孔。

3. 直流杂散电流产生与危害

以地铁为例，牵引电流通过走行轨回流到牵引变电所，如图 7.1-4 所示，由于走行轨对地不能完全绝缘，所以会有部分电流从走行轨泄漏到大地中去，此时走行轨处于腐蚀电池的阳极，很容易受到腐蚀。资料表明，轨道的杂散电流腐蚀在隧道内及岔道等地方更为明显，有些地方 2~3 年就需要重新换轨。走行轨及其附件的腐蚀一般都发生在与其他物体的接触面上，这些腐蚀很难从外面发现，等到发现时就需要更换钢轨等，因此危害很大。

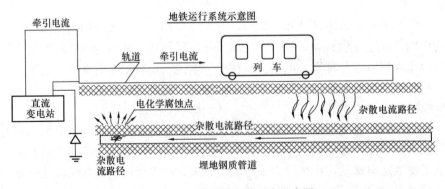

图 7.1-4　地铁系统杂散电流示意图

目前埋地管线主要有天然气管道、自来水管、供暖管道、石油管道、电缆等，很容易聚集杂散电流，遭受腐蚀。若管线距离地铁系统或输电线路比较近时，很容易受到杂散电流的影响，所以在设计与建设过程中应加以重视。

影响电气设备的正常工作：在杂散电流严重的地段，可能导致阴极保护电位仪报警、工作中断，也可能使某些电气设备发生误动作等，影响电气设备的正常工作。如果轨道与软枕之间绝缘损坏，将会产生很大的杂散电流，可能会烧毁排流柜。

对通信产生的影响：受电弓（靴）产生的电猝发与浪涌是城市杂波的重要组成部分，会对周围的通信设备造成干扰。另外车辆内的接触导线是高次谐波的发射天线，会污染近距离的电磁环境。

异常腐蚀：当把线路引入运转库、修理库及交检库等建筑物时，如果绝缘施工不良会使钢轨与建筑物之间发生某种程度的电连接，从而使泄漏电流变大，产生异常剧烈的杂散电流腐蚀。对埋地燃气管线会加快腐蚀、缩短使用寿命，腐蚀穿孔可能引发火灾、爆炸等。

4. 交流干扰危害

交流杂散电流是耦合产生的，任何电磁场的变化都会让周围的金属结构产生感应电压。有三种耦合方式可使交流电力线路附近的金属结构上出现交流电流和电压。

（1）容性耦合（电场耦合）：电磁干扰源通过电路或系统之间的电场并以互电容（耦合电容）形式作用于敏感对象的电磁耦合方式。施工期间未埋设的管道相对于地面，成为电容器的一侧，与强电线路会产生容性耦合作用，由于管道与强电线路间电容小、容抗大，因此会产生强的纵向电势，管道通常有良好的绝缘防腐层，内阻高，因此产生的威胁不大，在施工期间采取适当的接地就能够避免。

（2）阻性耦合：又称入地电流影响，在电流入地点相对于远处大地间，通过大地阻性耦合产生电位差。当管道与强电线路的泄漏点或接地体邻近时，故障电流流入地下，通过管道与接地体之间电阻产生耦合作用，当故障电流过大时可能产生电弧，击穿管道防腐层，甚至烧穿管道，击穿绝缘法兰和阴极保护设备。阻性耦合情况下感应电压和电流与多种参数有关，如：交流强电线路的供电方式、正常牵引状态和故障状态下的牵引电流、管道与接触网的平行长度、接近距离、管道防腐层的材质及绝缘电阻、管道直径、管道的传播常数、敷设方式、沿线大地导电率等。对阻性耦合的防护主要方法是加大管道与接地体的距离，并采取措施防止雷电和故障电流对管道的有害影响，保护管道和人身安全。

（3）磁感应耦合（电磁场感应）：指一个线圈的电流变化，在相邻的线圈产生感应电动势的现象。结构作为空心变压器的单匝二级，而架空电力线则作为空心变压器的一级。当被干扰结构在地上或地下时会产生耦合现象。对于强电线路近间距长距离平行的管道，磁感应耦合是产生危害的最主要的方式。当管道接近或长距离与电力线平行时，高压电力线将在附近埋地钢管上感应产生二次交流电，使管道产生很高的感应电压，管道与周围土壤之间也产生可达几伏或几十伏的电位差。当这些电流叠加在腐蚀的电化学原电池上时，相当于去极化作用，从而减轻了阳极和阴极极化现象和电化学钝态。对磁感应耦合的防护，除了在设计时期与强电线路保持适当距离外，还应从管道本身采取防护措施，如接地排流。

比起直流杂散电流腐蚀，交流杂散电流的腐蚀量并不大，但集中腐蚀性强，轻者产生连续干扰造成管道交流腐蚀，严重的会威胁到管道和操作人员的安全。

大量的试验结果表明，不论是平均失重量或是腐蚀坑深，都随着干扰电压、电流的增大而加强。其中腐蚀坑深随干扰电压的升高而加大的趋势更明显、更有规律性。一般来说，交流电引起的腐蚀比直流电小得多，大约为直流电的1%以下。但是当高压交流输电线与管道平行架设时，由于静电场和交变磁场的影响，对金属管道感应而产生交流电流，这时对管道的影响和危害不能忽视，在交直流叠加的情况下，交流电的存在可引起电极表面的去极化作用，使腐蚀加速。

对人身安全的威胁：当埋地管道与高压交流输电线路接近或交叉时，交流输电线路产生的电流通过磁耦合在管道上产生感应电压，使管道对地电位不为零。若管道电压过高，可能会对操作和维护人员的人身安全构成威胁。

在地铁系统中，当牵引电流回流不畅，并且造成大量的杂散电流流入大地中时（图 7.1-5），会导致钢轨与结构钢筋之间电压升高，对站台乘客的人身安全造成威胁。

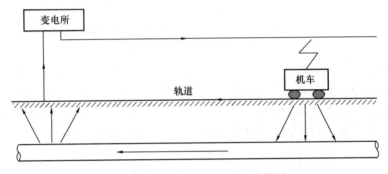

图 7.1-5　杂散电流产生的示意简图

7.2　杂散电流干扰调查与检测

7.2.1　杂散电流调查

杂散电流调查主要针对已建设完成的管道，对于未建或处于设计阶段的管道，建议参照相关规范要求，尽量远离可能产生杂散电流的用电设施，间距要求见表 7.2-1。间距不符时，发现下列异常后，排除其他明显原因，应进行杂散电流干扰调查。

（1）日常巡检、定期检查或普查中，发现测试数据和历史数据发生突变。

①整流器或恒电位仪输出电压电流异常。

②管地电位测量：测量数据异常波动。

③交流电压测量：有超出标准规定的电压产生。

④定期漏电点调查时发现的异常。

⑤土壤表面电位梯度异常。

（2）管道附近新增电力系统、第三方阴极保护强制电流系统等设施时。

（3）监测现有的电气接头时发现异常。

埋地管道与交流接地体的最小距离　　　　　　　表 7.2-1

电压等级（kV）	≤220	330	500
铁塔或电杆接地（m）	5.0	6.0	7.5

　　杂散干扰除了调查被干扰管道设计资料、防护保护设施运行资料及历史检测数据，被干扰管道附近明显可查的电源系统/设备位置等，其余调查内容见表 7.2-2。

杂散干扰调查内容表　　　　　　　　　表 7.2-2

分类	直流干扰调查测试内容	交流干扰调查测试内容
被干扰管道	本地区管道的腐蚀实例； 管地电位及其分布； 管壁中流动的管道干扰电流； 流入、流出管道的管道干扰电流大小与部位； 管道电压及其方向； 管道外防腐层绝缘电阻率； 管道外防腐层缺陷点； 管道沿线土壤电阻率； 地电位梯度与杂散电流方向； 管道现有阴极保护和干扰防护系统的运行参数及运行状况； 管道与其他相邻、交叉的管道或其他埋地金属构筑物间的电位差以及其他相邻、交叉的管道或其他埋地金属构筑物的阴极保护和干扰防护系统的运行参数	本地区过去的腐蚀实例； 管道与干扰源的相对位置关系； 管道防腐层电阻率、防腐层类型和厚度； 管道交流干扰电压及其分布； 安装检查片处交流电流密度； 管道沿线土壤电阻率； 管道已有阴极保护和防护设施的运行参数及运行状况； 相邻管道或其他埋地金属构筑物干扰腐蚀与防护技术资料
高压输电系统	高压直流输电系统的建设时间、电压等级、额定容量和额定电流； 高压直流输电线路的分布情况及与管道的相互位置关系； 高压直流输电系统接地极的尺寸、形状及与管道的相互位置关系； 单极大地回线运行方式的发生频次和持续时间； 高压直流输电系统接地极的额定电流、不平衡电流、最大过负荷电流和最大暂态电流	管道与高压输电线路相对位置关系； 塔形、相间距、相序排列方式、导线类型和平均对地高度； 接地系统的类型（包括基础）及与管道的距离； 额定电压、负载电流及三相负荷不平衡度； 单相短路故障电流和持续时间； 区域内发电厂（变电站）的设置情况
牵引系统	直流牵引系统的建设时间、供电电压、馈电方式、馈电极性和牵引电流； 轨道线路分布情况及与管道的相互位置关系； 直流供电所分布情况及与管道的相互位置关系； 电车运行状况； 轨地电位及其分布； 铁轨附近地电位梯度； 其他需要测试的内容	电气化铁路铁轨与管道的相对位置关系； 牵引变电所位置，铁路沿线高压杆塔的位置与分布； 馈电网络及供电方式； 供电臂短时电流、有效电流及运行状况（运行时刻表）

分类	直流干扰调查测试内容	交流干扰调查测试内容
阴极保护系统	阴极保护系统的类型、建设时间和保护对象； 阴极保护系统的辅助阳极地床与受干扰管道的相互位置关系； 阴极保护系统的保护对象与受干扰管道的相互位置关系； 阴极保护系统辅助阳极的材质、规格和安装方式； 阴极保护系统的控制电位、输出电压和输出电流； 阴极保护系统保护对象的防腐层类型及等级； 阴极保护系统保护对象的对地电位及其分布	—
其他直流用电设施	直流用电设施的用途、类型和建设时间； 直流用电设施特别是直流用电设施的接地装置与受干扰管道的相互位置关系； 直流用电设施的电压等级、工作电流和泄漏电流； 直流用电设施的运行频次和时间	—

7.2.2 杂散电流检测常用仪器

杂散电流检测常用仪器见表 7.2-3。

常用的杂散电流检测仪器 表 7.2-3

名称	量程要求	精度	内阻	电源要求
自动平衡记录仪	±5mV～±10V，十档零点可调	0.5%	10MΩ	可用交直流或干电池
数字万用表	—	—	≥10MΩ	干电池
多功能测试箱	交直转换、电位、电流多参数	—	—	—
SCM 检测仪	同时测电位、感应电流	—	—	—
管地电位测试仪	测量管地电位	—	—	—
感应电流测试仪	测量感应电流	—	—	—
电位监测仪	通断电位、交流电压、直流电位	—	—	—

7.2.3 直流杂散电流检测

通过调查及时了解管地保护电位变化情况，对可能的杂散电流干扰区域实施较长时间的监测，了解管道是否真正受到杂散电流影响？是哪种类型的干扰？干扰有多大？在一天中的什么时段才有影响？

检测管道上杂散电流干扰情况，一般采用的是管道测试桩电位变化连续监控记录仪法，通过记录管道电位随时间变化的数据分析判断干扰大小。检测时对测试桩电位的监控时间长短，根据测试桩电位数据变化大小和管道周围环境而定，一般情况下，管道电位稳定，监控时间可以短一些；管道周围有高压线、电力设施、电气化铁路等情况时，监控时间比较长，可根据具体情况检测监控时间在 5min～24h 不等。现场检测完成后，将检测数据导入计算机，通过数据分析软件对数据进行详细分析判断。

根据基础资料调查情况选择关键点，采用数据记录仪，结合极化电位检测试片对管道的通电电位、断电电位、交流电压、交流电流等数据监测，测试结果能消除 IR 降，免受杂散电流及保护电流不能同步通断的影响。

图 7.2-1 可明显看到随时间干扰变化的管地电位监测曲线图,可根据曲线变化规律,结合附近直流电源运行情况查找干扰源。图中电位分析曲线,从电位变化时间分析,与地铁运行时间密切相关,具有较为明显的地铁系统产生的杂散电流特征。杂散电流检测应遵循下列原则:

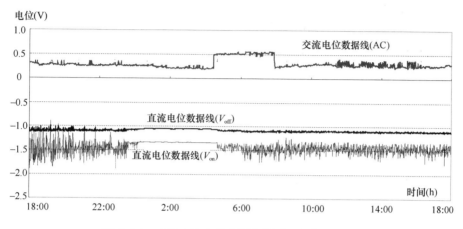

图 7.2-1　杂散电流电位监测曲线图(交直流干扰)

(1) 测试点应根据普查测试结果布设在干扰较严重的管段上,干扰复杂时宜加密测试点。

(2) 测定时间应分别选择在干扰源的高峰、低峰和一般负荷三个时间段上。

(3) 对强度大或剧烈波动的干扰,普查测试期间测得的交流干扰电压最大和交流电流密度最大的点,以及其他具有代表性的点,应当进行 24h 连续测试,或者直至测试到确立和干扰源负载变化的对应关系。

(4) 各测试点以相同的读数时间间隔记录数据。

1. 直流杂散电流管地电位检测方法

(1) 测试接线见图 7.2-2,电位测试仪优先选用具有数据存储功能测试仪器,记录测试数据。

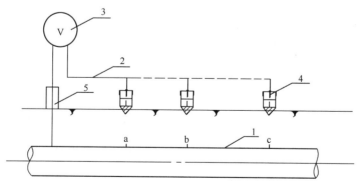

图 7.2-2　直流干扰管地电位测试接线示意图

1—管道(被测体);2—测试导线(多股铜芯绝缘线,在有电磁干扰的地区采用屏蔽导线);
3—数字万用表;4—参比电极;5—测试性;a、b、c—检测点示意

（2）测定时间应分别选择在干扰源的高峰、低峰和一般负荷 3 个时间段上，测定时间一般为 60min，对运行频繁的电气化铁路可取 30min；读数时间间隔一般为 10～30s，电位交变激烈时，不应大于 1s。

（3）对拟定的排流点、实际排流点、排流效果评定点及其他具有代表性的点，进行 24h 连续测试。

（4）所有测试的次数不宜少于 3 次，每次的起止时间、测试时间段、读数时间间隔、测定点均应详细记录。

（5）计算管地电位正、负向偏移值的平均值。直流干扰按本书第 7.3.2 条进行评价。

2. 直流极化电位检测方法

对于采用外加电流阴极保护的管道，可采用在阴极保护站安装电流中断器，在杂散电流检测点用与中断器同步的电位测量仪，测试管道的通断电位（V_{on}/V_{off}）数据。对于

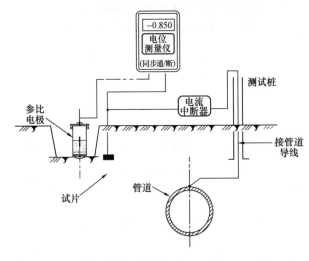

图 7.2-3　直流干扰管地电位测试接线示意图（试片法）

采用牺牲阳极阴保系统的管道，检测管道的极化可电位采用试片法进行检测，检测时在埋地燃气管道上用导线连接一个与管道材质相同的标准测试片，测试片与管道构成一个电流导通的网络，埋地燃气管道上的各种电流会流向测试片对测试产生极化作用（接线方法见图 7.2-3）。管道与测试片的导线中间安装一个电流中断器，通过电流中断器的"通与断"，用专用电位测量仪器测得标准测试片的瞬时"通与断"电位——管道的管/地电位 V_{on}（CSE）和管道的极化电位即效保护电位 V_{off}（CSE），检测数据参照评价标准进行分析评价。

一般情况下，当 $V_{off}-V_z$（自然电位）$\leqslant -100mV$ 时，管道得到有效保护（即保护电位达标），当 $V_{off}-V_z>0mV$ 时，管道处于腐蚀状态。用极化电位测量方法测得的数据，既包含管道阴极保护系统对管道产生的影响，也包含杂散电流对管道产生的影响，是评价埋地燃气管道阴极保护系统有效性的较好方法。

7.2.4　交流杂散电流检测

1. 交流干扰电压检测法

埋地钢质管道的交流干扰，可用管道上交流干扰电压进行测量和评价。测试步骤如下：按照图 7.2-4 接线，将电压表调至适当量程，记录测量值和测量时间（仪器需要具备数据存储功能）。

数据处理：测试点干扰电压的最大值、最小值，从已记取的各次测试数值中直接选择，平均值按下列公式计算。

$$V_p = \frac{\sum_{i=1}^{n} V_i}{n}$$

式中：V_p——规定测试时间段内测试点交流
干扰电压平均值（V）；

$\sum_i^n V_i$——规定测试时间段内测试点交流

干扰电压各次读数的总和；

n——规定测试时间段内读数的总
次数。

绘制出测试点的电压-时间曲线；绘制
出干扰管段的最大、最小、平均干扰电压-
距离曲线，即干扰电压分布曲线。

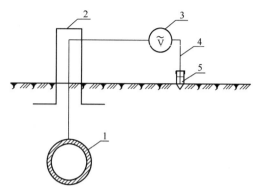

图 7.2-4 交流干扰管地电位测试接线示意图
1—埋地管道；2—测试性；3—交流电压表；
4—测试导线；5—参比电极

2. 交流干扰电流密度法

当管道任意一点上的交流干扰电压都小于 4V 时，可不采取交流干扰防护措施；高于
此值时，应采用交流电流密度进行评估，交流电流密度可按下式计算：

$$J_{AC} = \frac{8V}{\rho \pi d}$$

式中：J_{AC}——评估的交流电流密度（A/m²）；

V——交流干扰电压有效值的平均值（V）；

ρ——土壤电阻率（Ω·m）；

d——破损点直径（m）。

注：（1）ρ 值应取交流干扰电压测量时，
测试点处与管道埋深相同的土壤电阻率实
测值。

（2）d 值按发生交流腐蚀最严重考虑，
取 0.0113。

7.2.5 大地杂散电流检测

土壤中杂散电流检测用土壤电位梯
度法测量，具体检测方法如下：

（1）按图 7.2-5 接好测试线路。图
中，ac 与 bd 的距离相等，且垂直对称
布设，其中 ac 或 bd 应与管道平行，参
比电极间距一般不宜小于 20m，并采取
多次测量的方法求平均值。当受到环境
限制时可适当缩短，但应使电压表有明显的指示。

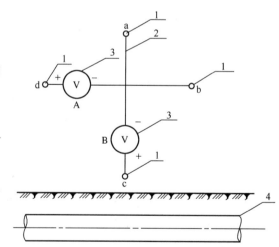

图 7.2-5 土壤电位梯度法示意图
1—a, b, c, d 代表 4 值参比电极；
2—采用 2.5mm² 的铜芯导线；3—数字万用表。

（2）同时读取电压表 A、B 的数值（V_A 和 V_B）；

（3）按照电压测试值的正负将读数分成[V_A（＋）V_B（＋）]、[V_A（＋）V_B（－）]、[V_A

（一）V_B（＋）]与$[V_A$（一）V_B（一）]4 种读数组合，再分别计算 4 种读数组合中的 V_A（＋）、V_A（一）、V_B（＋）与 V_B（一）的平均值。以计算 V_A（＋）的平均值为例，根据下列公式计算平均值：

$$\overline{V}_{A(+)} = \frac{\sum\limits_{i=1}^{n} \Delta V_{Ai(+)}}{n}$$

式中：$\overline{V}_{A(+)}$——规定的测试时间段内 V_A（＋）的平均值（V）；

$\sum\limits_{i=1}^{n} \Delta V_{Ai(+)}$——规定的测试时间段内 V_A（＋）的测试值的总和（V）；

n——规定的测试时间段内全部读数的总次数。

记录：①准备工作做好后，把万用表调至直流毫伏挡位，同时记录 ab 方向的电位值 A 和 cd 方向的电位值 B。②分别计算 ab 方向的电位梯度 A/ab（mV/m），和 cd 方向的电位梯度 B/cd（mL/m），然后用矢量合成法计算出矢量和，直流评价标准见表 7.2-4。

土壤中杂散电流强弱程度的判断指标　　　　　　　　　　表 7.2-4

直流电流干扰强度	弱	中	强
土壤表面电位梯度（mV/m）	＜0.5	≥0.5～＜5.0	≥5.0

注：当管道附近土壤表面电位梯度＞2.5mV/m 时，应采取直流排流保护或其他防护措施。

7.3　杂散电流干扰评价与治理

7.3.1　杂散电流腐蚀特征

对埋地管道来说，如果受到直流杂散电流的腐蚀，其外观是：孔蚀倾向大，创面光滑、边缘比较整齐，有时有金属光泽，腐蚀产物似炭黑色粉末，无分层现象，有水存在且腐蚀激烈时，可以明显观察到电解过程（图 7.3-1）。但是在土壤电阻率大于 $10000\Omega \cdot m$ 的情况下，一般很难发生杂散电流腐蚀。

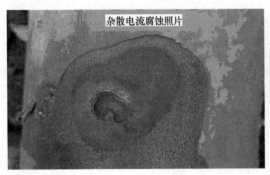

图 7.3-1　杂散电流腐蚀与电化学腐蚀图

按照《埋地钢质管道直流干扰防护技术标准》GB 50991—2014要求，采用的检测方法是连续监控管道电位的变化，如果埋地管道上或管道经过区域存在杂散电流，必然会引起管道电位的变化。如果管道存在交直流杂散电流干扰，那么管道的电位会随交直流杂散电流的干扰频率出现波动；如果管道存在直流杂散电流干扰，那么管道的电位会出现上升或下降。如果管道的极化电位检测数据超出标准允许的范围（>−0.85V、<−1.20V），则说明管道存在严重杂散电流干扰；如果杂散电流干扰引起的管道极化电位变化（波动峰谷值）在标准允许的范围内（−0.85V～−1.20V），则说明管道杂散电流属于弱干扰，杂散电流对管道不构成危害。

相比而言，自然腐蚀的外观特征是：腐蚀产物为黑色或黄色，锈层比较松弛，孔蚀倾向小，创面不光滑，边缘不整齐，清除腐蚀产物后表面粗糙。

7.3.2 杂散电流干扰评价标准

由于杂散电流难以直接测量，所以对于管道是否受到杂散电流影响，目前通常是按管地电位较自然电位正向偏移值来判断，如果管地电位较自然电位正向偏移值难以测量时，可采用土壤电位梯度来判定杂散电流强弱程度。根据《埋地钢质管道直流排流保护技术标准》GB 50991—2014，当管道任意点上的管地电位较自然电位正向偏移20mV时，则认为管道上存在直流杂散电流干扰；当管道任意点上的管地电位较自然电位正向偏移100mV时，应及时采取排流防护措施（欧盟标准EN50162规定可以使用管地电位较自然电位偏移值、管地电位波动、管道附近的土壤电位梯度和管道中的电流值四种方法判断是否存在杂散电流干扰）。

埋地钢质管道通过区域土壤环境中，管道附近的土壤电位梯度大于0.5mV/m时，说明土壤中存在杂散电流；当管道附近的土壤电位梯度大于2.5mV/m时，埋地钢质管道建设时应采取杂散电流防护措施，防止杂散电流流入流出管道。

根据《埋地钢质管道直流排流保护技术标准》GB 50991—2014、《埋地钢质管道交流干扰防护技术标准》GB/T 50698—2011和《城镇燃气埋地钢质管道腐蚀控制技术规程》CJJ 95—2013，分析评价杂散电流干扰强度，检测数据按照表7.3-1～表7.3-3分析评价杂散电流干扰强度。

埋地钢质管道直流干扰强度评价标准 表7.3-1

直流干扰强度	弱	中	强
管地正向电位偏移（mV）	<20	20～200	>200
感应电流波动值 A	<1	1～3	>3

埋地钢质管道交流干扰判断指标 表7.3-2

土壤类别	严重性程度		
	弱	中	强
碱性土壤（V）	<10	10～20	>20
中性土壤（V）	<8	8～15	>15
酸性土壤（V）	<6	6～10	>10

交流干扰程度的判断指标 表7.3-3

交流干扰程度	弱	中	强
交流电流密度（A/m²）	<30	30～100	>100

当管道上的交流干扰电压高于 4V 时，应采用交流电流密度进行评估，交流干扰的程度可按上表指标判定。

当交流干扰程度判定为"强"时，应采取交流干扰防护措施；判定为"中"时，宜采取交流干扰防护措施；判定为"弱"时，可不采取交流干扰防护措施。

交流杂散电流一般在管道与高压交流输电线路交叉处最大，当高压交流输电线路与管道并行时，交流干扰最大位置一般发生在交流输电线路接近/离开管道的位置。

7.3.3 杂散电流检测数据分析

1. 杂散电流流入流出分析

（1）判断杂散电流流入流出点：在没有增加电流源的情况下，管道对地电位的下降是杂散电流流入点的迹象；管道对地电位的升高通常为杂散电流放电点的指示，即流出点（图 7.3-2）。

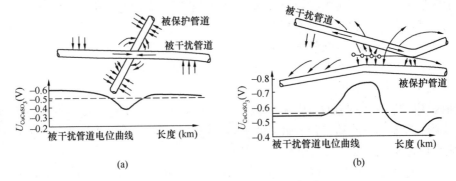

图 7.3-2 土壤电位梯度法示意图

（2）杂散电流流入流出点还可采用杂散电流检测仪（杂散电流测绘）查找。将杂散电流检测仪的一个感应板（静态）或多个感应板（动态）布置在杂散干扰最大的管道位置上进行 24h 监测，如现场环境较复杂，需要给感应板连接智能探针进行监测；通过专用软件，得出管道中杂散电流干扰程度和杂散电流在管道上流入和流出点可能存在的大致位置。该方法由于在很多环境无法使用或使用不方便，现场测试中不常用。

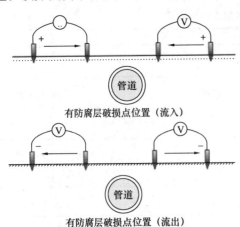

图 7.3-3 电位极性测量示意图

（3）用多频管中电流法和电位极性测量结合方法定位杂散电流流入流出点。对带防腐层的管道，外部的杂散电流一般经过防腐层破损点进入管道，流入区形成保护或过保护，流出区形成阳极区被腐蚀。对确认有杂散干扰影响区域的管段进行防腐层缺陷定位，对缺陷位置进行电位极性测试。根据监测结果选择电位波动最大的时间进行测试，采用万用表和两个硫酸铜参比电极，在防腐层破损点管道两侧进行电压梯度测试，通过测试结果的极性判断电流方向，确定流入流出点（图 7.3-3）。两个参比电极之间可参照跨步电压法（A 字架两脚针距离，即一步距离）。

（4）直流杂散电流干扰流入流出，还可根据电位连续监测数据分析曲线判断干扰情况，当杂散电流流入管道时，会引起管道的极化电位（V_{off}）负向偏移；当杂散电流流出管道时，会引起管道的极化电位（V_{off}）正向偏移。下面两个杂散电流监测数据分析曲线图，分别是流出区域（图 7.3-4）和流入区域实测检测结果（图 7.3-5）。

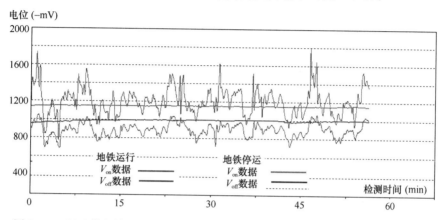

图 7.3-4　埋地燃气管道管/地电位直流杂散电流监测数据分析曲线图（流出区域）

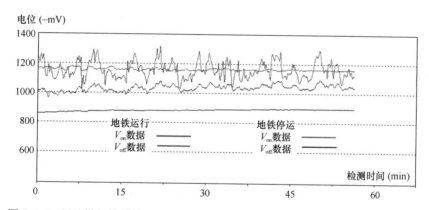

图 7.3-5　埋地燃气管道管/地电位直流杂散电流监测数据分析曲线图（流入区域）

具有如下腐蚀形态特征的被干扰管道，可判定发生了直流杂散电流腐蚀：腐蚀点呈孔蚀状、创面光滑、有时有金属光泽、边缘较整齐；腐蚀产物呈炭黑色细粉状；有水分存在时，可明显观察到电解过程迹象。

可根据管地电位随距离分布的特征确定干扰的范围及管道阳极区、管道阴极区和管道交变区的位置。

2. 杂散电流强度分析

（1）土壤中杂散电流当地电位梯度＞0.5mV/m 时，应确认存在直流杂散电流；当地电位梯度≥2.5mV/m 时，应评估管道敷设后可能受到的直流干扰影响，并应根据评估结果预设干扰防护措施。

（2）没有实施阴极保护的管道，宜采用管地电位相对于自然电位的偏移值进行判断。当任意点上的管地电位相对于自然电位正向或负向偏移＞20mV 时，应确认存在直流干扰；当任意点上的管地电位相对于自然电位正向偏移≥100mV 时，应及时采取干扰防护措施。

（3）已投运阴极保护的管道，当干扰导致管道不满足最小保护电位要求时，应及时采取干扰防护措施，同时参考本书第 7.3.4 条采取措施。

3. 交流杂散电流

交流杂散电流检测数据按照本书第 7.3.2 条进行分析与评价，同时参照表 7.3-4 对交流杂散电流腐蚀做分析评估。

交流腐蚀评估表　　　　　　　　　　　　　　　　表 7.3-4

序号	评估内容	是	否
1	管道上存在大于 4V 的持续交流干扰电压		
2	防腐层单个破损点面积为 $1\sim6cm^2$ 的小缺陷		
3	管壁存在腐蚀		
4	测得的管道保护电位值在阴极保护准则允许的范围内		
5	pH 值非常高（典型情况>10）		
6	腐蚀形态呈凹陷的半球圆坑状		
7	腐蚀坑比防腐层破损面积更大		
8	腐蚀产物容易一片片地清除		
9	腐蚀产物清除后，钢铁表面有明显的硬而黑的层状痕迹		
10	管道周围土壤电阻率低或者非常低		
11	防腐层下存在大面积的剥离（在腐蚀坑周围有明显的晕轮痕迹）		
12	在腐蚀区域的远处，出现分层或腐蚀产物中含有大量碳酸钙		
13	腐蚀产物里存在四氧化三铁		
14	管道附近土壤存在硬石状形成物		

注：评估为存在交流腐蚀可能性高的管段，或预埋的腐蚀检查片进行开挖检测中（现场开挖后宜采用 pH 试纸及时测量缺陷与土壤界面的 pH 值，并测量附近土壤电阻率），表中大多数评估项目结论为"是"时，可以判定为交流腐蚀。现场不能识别，应做好记录提交专业技术人员处理。

7.3.4　杂散电流治理方法

杂散电流的治理方法最好是从根源上消除或远离杂散电流干扰源，在干扰源方面加强防控措施，从源头上减少杂散电流泄漏途径，但这种方法在现实中往往行不通。如果不能远离，管道防止杂散电流的主要措施是排流保护，即用绝缘的金属电缆将被保护的金属管道与排流装置连接，将杂散电流引回铁轨或回归线（负极母线）上。电缆与管道的连接点称为排流点。排流保护就是把杂散电流变为管道阴极保护的电流，所以排流保护也属于阴极保护的方法之一。

1. 直流杂散电流治理方法

根据调查与测试的结果，选择排流保护、阴极保护、防腐层修复、等电位连接、绝缘隔离、绝缘装置跨接和屏蔽等，干扰防护措施的选取应考虑下列因素：

(1) 干扰来源及干扰源与管道的相互位置关系；

(2) 干扰的形态和程度；

(3) 干扰的范围及管道阳极区、管道阴极区和管道交变区的位置；

(4) 管道周围地形、地貌和土壤电阻率等环境因素；

(5) 管道防腐层绝缘性能；

(6) 管道已有干扰防护措施及其防护效果。

干扰源侧应采取措施减少入地电流及其对管道的影响，在同一条或同一系统的管道中，根据实际情况可采用一种或多种防护措施；对于已采用强制电流阴极保护的管道，应首先通过调整现有阴极保护系统抑制干扰；当调整被干扰管道的阴极保护系统不能有效抑制干扰影响时，应采取排流保护及其他防护措施。常用的排流保护方式分为接地排流、直接排流、极性排流和强制排流等，可按表 7.3-5 选择。

常用排流保护方式　　　　　　　　　　　　　表 7.3-5

方式	接地排流	直接排流	极性排流	强制排流
示意图				
特点及适用范围	适用于管道阳极区较稳定且不能直接向干扰源排流的场合。排流接地体宜采用牺牲阳极材料	适用于管道阳极区较稳定且可以直接向干扰源排流的场合。使用时需征得干扰源方同意	适用于管道阳极区不稳定的场合。如果向干扰源排流，被干扰管道需位于干扰源的负回归网络附近，且需征得干扰源方同意	适用于管道与干扰源电位差较小的场合，或者位于交变区的管道。如果向干扰源排流，被干扰管道需位于干扰源的负回归网络附近，且需征得干扰源方同意
优缺点	应用范围广、对其他设施干扰较小，效果较差、需要辅助接地床	简单经济、效果好，应用范围有限	安装简便、应用范围广，管道距离铁轨较远时保护效果差	保护范围大、能用于其他排流方式不能应用的特殊场合，效果较差、需要辅助接地床

对存在杂散电流干扰的管道施加外加电流或牺牲阳极阴极保护，以阴极保护系统电流抑制杂散电流，使管道处于阴极状态。阴极保护排流的优缺点见表 7.3-6。

阴极保护排流的优缺点 表 7.3-6

方法	强制电流	牺牲阳极
优点	保护范围大、不受土壤电阻率的限制、工程量越大越经济、保护装置寿命长	不需要外部电源、对邻近金属构筑物干扰较小、管理工作量小、工程量小时比较经济
缺点	需要外部电源、对邻近金属构筑物有干扰、管理维护的工作量大	高电阻率环境不经济、防腐层差时不适用、输出电流有限

例如：将管道直接与锌带连接，当管地电位比 $-1.1V_{CSE}$ 更负时，杂散电流通过锌带进入管道，避免管地电位进一步下降；当管地电位比 $-1.1V_{CSE}$ 更正时，锌带起牺牲阳极的作用，为管道提供保护电流。

对于同一埋地结构物，应根据实际环境情况和工况，根据排流需要，采用一点或多点进行排流处理。

2. 交流杂散电流治理方法

埋地燃气管道受到交流杂散电流严重干扰情况下，对于有阴极保护的管道，特别是采用外加电流阴极保护系统的管道，最常用的排流方法是安装固态去耦合器。这种排流设备能够防止直流保护电流流失，起到交流导通的作用。固态去耦合器结构与安装见图 7.3-6。交流杂散电流危害及防护治理见表 7.3-7。

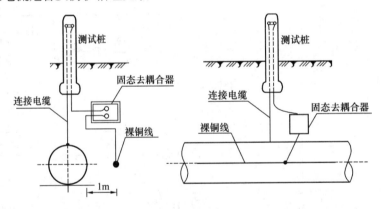

图 7.3-6　固态去耦合器结构与安装示意图

交流杂散类型、受影响区域、可能产生的危害及常用防护措施 表 7.3-7

干扰状态	影响方式	受影响区域	可能产生的危害	常用防护措施
持续干扰	容性耦合	未埋设的管道和站场及阀室设备	人体触电伤害	临时接地、接地垫
	阻性耦合	埋地管道	管道交流腐蚀、人体触电伤害、影响阴极保护设备正常运行	固态去耦合器接地、负电位接地、直接接地、接地垫，以及减缓瞬间干扰的措施等
	磁感应耦合	埋地管道	管道交流腐蚀、操作及维护人员触摸安全、影响阴极保护设备正常运行	

续表

干扰状态	影响方式	受影响区域	可能产生的危害	常用防护措施
瞬间干扰	雷电或电力故障对地短路瞬间泄放大电流引起地电位变化（传导耦合）	靠近杆塔的管道及仪器设备，绝缘接头	管道金属本体烧蚀及防腐层击穿、仪器及设备损毁、人体触电伤害	安全间距、集中接地、故障屏蔽、接地垫、固态去耦合器、极化电池、接地电池及其他装置

人体触电伤害：根据行业规定安全电压为不高于 36V，持续接触安全电压为 24V，安全电流为 10mA。

对于交流杂散电流持续干扰采取的防护措施：①确认受干扰管段，距离较长时，设置绝缘接头与其他管段电隔离。②在进行持续干扰防护措施的设计时，应根据调查与测试结果的分析，结合对阴极保护效果的影响等因素，选定适用的接地方式。持续干扰防护常用的接地方式的安装示意图、特点及适用范围见表 7.3-8。

持续干扰防护常用的接地方式   表 7.3-8

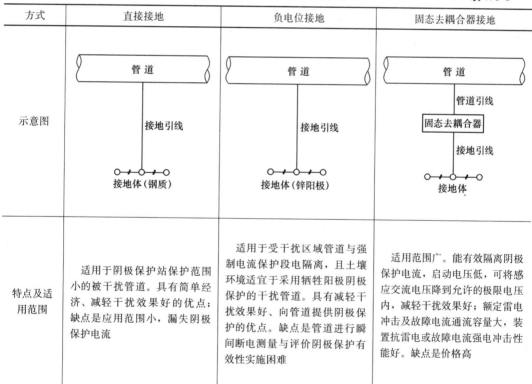

方式	直接接地	负电位接地	固态去耦合器接地
示意图			
特点及适用范围	适用于阴极保护站保护范围小的被干扰管道。具有简单经济、减轻干扰效果好的优点；缺点是应用范围小，漏失阴极保护电流	适用于受干扰区域管道与强制电流保护段电隔离，且土壤环境适宜于采用牺牲阳极阴极保护的干扰管道。具有减轻干扰效果好、向管道提供阴极保护的优点。缺点是管道进行瞬间断电测量与评价阴极保护有效性实施困难	适用范围广。能有效隔离阴极保护电流，启动电压低，可将感应交流电压降到允许的极限电压内，减轻干扰效果好；额定雷电冲击及故障电流通流容量大，装置抗雷电或故障电流强电冲击性能好。缺点是价格高

3. 杂散电流治理效果评价方法

1）直流杂散电流效果评价方法

干扰防护措施实施后，应进行干扰防护效果评定测试，满足下列要求（表 7.3-9）：

（1）有阴极保护的管道断电位测试符合无 IR 降阴极保护电位准则，限制临界保护电位。

$$E_1 \leqslant \text{最小保护电位 } E_{\text{IRfree}} \leqslant \text{最大保护电位 } E_p$$

（2）不对干扰防护系统以外的埋地管道或金属构筑物产生干扰。

（3）当不能满足以上测试结果时，通过电位正向偏移平均值比进行干扰防护效果的进一步评定，公式如下：

$$\eta_V = \frac{\overline{\Delta V}_{ps1}(+) - \overline{\Delta V}_{ps2}(+)}{\overline{\Delta V}_{ps1}(+)} \times 100\%$$

式中：η_V——电位正向偏移平均值比；

$\overline{\Delta V}_{ps1}$——采取防护措施前电位正向偏移平均值（V）；

$\overline{\Delta V}_{ps2}$——采取防护措施后电位正向偏移平均值（V）。

偏移值 $\Delta V_{ps} =$ 管地电位 V_{ps} — 自然电位 V_N，偏移平均值＝测试值之和/测试次数。

干扰防护效果评定指标 表 7.3-9

干扰防护方式	干扰时管地电位（V）	电位正向偏移平均值比 η_V（%）
直接向干扰源排流的极性和强制排流方式	＞+10	＞95
	+5～+10	＞90
	＜+5	＞85
通过排流接地体排流的接地、极性和强制排流方式以及阴极保护等其他防护方式	＞+10	＞90
	+5～+10	＞85
	＜+5	＞80

2）交流杂散电流效果评价

防护效果的评价应符合以下原则：防护效果的评价点应包括防护接地点、检查片安装点、干扰缓解较大的点、干扰缓解较小的点，其他评定点可根据实际情况选择；在测取干扰防护措施实施前、后参数时，应统一测量点、测定时间段、读数时间间隔、测量方法和仪表设备。

3）交直流杂散电流干扰阴极保护准则

（1）交流干扰下的阴极保护准则：

① 当管道遭受交流干扰影响时，应测试管道上的交流感应电压和（或）交流电流密度，评估交流干扰程度。

② 对遭受交流干扰影响的管道，阴极保护电位除应满足现行《埋地钢质管道阴极保护技术规范》GB/T 21448 要求之外，还应满足现行《埋地钢质管道交流干扰防护技术标准》GB/T 50698 的规定。

③ 交流干扰防护措施及防护效果应满足现行《埋地钢质管道交流干扰防护技术标准》GB/T 50698 的规定：

（a）在土壤电阻率≤25Ω·m 的地方，管道交流干扰电压低于 4V；在土壤电阻率＞25Ω·m 的地方，交流电流密度小于 60A/m²；

（b）在安装阴极保护电源设备、电位远传设备及测试桩位置处，管道上的持续干扰电压和瞬间干扰电压应低于相应设备所能承受的抗工频干扰电压和抗电强度指标，并满足安全接触电压的要求。

（2）直流干扰下的阴极保护准则

① 当管道遭受直流干扰影响时，应采取直流干扰防护措施。

② 直流干扰防护措施及防护效果应满足现行《埋地钢质管道直流干扰防护技术标准》GB 50991 的规定。

③ 采取干扰防护措施后应满足下列要求：

（a）对于干扰防护系统中的管道及其他共同防护构筑物，管地电位应达到阴极保护电位标准或者达到或接近未受干扰时的状态；

（b）对于干扰防护系统中的管道及其他共同防护构筑物，管地电位最大负值不宜超过管道所允许的最大保护电位；

（c）不宜对干扰防护系统以外的埋地管道或金属构筑物产生干扰。

在复杂干扰情况下，当评定测试的结果未满足以上要求时，应通过电位正向偏移平均值比进行干扰防护效果的进一步评定。

7.4　土壤环境腐蚀检测

土壤腐蚀一般是指金属在土壤中发生的腐蚀，金属构筑物在土壤中腐蚀情况比较复杂，腐蚀的严重性一般要比水的腐蚀性严重得多。土壤腐蚀受多种因素影响，主要有几种：一是土壤的透气性（土壤颗粒的大小及其分布，即孔隙度），二是导电性（与土壤的构成性质有关，即土壤电阻率），三是含水率，四是可溶解的盐类，五是酸碱性，六是土壤中的细菌含量及种类等。

土壤是由土粒、水、空气、盐类以及各种微生物组成的极其复杂的不均匀的多相体系，是一种多孔并具有毛细管作用的物质。毛细孔内充斥着水、微生物以及各种盐类，形成一种胶体系统，它是与电解质一样的溶液，依靠电子的定向移动来导电。电流能够在土壤中传导，主要是土壤溶液的作用，导电能力的强弱和土壤颗粒大小及密实程度有关。不同性质的土壤对金属的腐蚀性千差万别。大多数情况下，土壤湿度越大，盐度越高，土壤腐蚀性就越强。当土壤中的含水量极大时，水就会充满土壤颗粒之间的空隙，使氧浓度降低，形成一个厌氧环境，此时，土壤腐蚀速率不增反降。如果在厌氧环境中，有硫酸盐类还原菌存在，则会出现金属局部腐蚀，并生成硫化氢类的难闻硫化物（俗称臭鸡蛋味）。所以，研究金属腐蚀，对土壤调查十分必要。

7.4.1　土壤腐蚀性影响因素

1. 土壤电阻率（导电性）

土壤电阻率（导电性）直接受土壤颗粒大小及分布影响，同时受土壤中的水分含量和可溶解的盐类含量影响。土壤颗粒大（如沙子）则孔隙大、通气性好，水的渗透力就比较强，土壤中的水分就不宜保持住，所以一般情况下导电性差。土壤颗粒细（如黏土、粉土等），孔隙就小，土壤中的水分就不容易渗透流失，容易保持住，含水量就比较大，可溶性的盐类就容易进入到水中，成为导电性很强的电解质，所以土壤的电阻率就比较小，导电性强。因此土壤的腐蚀性可以通过土壤的电阻率来评价，通过检测土壤电阻率就可了解土壤的腐蚀性，表 7.4-1 是土壤电阻率与土壤腐蚀性关系。

土壤电阻率与土壤腐蚀性关系表　　　　　　　　　表 7.4-1

土壤电阻率（Ω·cm）	土壤腐蚀性	钢的平均腐蚀速率（mm/年）
0~500	很强	>1.0
500~2000	强	0.2~1.0
2000~10000	中	0.05~0.2
>10000	弱	<0.05

　　一般情况下，土壤电阻率在几百欧米时，对埋地钢质构筑物腐蚀性比较小；在海水渗透性区域、盐碱地区域、海边等区域，土壤电阻率会很低，往往小于 20Ω·m，对埋地钢质构筑物腐蚀性特别强，当埋地管道没有阴极保护，防腐层存在裸铁破损点情况下，不到一年即可发生腐蚀穿孔。这些区域以盐碱土为主，土壤中氯离子、钠离子含量比较高，导电性好。

　　2. 土壤中氧气含量

　　除去酸性很强的土壤外，土壤中的氧气含量对埋地钢质构筑物腐蚀过程有很大的影响，通常金属在土壤中的腐蚀，主要受如下阴极反应支配：

$$O_2 + 2H_2O + 4e \longrightarrow 4OH^-$$

　　土壤中的氧气有两个来源，一是从地表渗透进来的空气，二是雨水、地下水中原有的溶解氧气（一般溶解氧含量都很低）。对土壤腐蚀起主要作用的是土壤颗粒缝隙之间的氧气，在干燥的沙土中，由于氧气容易渗透，所以含氧量比较高；在潮湿的沙土中，因为氧气较难渗透，氧含量相对比较低。在潮湿而又致密的黏土中，因为氧气通过非常困难，氧含量非常低。在湿度不同和结构不同的土壤中，氧气的含量可以相差几百倍。

　　在含氧气量不同的土壤中，埋设钢质管道就可能形成充气不均匀的腐蚀电池。与含氧量较多的土壤接触的管道，成为腐蚀宏电池的阴极区，而氧气含量较少的土壤接触区域管道则会成为腐蚀宏电池的阳极区，阳极区管道发生腐蚀，见图 7.4-1。

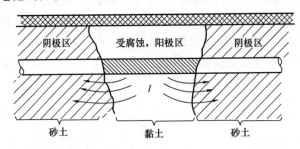

图 7.4-1　管道埋设在结构不同的土壤中发生充气不均匀腐蚀

　　敷设在土壤中的金属管道，由于充气不均匀形成的腐蚀宏电池，具有距离长的特征，它的作用可以长达几厘米，甚至几米。主要取决于充气差异程度和土壤的电阻率。因此，人们又称它为长距离的宏观电池，简称长电池（Long cell）。在土壤电阻率很小情况下，这一类的腐蚀电池的电流能够达到很大的数值，使埋在氧气渗透率较小的土壤中的那部分管道有可能发生严重的腐蚀破坏。

　　研究结果表明，金属构筑物在水饱和的土壤中（水饱和程度 100%），不会发生长电池的腐蚀，但在水饱和度为 $50\% \sim 95\%$ 的土壤中，就有可能发生长电池的腐蚀，特别是当土壤的电阻率很低时，即便是水平埋设的金属管道通过组成比较均匀的土壤区域，如果管道的上部所接触土壤由于水向下流动的关系，水饱和度在 $50\% \sim 95\%$，而管道的下部的土壤水饱和度均在 95% 以上，这样长电池将发生作用，在管道上部的氧气渗透率较高，成为阴极区，管道不发生腐蚀；在管道下部，则成为阳极区发生腐蚀。这就是为什么埋地管道大部分是在下部发生腐蚀的主要原因。

3. 土壤的 pH 值

大部分土壤水提取液，其 pH 值均在 $6 \sim 7.5$ 之间（即为中性），但也有 pH 值均在 $7.5 \sim 9.5$ 之间（即为盐碱土），还有 pH 值均在 $3 \sim 6$ 之间（即为酸性土壤）。一般认为 pH 值低的土壤，其腐蚀性比较大，这是因为在 pH=4.0 这个条件下，氢可以发生去极化过程，即在阴极上有氢气（H_2）产生。

$$2H^+ + 2e \longrightarrow H_2 \uparrow$$

当土壤中含有大量有机酸时（如腐植酸），pH 值虽然接近中性，但其腐蚀性仍然很强，特别是对铁、锌、铝和钢等金属，会引起腐蚀。因此，在检测土壤腐蚀性时，不只有 pH 值这个指标，最好同时测定土壤的总酸性物质的含量。

4. 土壤中的细菌

土壤中缺氧，按理说金属腐蚀是难以进行的，因为在一般情况下氧是阴极过程的去极化剂，但当土壤中存在细菌，特别是有硫酸盐还原菌存在时，则是另一种情况。

当土壤中含有硫酸盐还原菌，并且在缺氧或完全不透气的情况下，有一种厌氧性细菌——硫酸盐还原菌存在时，就会繁殖起来，它的活动对于附近的钢铁结构，起着促进腐蚀的作用。

在土壤中含有硫酸盐，之所以能够促进腐蚀是因为在细菌生活过程中，需要氢或某些还原物质，将硫酸盐还原为硫化物。

$$SO_4 + 5H_2 \longrightarrow H_2S + 4H_2O$$

而细菌本身就是利用这个反应的能量而繁殖的。埋藏在土壤中的钢铁构件表面，由于腐蚀进行阴极过程，有氢产生（原子态氢），如果在金属表面不继续成为气泡逸出，它的存在就造成阴极极化，而使腐蚀缓慢下来甚至停止进行。如果有硫酸盐还原菌活动，恰好就利用金属表面的氢，把 SO_4^{2-} 还原。实际上就是使阴极去极化，其结果就加速了金属的腐蚀。在硫酸盐被还原时，所产生的 S^{2-} 又与 Fe^{2+} 化合生成黑色的 FeS。

$$Fe^{2+} + S^{2-} \longrightarrow FeS$$

所以当有硫酸盐还原菌活动时，在铁的表面腐蚀产物是黑色的 FeS，这种细菌在土壤中最容易繁殖，但当土壤的 pH 值达到 9 以上时，就不容易繁殖了。

7.4.2　土壤腐蚀性评价标准

根据现行《油气田及管道岩土工程勘察规范》SY/T 0053 和《土壤腐蚀性的影响及评价指数》DIN 50929（德国）土壤腐蚀性评价标准，把检测数据计算综合分析，选点开挖后采样分析结果，按表 7.4-2、表 7.4-3 指标进行评价。

土壤腐蚀性评价指标一

表 7.4-2

腐蚀等级	土壤电阻率（Ω·m）	土壤 pH 值	自然腐蚀电位（-V）相对铜/硫酸铜电极	氧化还原电位(Eh7)(mV、pH=7、氢电极)
极强		<3.5	>0.55	
强	<20	4.5~3.5	0.45~0.55	<100
中	20~50	4.5~6.5	0.30~0.45	100~200
弱	>50	6.5~8.5	0.15~0.30	200~400
极弱		>8.5	<0.15	>400

土壤腐蚀性评价指标二

表 7.4-3

腐蚀等级	极轻	较轻	轻	中	强
腐蚀电流密度(μA/cm²)	<0.1	0.1~3	3~6	6~9	>9
平均腐蚀速率[g/(dm²·年)]	<1	1~3	3~5	5~7	>7

备注：腐蚀电流密度采用原位极化法检测，平均腐蚀速率采用试片失重法检测。

土壤综合腐蚀性根据表 7.4-4 中 8 个参数的评价分数分为 4 个评价等级，土壤腐蚀性评价分数对应的测试数据和评价等级见表 7.4-5。

土壤腐蚀性单项检测指标评价分数

表 7.4-4

序号	检测指标	数值范围	评价分数/$N_i(i=1, 2, 3, \cdots, 8)$	序号	检测指标	数值范围	评价分数/$N_i(i=1, 2, 3, \cdots, 8)$
1	土壤电阻率	<20	4.5	5	土壤质地	砂土(强)	2.5
		≥20~50	3			壤土(轻、中、重壤土)	1.5
		>50	0			黏土(轻黏土、黏土)	0
2	管道自然腐蚀电位	<-550	5	6	土壤含水量(%)	>12~25	5.5
		≥-550~-450	3			>25~30 或>10~12	3.5
		>-450~-300	1			>30~40 或>7~10	1.5
		>-300	0			>40 或≤7	0
3	氧化还原电位	<100	3.5	7	土壤总含盐量(%)	>0.75	3
		≥100~200	2.5			<0.15~0.75	2
		>200~400	1			>0.05~0.15	1
		>400	0			≤0.05	0
4	pH	<4.5	6.5	8	Cl⁻(%)	>0.05	1.5
		≥4.5~5.5	4			>0.01~0.05	1
		>5.5~7.0	2			>0.005~0.01	0.5
		>7.0~8.5	1			≤0.005	0
		>8.5	0				

土壤腐蚀性评价等级　　　　　　　　　　　　　表 7.4-5

土壤腐蚀性等级	4(强)	3(中)	2(较弱)	1(弱)
N 值	$19 < N \leqslant 32$	$11 < N \leqslant 19$	$5 < N \leqslant 11$	$0 \leqslant N \leqslant 5$

注：1. N 为表中的 $(N1 + N2 + N3 + N4 + N5 + N6 + N7 + N8)$ 之和。

2. 特殊情况下或 N 值的分项数据不全时，应根据实际情况确定土壤腐蚀性评价指标。

7.4.3　土壤腐蚀性参数检测

1. 土壤电阻率测量（推荐使用 ZC-8 型接地电阻测量仪）

土壤电阻率是决定金属构筑物接地体接地电阻的重要因素，土壤电阻率的大小主要取决于土壤中导电离子的浓度和土壤中的含水量，土壤中所含导电离子浓度越高，土壤的导电性就越好，土壤电阻率就越小；反之就越大；土壤越湿，含水量越多，导电性能就越好，土壤电阻率就越小；反之就越大。影响土壤电阻率最明显的因素就是降雨和冰冻。在雨季，由于雨水的渗入，地表层土壤的电阻率降低，低于深层土壤；在冬季，由于土壤的冰冻作用，地表层土壤的电阻率升高，高于深层土壤。总之，土壤电阻率越低，对金属的腐蚀性越强。

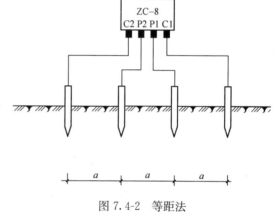

1）等距法测量（适用于深度＜20m 的土壤类型）

（1）在待测土壤上方使用接地电阻仪进行测试，见图 7.4-2。

（2）将电阻测试仪的 4 根钢钎等距布置在同一条直线上插入土壤中，插入

图 7.4-2　等距法

深度小于 $a/20$。间距 a 为地表至地下土层的深度，例如：测量地下 3m 的土壤电阻率，则 a 的取值为 3。

（3）将插入好的钢钎用导线（仪器自带）依次接入仪表的 4 个接线柱上，然后以 120 转/min 的速度转动摇把，不断的调节表盘的旋钮，直到表针不左右摆动，竖直指向的数字为止。表盘上共有 3 个挡位，如果测量时，选择"×10"挡位，在计算结果的时候要乘以 10；选择"×1"挡位，直接读数即可；选择"×0.1"挡位，在计算结果的时候要乘以 0.1。

（4）数据处理：

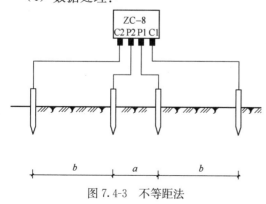

图 7.4-3　不等距法

$$\rho = 2\pi \cdot R \cdot a$$

式中：ρ——从地表至深度 a 的平均土壤电阻率（$\Omega \cdot m$）；

A——相邻两电极之间的距离（m）；

R——接地电阻测量仪显示值（Ω）。

2）不等距测量（适用于深度≥20m 的土壤类型）

（1）在待测土壤上方使用接地电阻仪进行测试，见图 7.4-3；

（2）采用不等距法测量时，首先要计算确定 4 根钢钎的距离，此时 $b > a$。一般情况下 a 的取值在 $5 \sim 10\text{m}$ 之间，为计算方便，一般取偶数。b 的取值计算如下：

$$b = h - \frac{a}{2}$$

式中：b——外侧电极（钢钎）与相邻内侧电极（钢钎）之间的距离（m）；

h——土壤测试深度（m）；

a——相邻两内侧电极间距离（m）。

（3）将插入好的钢钎用导线（仪器自带）依次接入仪表的 4 个接线柱上，然后以 120 转/min 的速度转动摇把，不断的调节表盘的旋钮，直到表针竖直指向的数字为止。如果 R 值出现小于零时，应加大 a 值，并重新计算布置电极。

（4）数据处理：$\rho = \pi R(b + \frac{b^2}{a})$

式中：ρ——从地表至深度 h 的平均土壤电阻率（$\Omega \cdot \text{m}$）；

R——接地电阻测量仪显示值（Ω）。

2. 土壤腐蚀电流密度测量（原位极化法）

测量步骤：准备 3 个表面光洁的同规格钢质试片（试片不宜过大，推荐选用 $2\text{cm} \times 5\text{cm} \times 0.2\text{cm}$），测试时首先将两个的光洁金属面相向平行对立，间距 5cm，插入土中，插入深度不小于 3cm，将土稍压，使金属面与土紧密接触。将变压器（能同时调节电压和电流）的正极和负极上的导线分别连结在两个试片上，通电后，首先调节低电流进行极化，5min 后仪器自动显示出极化电位差 ΔE（mV）的数值，然后逐步增大电流，则得到相应的极化电位差。另一个钢质试片提前 1d 插入附近土壤中，自然极化 24h 后，用万用表测量钢质试片的自然腐蚀电位，记录数值。当变压器的电压达到与自然腐蚀电位电位一样时，测试完毕。将变压器上显示电流值除以单个钢质试片面积，就得到极化电流密度 I_d（mA/cm^2），通常将极化电位差 ΔE 为 500mV 时的电流密度 I_d（mA/cm^2）作为土壤极化电流密度。

3. 土壤氧化还原电位测量

土壤氧化还原电位是指土壤中氧化态物质和还原态物质的相对浓度变化而产生的电位。

测试步骤：在测量的位置，先用钢钎在土壤中分别钻两个比测量深度浅 $2 \sim 3\text{cm}$ 的孔，再把铂电极插入至待测深度，每个测量深度放置 2 支电极，两个电极间距离小于 1m，平衡 1h 后，铂电极接电位计正极，插在附近的土壤中的 SCE 接附近，打开电位计，调至 mV 挡位进行测定，读取数值，做好记录（图 7.4-4），并注明该电位值的名称。

解释说明盐桥构成：将银-氯化银电极或甘汞电极放置在饱和的氯化钾溶液的溶液中，外层为陶瓷套。盐桥的陶瓷套与土壤有良好的接触。

结果计算与表示：

从仪器上读得的电位值 E 是土壤中铂电极的电位对 SCE 电位差，将其换算成 SHE，以铂电极为正极，SCE 为负极时：$E_{SHE} = E_{CSE} + E$

式中：E_{SHE}——土壤氧化还原电位（mV）；

E——电位计读数（mV）；

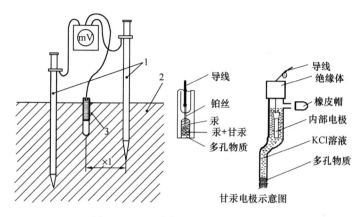

图 7.4-4　土壤氧化还原电位测量法
1—氧化还原电极；2—土壤；3—盐桥

E_{CSE}——测试温度下参比电极相对于标准氢电极的电位值（mV）。

不同温度对应的参比电极相对于标准氢电极的电位值见表 7.4-6。

不同温度对应的参比电极相对于标准氢电极的电位值（mV）　　　　表 7.4-6

参比电极	0℃	5℃	10℃	15℃	20℃	25℃	30℃	35℃	40℃	45℃	50℃
银-氯化银 饱和 KCl	222	219	211	207	202	198	194	191	186	182	174
甘汞电极 饱和 KCl	260	257	254	251	248	244	241	238	234	231	227

为了统一比较，土壤 E_{SHE} 值一般需要 pH 校正，校正公式如下：

$$E_{SHE7} = E_{SHE} + 60pH$$

式中：E_{SHE7}——校正后的氧化还原电位（mV）；

　　　pH——采样点实际土壤的 pH 值；

　　E_{SHE}——换算为标准氢电极后的氧化还原电位（mV）。

由于土壤本身不均性，测量的结果可能会有误差，因此测定 E_{SHE} 时要重复 3～5 次，重复次数根据测量土壤均匀性确定，可用两支一组多次测量，也可以两支一组多组布置，最后求平均值。

注意事项：对于新的铂电极，在使用前应进行表面处理，以消除铂电极在高温下加工形成的表面氧化膜的影响。常规的方法是将铂电极浸入丙酮中浸泡 10min，脱脂后用蒸馏水冲洗干净，浸入 0.2mol/L 盐酸＋0.1mol/L 氯化钠溶液中，加热至沸腾，然后搅拌加入少量硫酸钠固体，加热 30min 后，取出用蒸馏水清洗 3～5 次，将电极放置于饱和氯化钾溶液备用。使用同一支铂电极连续测试不同类型的土壤时，每测完一次，必须用蒸馏水对铂电极进行清洗，避免读数失真。长时间不用时，放置在饱和氯化钾溶液中。

4. 土壤 pH 值测量

测量土壤 pH 值的意义：土壤的 pH 值是衡量土壤酸碱度的重要指标，通过 pH 值来判定土壤腐蚀的环境。

测试方法：在需要测量的位置用取样计插入土壤中，然后取出取样计中段部分。带回实验室放入干燥箱干燥后，用粉碎机粉碎或人工研磨成粉末状，用 100 目的筛子晒出土壤备用。取 20g 过筛后的土样放置于 200mL 的三角瓶中，加入 50g 的蒸馏水然后用玻璃棒充分搅拌均匀，静置半个小时后，倒出上边清液，然后用标定好的 pH 计测量，待读数稳定后记录即可，也可以采用 pH 试纸蘸取清液，然后比对色卡，记录数值。

5. 自然腐蚀电位

自然腐蚀电位是金属埋入土壤后，在无外部电流影响时的接地电位，自然腐蚀电位随着金属结构的性质、表面状况和土质状况、含水量等因素不同，每种金属浸在一定的介质中，都有其特定的电位。自然腐蚀电位可以表示金属失去电子的相对难易程度。

测试方法：参见本书"6.2.2 阴极保护系统参数检测方法"。

6. 总含盐量测量

土壤含盐量是土中所含盐分（主要是氯盐、硫酸盐、碳酸盐）的质量占干土质量的百分数，一般情况下，土壤的含盐量越高，土壤的腐蚀性越强。

质量法测量步骤：将待测的土样放入干燥箱中，温度调至 100～120℃，干燥 2h 后，取出土壤，然后研磨成粉状，用 20 目的筛子进行筛除，用分析天平准确称取 100g 筛好的土样，放入 1000mL 的锥形瓶中，加入 500mL 的蒸馏水，加塞振荡 3min。将上述水土混合物用滤纸在漏斗上过滤，以获得清亮的浸出液，用干燥的烧杯承接，如果浸出液比较浑浊，重复上述方法，直至浸出液清澈透亮为止。

先用分析天平准确称量出蒸发皿的质量 W_0，然后在蒸发皿中倒入 50mL 的滤液，再次放入分析天平中，计算出滤液的质量 W_1。

把盛有滤液的蒸发皿放置在酒精灯上蒸干后，放置干燥箱中干燥，温度调至 100～120℃，干燥 4h。

向上述蒸发皿里的干残渣中逐步滴入过氧化氢溶液，使残渣湿润，放在沸水浴上蒸干（也可用砂浴），如果看到还有黄褐色物质，重复上述操作，直至残渣完全变白为止，冷却后，放入分析天平中称重，得到质量 W_2。

$$可溶性盐总量（\%）= \frac{W_2 - W_0}{W_1} \times \frac{50}{500} \times 100\%$$

式中：W_0——蒸发皿的质量；

W_1——土壤样品质量；

W_2——处理烘干后土壤样品和蒸发皿总质量。

7. 土壤类型测试

测试步骤：取土壤 5～10g，加适量水搓揉，破坏原结构。根据以下特征进行鉴别：

砂土：无论加多少水和多大压力，也不能搓成土球，而呈分散状态。

轻壤土：可团成表面不平的小土球，搓成条状时易碎成块。

中壤土：可搓成条，弯曲时有裂纹折断。

重壤土：可搓成 1.5～2mm 的细土条，在弯曲成环时，弯曲处发生裂纹。

轻黏土：容易揉成细条，弯曲时没有裂纹，压扁时边缘没有裂纹。

黏土：可揉搓成任何形状，弯曲处均无裂纹。

8. 土壤含水量测试

仪器：铝盒（每次使用前应烘干并称其质量）、天平（精度 0.1mg）、玻璃干燥器

（内有干燥用的变色硅胶）、烘箱。

测试步骤（烘干法）：

（1）采集约为铝盒容积 4/5 的土壤样品，放入已知质量的铝盒中，加盖称重后，盖缝用橡皮胶封好，带回实验室；

（2）将铝盒除去橡皮胶，用蘸乙醇的脱脂棉花球擦去橡皮胶残迹，打开盖子，连盖置于烘箱中，在 105～110℃ 温度下加热 6h；

（3）取出后加盖，放入干燥器内冷却至常温后称重。再打开盖子加热 3h，冷却，称重，前后两次称重相差不超过 0.05g 即可；

（4）以烘干土为基数的水分百分数按下式计算：

$$W(\%) = 100 \times (g_1 - g_2)/(g_2 - g_0)$$

式中：W——含水量（%）；

　　　g_0——铝盒质量（g）；

　　　g_1——铝盒加湿土质量（g）；

　　　g_2——铝盒加烘干样品质量（g）。

9. 土壤中氯离子含量测试

仪器：容量瓶（100mL），容量瓶（1000mL），天平（精度 0.1mg）。

试剂：K_2CrO_4，$AgNO_3$，去离子水。

测试步骤：

（1）5% K_2CrO_4 指示剂的制备：将 5g K_2CrO_4（试剂级）溶于少量水中，滴加 1mol/L 的 $AgNO_3$，至有红色沉淀生成，摇匀后过滤出沉淀，并将滤液稀释至 100mL 备用；

（2）0.02mol/L $AgNO_3$ 标准溶液的制备：将 3.398g 的 $AgNO_3$（经 105℃ 烘干半小时）溶于水中，移入 1L 容量瓶定容，贮于棕色瓶中备用；

（3）吸取土壤浸出液 25.00mL 放入三角瓶中，加 K_2CrO_4 指示剂 5 滴，在不断搅动下，用 $AgNO_3$ 标准溶液滴到出现的砖红色不再褪色为止，记录 $AgNO_3$ 溶液的用量（V）；

（4）按下式计算：

土壤中 Cl^-（质量百分比）= $35.5 \times 100 \times (M \times V)/W$

式中：V——滴定时消耗 $AgNO_3$ 标准溶液体积（L）；

　　　M——$AgNO_3$ 标准溶液的摩尔浓度（mol/L）；

　　　W——与吸取待测液毫升数相当的土壤样品质量（g）。

第8章 燃气泄漏检测

近些年来随着我国经济的快速增长，城市化进程快速发展，人们对自然环境的要求越来越高。以往我国以煤炭为主的能源消耗已经不适应现在环境要求，天然气作为一种清洁能源正在逐步取代煤炭，城市对清洁能源天然气的需求量有急剧增加的趋势。近年来，在城市中燃气管道越来越多，相对的建设、运行和安全管理要求越来越高。目前全国许多家燃气公司，由于发展速度快，安全管理环节跟不上，致使管道泄漏量在整个供应总量中占有相当大的比例，重大的燃气泄漏事故频发，对人民生命财产安全影响很大，城市燃气管道泄漏的检测，对保证城市燃气管网的安全运行是非常重要的。泄漏检测技术随科学技术进步不断丰富，各种燃气管道泄漏检测技术都有其优势与缺陷，单纯应用一种方法对泄漏进行检测很难达到令人满意的程度。所以，管道泄漏检测应综合运用多种检测方法，组成可靠性和经济性均得到优化的检漏系统，提高城市管道的使用寿命，增加企业的效益。

8.1 燃气管道泄漏原因分析

燃气管道的敷设形式分为地上架空和地下埋设。地上架空管道主要有用户室内燃气管道、储配站、调压站内所有出地面后架设的燃气管道等。这一类管道的泄漏，除了阀门填料、压兰、法兰、用户表后旋塞阀泄漏外，主要是管道螺纹连接处受到外力作用而泄漏，而由管道本体缺陷所致的泄漏并不多见。地下输配管道的泄漏大多由接口松动或管道腐蚀、开裂、折断而引起。常出现泄漏的情况是接口松动，但其泄漏量较小。而泄漏量最大、最易发生事故的则是管子折断。经统计分析，埋地燃气管道泄漏原因有以下六个方面。

（1）管道材质差。

有的管材和接口材料在管道敷设前缺乏仔细的质量检查，未及时发现管子裂缝、砂眼、孔洞及夹层等缺陷。铸铁管承插口接头用的水泥或橡胶圈，在储存期间易出现受潮变质或橡胶老化而失去密封作用，如果使用质量不合要求的接口材料，势必影响管道的气密性而出现泄漏。

（2）施工质量不符合标准。

施工质量对管道气密性影响很大。新工人技术不熟练或老工人不遵守技术操作规程而造成的接口草率、管道连接不合理、沟底原土扰动、回填土不打夯等都会造成接口松脱和管子折断而泄漏。对于钢管，焊接质量差、焊缝没有焊透、焊缝存在夹渣、气孔、焊机电流过大熔伤母材、焊缝厚薄不匀等现象，容易引起管道焊缝泄漏。如果管道施工时已经留下了泄漏隐患，应该在管道试压中发现并予以消除，倘若在试压时也敷衍塞责，那就必然后患无穷。由于施工质量问题造成的燃气泄漏程度，因管道压力不同而异，中压管道要比低压管道更为显著。

（3）管道腐蚀。

燃气管道受外部电化学腐蚀作用（如防腐层破损、杂散电流干扰、酸碱土壤等）而穿孔泄漏的现象多见于钢管，PE 管道基本不存在腐蚀问题，铸铁管也经受不住含有强酸污水的日久侵蚀，但铸铁管道目前基本已弃用。未经过净化的天然气中含有的腐蚀性成分（如硫化氢、氰酸铵、二氧化硫等）与水分和溶解氧共同作用时，从管道内部产生的腐蚀也不可小觑。液化石油气混空气和天然气混空气作气源时，被输送的介质中掺入了大量的氧分子，若管道内含有水时会大大加速管道内壁的腐蚀。人们常常忽视管道的内腐蚀，实际上，燃气中含有的腐蚀性成分长久过量超标，管道内腐蚀速度也较大，并且会造成相当严重的后果。

（4）燃气管道折断。

受施工条件的限制，敷设在车行道上的管道有的平行于道路，有的横穿道路。按工程设计规范要求，燃气管道在车行道下敷设时，管顶距地面不得小于 0.9m。但局部地段管道受地形、坡度及其他地下构筑物影响，也有不足 0.9m 的情况。因此，管道就有可能频繁地受到地面动荷载的扰动而折断。燃气管道被折断的现象多数出现在铸铁管道上，钢质管道极少被折断，但被强力拉裂拉开焊口的现象也时有发生。

（5）第三方施工的影响。

城市给水排水管道、热力管道、电缆、房屋等工程施工时，经常发生折断燃气管道和损坏管道接口等事故。因此，管道巡检人员应当与各在建市政工程现场的施工单位相互沟通，加强联系，在燃气管道附近有其他工程施工时，要到现场给予必要的配合，对可能会受到损坏的管段加以安全防护。

（6）温度的影响。

燃气管道因大气温度、土壤温度、燃气温度的变化而有伸缩现象，而地下燃气管道很少设置补偿器。因此，管道接头容易发生松动、产生间隙而导致泄漏，伸缩严重时管道会在温度应力作用下遭到破坏。由于温度变化而引起的伸缩量和温度应力，地上架空管道比地下管道更为显著，但架空燃气管道一般都要设置补偿器。

自 20 世纪 80 年代开始，我国许多城市陆续铺设了燃气管网，进入 21 世纪开始大面积普及。从铺设的年代来看，其中已有相当一部分的管道运行时间过长，管道腐蚀严重，已进入泄漏频发期。管道泄漏因素前文已经列出。下面是 DVGW（德国水和燃气专业协会）1996 年对不同材质燃气管道泄漏进行的统计见表 8.1-1。

不同材质燃气管道泄漏统计 表 8.1-1

管道材质	长度（km）	漏气点（个）	漏气率（个/km）	管道材质	长度（km）	漏气点（个）	漏气率（个/km）
PVC 管	16839	942	0.056	钢管	171161	43419	0.254
灰口铸铁管	11055	288132	26.06	PE 管	123256	7588 个	0.062
球墨铸铁管	10049	1871	0.186				

从统计不难看出，灰口铸铁管道在单位长度内的漏气点数最多，是最易发生事故和最需要进行维修的；其次是钢管，腐蚀穿孔是产生漏气的主要原因。对于 PVC、PE 管而言，最主要的原因是第三方的破坏，即其他施工对其损害。

8.2　燃气检测查漏定位相关影响因素

管道燃气泄漏后根据其种类不同存在一些差异，随比重不同、周围环境不同而向不同的方向冒、跑，但有很多相同之处，一般日常生活所用的埋地管道燃气泄漏后有以下特点：

（1）在疏松土壤软质地面或草地条件下，泄漏气体容易扩散至地面，我们可以借助带有泵吸的检测仪器，沿管道上方巡检，从而可以较精确地探测到泄漏点的位置。

（2）多数情况下，燃气管道埋设于硬质路面下（如水泥和沥青路面），此时，燃气泄漏后无法轻易逸散出地面，一般会沿着回填土的缝隙或地下管道沟渠不断积聚，同时浓度不断升高，为事故的发生埋下隐患。

（3）当架空管道或者人员设备无法靠近的管道存在泄漏时，使用遥距激光泄漏检测仪可轻松检测泄漏量及漏点位置。

任何事物的发生、发展都具有其规律可循，对燃气泄漏的查找、定点也不例外，其规律与下面因素有关。

8.2.1　输送燃气的成分

这一因素涉及选用何种气敏探头的仪器检测，目前检测燃气的探头可分为两种类型，一类为广谱探头，即可燃性气体气敏探头，这类探头报警范围比较宽，接触多种气体均能报警，如腐烂动植物的尸体产生的沼气会产生误报警；另一类为专用探头，这类探头选择性比较强，但气源转换需更换设备。建议城市燃气公司选用专用探头，干扰源少时用广谱探头。

8.2.2　输送燃气的密度

这一因素涉及探测最佳方位，密度小于空气的燃气泄漏后会向上冒、跑，须用漏斗状收集器检测；反之，泄漏后会下沉滞留，则要用带吸气泵探头收集检测。如液化石油气，可挖坑检测，亦可用专用探管伸到相邻泵、阀或窖井底部吸入式检漏。

8.2.3　燃气分子的体积大小与引力

输送气体泄漏以后，有的向上飘，有的往下沉。如果是人工煤气，其主要成分为氢、氢的游离，穿透能力都很强，能透过水泥沥青路面、冰冻的地表等地面物质，如果气体分子大就不能有这样的穿透力，或分子虽小但分子间引力大，有黏滞性，同样不能穿透上述物质。如液化石油气泄漏后会滞留在土壤或孔洞、裂缝中，很大的范围内都有燃气存在。

8.2.4　漏点周围的环境

（1）土壤含水量、孔隙度，这关系到泄漏后燃气能否顺利穿透。

（2）地表风向，这关系到气敏仪探头的收集方向。

（3）管道周围的腐蚀因素，如有无输变电接地装置、电气化铁路、水旱交接、应力腐蚀等存在，如有应做重点检查。

（4）植物生长形态，一般在较大泄漏点周围，植物生长会受不同程度的影响。

8.2.5 管内压力

连续运行的高、中压管线的查漏要比间断运行的低压管线容易得多，后者由于间断运行往往探头探到气体报警是以前的滞留气体，一旦挖开，让出通道，气体扩散，就不会再报警，这些情况，在城市入户管段之前的低压管网查漏尤其突出。

8.2.6 延时性

燃气泄漏渗透到地面有一定延时性，经验表明，正常情况下，燃气一般从 1m 深度充分达到地表约需 5h 左右，如加压检漏，就需选择最佳检测时段。

8.2.7 防腐层腐蚀状况及管道运行时间

（1）钢质防腐管道的穿孔泄漏处大多存在于防腐层腐蚀严重处，用仪器可在地表测到该处的泄漏电流。

（2）从时间上分析，管道运行前期事故多，运行中期稳定、事故少，运行后期事故多，大多是因为防腐层严重腐蚀穿孔引起泄漏，造成事故，事故概率呈浴盆曲线（图 8.2-1）。

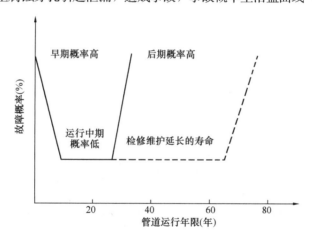

图 8.2-1 浴盆形事故概率曲线（延长管道寿命）

8.2.8 管道的定位、定深

燃气的泄漏一般是沿着管道周围回填的疏松土壤窜流，若是漏点周围土壤介质分布均匀，会以漏点为圆心向周围扩散，在地表分布呈平面圆形，漏点中心的浓度会比周围大，结合探管，能把检漏范围由面缩小为线，结合管线定深有助于决定加压后确定较好的延时探测时间。

8.3 管道泄漏检测方法

8.3.1 概述

随着燃气事业的发展，管道泄漏检测技术得到了不断发展，从最简单的人工分段巡视发展到较为复杂的计算机软硬件结合方法，从陆地检测发展到利用飞机在空中进行检测。根据不同的分类依据，管道泄漏检测方法有多种分类。根据检测位置不同，可分为管外检测法和管内检测法；根据检测对象不同，可分为直接检测法和间接检测法。

管内检测法比较有代表性的为漏磁检测法，该方法要求传感器与管壁紧密接触，由于焊缝等因素的影响，管壁凸凹不平，有时难以达到要求。管内检测法多采用磁通、超声波、涡流、录像等技术，检测准确，但只适用于较大管径的管道，易发生堵塞、停运等事故，费用高。

管外检测多用于突发性泄漏，而管内检测适用于检测管道腐蚀状况及微小泄漏。

直接检测法是对管道泄漏出的物质进行检测，间接检测法是对泄漏时产生的现象进行检测。

1. 直接检测法

（1）人工巡检法。

人工巡检法是目前最常用的一种检测方法，是由专业的管道管理操作人员或经过严格训练过的动物建立专职的巡线队伍，一般由巡检人员带着 GPS 定位器和一些简便的巡检设备沿管道逐段巡检，仪器的种类很多。由巡线工人手持燃气检漏仪或检漏车定期沿管道敷设路径巡视，通过看、闻、听等多种方式来判断是否有燃气泄漏（图 8.3-1）。

图 8.3-1 燃气泄漏人工巡检

检测时对于泥土地面，用可调节浓度大小的气敏检测仪直接在地面检测，浓度最大点与管线定位一致点即为泄漏点。对于城市街道常见的水泥沥青地面，气体泄漏后会沿着管道周围的裂缝、空隙、疏松土壤窜流，不能穿透漏点上方的地表，在地面探测不到，而在远离泄漏点的地面裂缝中才能探到，此种情况需钻孔探漏。对于公共管沟，包括专业管道沟、电缆沟和与裂缝相通的排水沟，泄漏气体会沿着这些通道窜到很远的地方，此种泄漏需用风机从管沟的泄漏点的一边吹风，另一边放风，保证管沟内的泄漏气体向另一边冒跑，用示踪探头从风机一端伸进管沟，示踪探头与泄漏气体接触处即为泄漏点，或用钻孔法配以气敏探测仪在地面检测，在泄漏点的下风向气敏仪会报警，在上风向不报警，泄漏点位置就在报警与不报警两孔之间，在此进一步加密测点，即可精确定点。

这种方法直观简单，设备费用小，但耗费人力，主观性强，不适用于管道实时监控，只能发现一些较大的泄漏及地面上的破坏性作业。但对小泄漏不敏感，受环境的干扰影响会出现伪报警，常用的人工巡线检测方法包括：光学检漏法、空气取样法、土壤电参数检测法等。目前巡检法已部分被自动监控系统所取代，如机载红外线技术，通过高精度的红外摄像机分析管道周围微小的温度变化来判断管道是否发生泄漏；还有空气取样法，可通过携带采样器，如目前采用最广泛的火焰电离检测器、可燃气体检测器和示踪气体检测器，沿管线或平行于管线的埋地传感器进行气体采样检漏。该方法目前发展较快，在输气管道上应用较多。

（2）车载仪器检测法。

最常用的直接检测法有火焰电离检测法和可燃气体检测法两种。

火焰电离检测法的基本工作原理是：在有电场存在的情况下，烃类（气态）在纯氢火焰灼烧下产生带电碳原子，碳原子被搜集到一个电极板上并计数，当碳原子的数量超过预设定值时，则表明周围空气中存在超过了警戒浓度的可燃气体，检测器即报警。该检测器的优点是灵敏度高，只要 $1m^3$ 空气中含有 $1.8 \times 10^{-6} m^3$ 的可燃气体就可检测到；响应快，典型的响应时间为 2s；定位精确度高；抗干扰能力强；可检测浓度范围大；具有较快的检测速度。缺点是不能长距离连续检测，对密闭空间内的管道泄漏检测时易引起燃烧或爆炸事故。

可燃气体监测法的基本工作原理是：通过扩散作用从空气中取样，利用催化氧化原理产生一种与可燃气体浓度成比例的信号，一旦可燃气体浓度超过爆炸下限的 20%，继电器驱动信号便可传送到远方控制板上的报警器报警。

（3）示踪气体检测器法。

利用示踪气体本身为惰性气体，以及无色、无味的特点，在气体管道中加少量示踪气体，并采用对示踪气体灵敏度很高的探测器进行探测。探测仪中密封有一个 63Ni 放射源，通过调节电流，使其产生 β 粒子，即产生电子，电子在电场中的运动产生回路电流。SF6 是一种电负性很强的粒子，当它遇到电子时，SF6 粒子会吃掉一个电子，从而引起回路中电流的变化。通过仪器精确计算出失去的电子个数，从而知道有多少 SF6 粒子进入探测器中，保证了其探测精度。如果存在该示踪气体，则报警器报警。

（4）光纤光栅传感器检测法。

光纤光栅传感器属于光纤传感器的一种。光纤光栅传感技术已在建筑、海洋石油平台、油田及航空、大坝等工程进行了实时安全、温度及应变监测。光纤光栅传感器可广泛地测量温度、应力、应变、压力、电流、流量、电磁场、振动等参量，还可实现准分布式传感测量网络。光纤传感器种类繁多，能以高分辨率测量许多物理参量，与传统的机电类传感器相比具有很多优势，如：本质防爆、抗电磁干扰、抗腐蚀、耐高温、体积小、重量轻、灵活方便等，因此其应用范围非常广泛，特别适用于恶劣环境中。

光纤光栅传感器除了具有普通光纤传感器的许多优点外，最重要的就是它的传感信号为波长调制。这一传感机制的好处在于：①测量信号不受光源起伏、光纤弯曲损耗、连接损耗和探测器老化等因素的影响；②避免了一般干涉型传感器中相位测量的不清晰和对固有参考点的需要；③能方便地使用波分复用技术在一根光纤中串接多个光栅进行分布式测量。另外，光纤光栅很容易埋入材料中对其内部的应变和温度进行高分辨率和大范围测量。

1）分布式光纤温度传感器监测法。

在加热输油管道发生泄漏时，分布式光纤温度传感器能够非常准确地测量和感知管道周围温度的变化，从而精确定位管道泄漏的位置。分布式光纤温度技术是根据拉曼光反射、布里渊光反射和光纤光栅原理研制出来的。这种检测方法的精确度能达到 0.5～2.0m。现在国外已应用基于光纤光栅原理的准分布式温度传感系统，目前国内也正在应用该项技术进行泄漏检测。

2）光纤检漏法。

在管道附近沿管道并排铺设一条光缆，也可以利用与管道同沟敷设的通信光缆，根据光纤的干涉原理，当管道发生泄漏时，引起管道泄漏点附近的测试光纤产生应力应变，从而造成该处光波相位调制，产生相位调制的光波沿光纤分别向传感器的两端传播。用两个光电检测传感器检测两端干涉信号发生变化的时间差，即可精确地计算出泄漏发生的位置。分布式光纤传感器法是在国外研究较多的一种方法。分布式光纤温度传感系统结构及原理如图 8.3-2 所示，分布式光纤传感器实物图如图 8.3-3 所示。

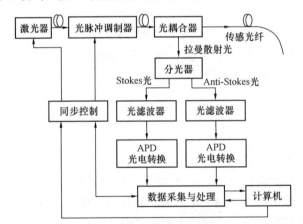

图 8.3-2 分布式光纤温度传感系统结构及原理

图 8.3-3 分布式光纤传感器实物图

2. 间接检测法

（1）流量/压力变化。

在管道的出口或入口设置压力和流量设备，如果所测压力或流量的变化幅度大于预设值，则发出泄漏报警。这种方式虽然简单，但不能精确定位，而且误报警率较高。

（2）质量/体积平衡。

质量/体积平衡法的基础也是对体积进行测量，不同点是将流量的变化归纳为质量或体积平衡图，可根据压力/温度的波动和变化对流量进行校正。在质量/体积平衡图上，泄漏引起的流量变化可以得到较清楚的显示，能比第一种形式检测到更小的泄漏量。

（3）动态模型分析。

动态模型法用数学模型模拟管道中流体的流动，依据模型的计算值和测量值的差值判断泄漏。模型采用的方程包括质量平衡、动态平衡、能量平衡和流体状态方程等，动态模型法需要在管道的出入口和管道沿线测量流量及压力，测量点越多，效果越好。动态模型法的突出特点是对泄漏的敏感性好，可对泄漏点定位，并可对管道进行连续监测，但误报警率高。

（4）压力点分析法（PPA）。

管道在正常运行时，其压力值呈现连续变化的稳定状态。当管道发生泄漏时，泄漏点由于物质损失发生压力骤降，破坏了原有的稳态，因此管道开始向新的稳定状态过渡。在此过程中产生了一种沿管道以声速传播的扩张波，这种扩张波会引起管道沿线各点的压力变化，并将失稳的瞬态向前传播。在管道沿线设点检测压力，采用统计的方法分析检测值，提取出数据变化曲线，并与管道处于正常运行状态时的曲线作比较。如果现行状态曲线脱离其特有形式，则表明有泄漏发生。该方法可检测流量超过 3.17% 的泄漏。

在以上 4 种形式中，流量/压力变化、质量/体积平衡和压力点分析法易于维护，费用低，但不能确定泄漏位置，也不能适应发生变化的运行条件；动态模型法可进行泄漏点定位，也能够适应发生变化的运行条件，但费用高，操作人员需要较高的专业知识。

（5）声学检漏法。

当管道因腐蚀或破坏发生泄漏时，将产生频率大于 20kHz 的频率的振荡，这一频率在超声波范围内，可由相应的传感器检测到。检测器通过记录信号强度对泄漏源进行精确定位。

另一种声学检漏法为负压法，也称声波报警检测法。其主要部件是压力传感器，通过检测管道中泄漏或断裂引起的扩张波来判断泄漏；负压法直接检测扩张波，检测器内装有同步触发系统，接收到扩张波后报警，然后依据管道内经验声速计算泄漏位置。由于该瞬时波在气体中的传播速度约为 0.32km/s，因此在危险地区内以 2.4～5.2km 的间隔安装检测器，几秒内可检测到破裂。但检测时需要消除管道的背景噪声。这种方法在检测大的破裂时十分有效，对于小的破裂，因噪声的影响则误报警率显著升高。负压法在每一管段一般需要两个或多个传感器以帮助定位和消除噪声。

当燃气管道泄漏时，沿管道传播的负压波中包含泄漏信息，负压波能够传播至几十千米以外的远端。在管道两端安装压力变送器，能够捕捉到包含泄漏信息的负压波，因此可以检测泄漏的发生，并根据泄漏产生的负压波传播到管道两端的时间差进行泄漏点定位。负压波检测法是目前国际上应用较多的管道泄漏检测和泄漏点定位方法。清华大学与中国石油天然气东北输油管理局在铁秦管道的新民至黑山站间，天津大学和新乡输油公司在中洛管道濮阳至滑县站间均采用了负压波法的泄漏实时监测系统。

（6）光学检漏法。

泄漏会引起管道周围环境的温度变化。采用搭载在车辆、直升机上的光谱检测和分析设备或者便携式设备，可通过检测泄漏引起的热点检漏。

（7）土壤电参数检测法。

泄漏会引起管道周围土壤电参数的变化，采用雷达系统（发射器和接收器）可通过检测土壤电参数准确定位地下管道的泄漏。

（8）管内智能清管器法。

近年来，智能清管器越来越广泛地应用于管道内部状况的在线检测，泄漏检测清管器只是其中的一种。它是依据压差法或声辐射原理工作的。前者由一个带测压装置的仪器组成，检测泄漏处在管道内形成的最低压力区以确定泄漏，被检测的管道或管段需要单独操作，因此管道不能保持继续运行；后者探测泄漏引起的在 20～40kHz 范围内的特有声音，因此管道可保持运行，泄漏定位是利用里程表和标定系统。智能清管器检漏的优点是敏感性好，定位精度高，缺点是无法进行连续检测。

（9）管道压力流量监控法（SCADA 监控法）。

该方法通过在调压箱和计量箱处加装压力及温度传感器，并通过 SCADA 系统进行实时监测，通过压力的变化判断是否存在泄漏点。这种方法虽然可进行实时监控，但往往需要人工巡检法作为辅助，容易发生错误判断，且往往无法判断泄漏点的位置。

使用人工巡检法与 SCADA 监控法相结合的方式来监测管网耗费人力，且不能真正做到实时准确的监测，所以需要寻找新的方法来解决这个问题。

3. 新检测方法

传感器检测法与负压波检测法均是采用在管道或管道接头处安装相关传感器的方式来实现对管内或管外情况的监测。在燃气管网的应用中，需要根据管道的长度加装传感器以及发射器，同时在各个调压箱或阀门井处加装控制器。报警信息接入 SCADA 系统，操作人员根据报警定位信息进行处理，及时采取措施。

红外线成像法：当管道发生泄漏时，泄漏点周围土壤的温度场会发生变化。通过红外线遥感摄像装置可以记录输气管道周围的地热辐射效应，再利用光谱分析就可以检测出泄漏位置（图 8.3-4）。这种方法可以较精确地定位泄漏点，灵敏度也较高，但不适用埋设较深的管道检漏。

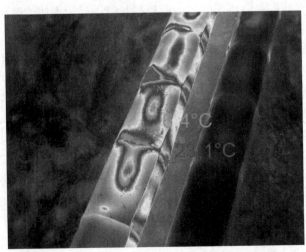

图 8.3-4　红外热成像技术应用于管道泄漏检测

8.3.2 燃气管网泄漏检测、漏点定位工作步骤

1. 确定工作区域。
2. 确定需要检测的工作区域及管网段。
3. 准备待检测区域管网图（1:500 或 1:1000）。
4. 管网泄漏预定位。
5. 设备比较先进的燃气公司，大面积管网普查。
6. 设备比较薄弱的燃气公司，用手推车探头或吸盘式探头巡查。
7. 气源为 LPG 或水泥、沥青路面时，用钻孔机打孔配合检测。
8. 进行阀门及各种出露设施检测，查找明漏及发现泄漏异常。

8.3.3 泄漏检测及精确定位

1. 用管线仪精确定位管线位置；钻孔机打孔，用专用锥形探头检测。
2. 大范围高浓度、仪器显示为 100Vol.% 满量程时，采用吸真空系统检测。
3. 为了精确定位漏气点，在气体浓度较高的地段加密打孔，尽量使钻孔打在漏气点的正上方。
4. 对于管道 LPG，无论泄漏气体浓度高低，均应采用吸真空系统检测。
5. 如果找到的漏气点确定有危险存在，应立即采取相应的安全措施，如疏散人群、进行隔离。根据不同的危害程度采取相应的防范措施，尽量做到保障生命财产安全为第一位。

8.3.4 燃气管网检测中疑难漏点的检测方法

有时，燃气已泄漏很长时间，在气体积聚浓度很高的情况下，真实的漏点位置并不能轻易确定——所有的钻孔都显示出高浓度气体的存在。这种情况经常发生在水泥、沥青或致密坚硬的路面下，无论何种气源这种情况都会发生，这时唯一的方法是：采用吸真空系统检测法，先把积聚的泄漏气体吸走，避免其对检测结果的干扰。

（1）如果有太多泄漏气体积聚的话，要么等气体逐渐消散，要么把气体吸掉。

（2）通常泄漏气体积聚太久的情况下，如果等待其自然消散并不符合我们及时抢修的原则，所以最好是采取首先排气的方法。

（3）一般便携式管网检漏仪的泵吸能力有限，吸气流量约 1.2L/min；大的吸气流量为几百升/min，较前者大很多倍。所以对大范围积聚高浓度气体的泄漏检测需采用大的吸气流量系统为好。

（4）吸真空系统是通过钻孔抽走地面下弥漫的大量泄漏气体以后，才把最高气体浓度的那个点确定下来的。

8.3.5 高浓度区泄漏点定位

地下弥漫着浓度很高的泄漏气体，一定范围内用检测仪器检测到处都报警，漏气点无法定位，如何对积聚的高浓度泄漏气体进行处理——采用吸真空系统检测法的应用。

（1）最高气体浓度点找不到。在每一个钻孔都检测到 100Vol.% 的燃气浓度。通常认为，

通过检测仪对钻孔进行吸气，地下弥漫的气体浓度降低，这样泄漏气体浓度最高的点就可以找到了。然而，事实并非如此简单，一般检测仪的泵吸能力有限，没有这样的吸气时间，或者尽管进行了吸气，但还是不能确定最高气体浓度点位置的时候，可以采用另外一种方法。

（2）用吸真空系统将钻孔里面的气体吸掉，通过吸气设备，可以把地下的气体吸到地面上来。在吸气的过程中气体的浓度会被带检测功能的系统监测。

（3）气体浓度降低，渐渐被抽光。漏气点的位置被确定下来。

（4）在吸气的同时，进行泄漏气体浓度的测量，气体浓度降低，漏气点能被测出。

8.3.6　燃气管道泄漏检测要求与规律

1. 对燃气探漏仪器的一般要求

（1）用手持式可伸缩探杆，多角度旋转探头，可方便地对地上、地下的可燃性气体检测。

（2）检漏仪要能根据外界环境变化，通过调整增益，设定报警临界点，从而提高查漏精度。

（3）仪器最好配吸气泵，进行吸入式检漏，这样灵敏度有保证，而且反应速度快。

（4）仪器配置应具有良好的循环、通风过滤系统，尽可能避免探头产生惰性（俗称"探头中毒"），以延长仪器使用寿命，增强可靠性。

（5）要能适合各种场合检漏，如配耐磨橡胶吸盘，有一定抗风能力；配软吸管，可在特定场合检漏；配专用耳机，能在噪声环境下检漏。

（6）仪器要进行"三防"设计且重量轻、体积小、操作简便、便于携带，适合野外使用。

（7）提供仪器的厂家要跟踪服务，提供技术支持和仪器保修服务，确保仪器的可靠性。

2. 燃气泄漏、冒跑的一般规律

燃气从地下管道泄漏以后，会因燃气的种类不同、比重不同、周围环境不同向不同的方向冒跑。

（1）泥土地面：天然气管道埋设在地下且泄漏点周围土壤介质分布均匀，地表层无太密实的路面，地下管道腐蚀穿孔处泄漏的气体能够扩散到地表，在地表面分布范围呈圆形，其中间的浓度将会最大。这种泄漏用可调节浓度大小的气敏检测仪直接在地面检测，浓度最大点与管道定位一致点为泄漏点。

（2）水泥沥青路面：气体泄漏后会沿着管道周围的裂缝、空隙、疏松土壤窜流，不能穿透漏点上方的地表，在地面探测不到，而在远离泄漏点的地面裂缝中才能探到。此种情况需钻孔探漏。

（3）公共管沟：包括专业管道沟、电缆沟和与裂缝相通的排水沟，泄漏气体会沿着这些通道窜到很远的地方。此种泄漏需用风机从管沟泄漏点的一边吹风，另一边放风，保证管沟内的泄漏气体向另一边冒、跑。用示踪探头从风机一端伸进管沟，示踪探头与泄漏气体接触处即为泄漏点。还可以用钻孔法配以气敏探测仪在地面检测，在泄漏点的下风气敏仪会报警，在上风不报警，泄漏点位置就在报警与不报警两孔之间，在此进一步加密测点，即可精确定点。

8.4　燃气泄漏检测仪器

燃气检测仪器从检测的核心部件方面划分，可分为传感器类型、激光类型、火焰离子几种。

（1）传感器类型检测仪，其原理是运用催化燃烧式原理，广泛使用在检测可燃气体的浓度上，具有输出信号线形好、指数可靠、价格便宜、不会受到其他非可燃性气体的干扰等特点。当空气中含有可燃性气体扩散到检测元件表面上，在检测元件表面催化剂作用下迅速进行无焰燃烧，产生反应热使检测元件的铂丝电阻值增大，打破电桥平衡，检测桥路输出一个差压信号，这个电压信号的大小与可燃性气体浓度呈正比例关系。它经过放大后，进行电压电流转换并把可燃性气体爆炸下限值以内的百分含量转换成标准信号输出，显示燃气相关数据。

还有一类传感器是燃气吸附类型，仪器中传感器作为电路中的一个部件安装上，当可燃气体经过传感器时，传感器会吸附可燃气体，吸附后其导电性会发生改变，从而引起电路信号发生变化，气体浓度大吸附量也大，导电性变化也越大，变化的电信号再经过后期电路的放大、稳定和数据算法处理后显示燃气相关数据。吸附可燃气体后的传感器，通过清洁空气冲洗后可以恢复如初，从而可再次检测。

传感器本身的技术特点决定了随着时间的推移和环境的改变，传感器的灵敏度会降低，其设定的感应点也会发生变化。所以，在使用一段时间以后，报警器必须进行重新检定校验。如果传感器功能正常，可以继续使用；如果传感器已经失灵，则需要及时更换。

（2）激光类型检测仪，是可调谐半导体激光吸收光谱（Tunable Diode Laser Absorption Spectroscopy，TDLAS）。该技术主要是利用可调谐半导体激光器的窄线宽和波长随注入电流改变的特性，实现对分子的单个或几个距离很近很难分辨的吸收线进行测量。

基本原理是 Lambert-Beer 定律，当一束光穿过充满气体的吸收池后，其强度会因分子吸收而衰减。入射光在穿过厚度为 d_1 的分子层时其强度的衰减量 d_1 与传输到这里的光强成正比。因此，可通过测量气体对激光的衰减来测量气体的浓度。

激光甲烷测定检测仪可用来进行连续工业过程和气体排放测量的测定，适合于恶劣工业环境应用，如钢铁各种燃炉、铝业和有色金属、化工、石化、水泥、发电和垃圾焚烧等。受粉尘、水汽、温度影响较小，高灵敏度，依赖于光程，灵敏度可达 1ppm 无零点漂移，无定期校正要求，可在无氧环境中使用，可同时实现高低浓度检测、传感器无中毒风险，工作无耗材，无传感探头定期更换要求，该气体监测仪内部主要由传感器、管道过滤器、两级标气减压阀、气路管道等构成。

（3）火焰离子检测仪，是离子火焰探测。燃烧是一种十分复杂的化学反应，燃烧反应过程存在离子反应，由于火焰中存在正负离子，电场施加于火焰时，外电路即可产生微弱的电流，同时火焰离子电流有如下特点：具有明显的单向导电性，随火焰强度升高而增大。在一定电压范围内，离子电流随施加于火焰上的电压增高而增大。离子火焰探测器有火焰信号时为高电平；无火焰信号，探针短路或探针与机体之间严重漏电时为低电平，这个电压信号的大小与可燃性气体浓度呈正比例关系。它经过放大后，进行电压电流转换并把可燃性气体含量转换成标准信号输出，显示燃气相关数据。

离子火焰探测器不同于普通的火焰探测器，离子火焰探测器主要用于燃气工业燃烧器、锅炉的火焰监测。检测性能可靠，可以排除积炭、布线分布电容的影响，只对火焰敏感，对高温无反应，具有强抗干扰性能。

8.5   泄漏气体种类鉴别

8.5.1   检测乙烷的作用

乙烷的检测是被德国水和燃气专业协会（DVGW）所承认的用来区分沼气和天然气或其他管道燃气的方法。这样可以防止误测误挖，避免开挖浪费和对路面的破坏。当在待测燃气样品中测出含有乙烷成分时，肯定是输气管道中的天然气或其他可燃气，否则是地下沼气。为了把混合气体分解成单一的气体成分，需要运用色谱分离法。燃气行业专用气相色谱仪 PGC 就可以完成这项工作。

8.5.2   可燃气体（烷烃）色谱分离法

在进行测试的时候，待测气体和由进气孔进入的空气一并被吸入（空气起到一个载体的作用），然后让气体通过一个分离柱。因为混合气体的不同气体组分在分离柱中停留的时间长短不同，一般比重小的优先于比重大的气体先分离出色谱柱，所以这样就可以用一种监测仪把不同的气体组分从时间上进行分离。

从测试开始，到混合气体的不同组分先后离开测量室，这段时间被称为停滞时间。混合气体的不同组分停滞时间是不一样长的。通过对停滞时间的测量，我们就可以知道混合气体里各种组分的名称。

8.5.3   气体的色谱分离图

气体色谱分离图，也称为测量结果，它由基线（也称为零线）和一些峰值组成。每个峰值就代表了混合气体的每个组分。从图表上得出每个峰值出现的时间，就可以把得到的停滞时间和气体组分一一对应起来。

甲烷的峰值出现在大概 $20\sim30s$，后面跟着的峰值是乙烷。

8.5.4   样品气体的采集

在采集气样的时候，要特别小心。因为待测气体的纯净度直接影响着测量结果的准确性。乙烷辨识仪（PGC、SAFE 等）只能对输入 PGC、SAFE 等的待测气体进行分析。采集样品气体的容器包括有专用鼠状采样管、普通采样袋等。

采样时注意事项：

（1）请检查待测气体的容器是否干净；

（2）往容器中注入尽量高浓度的待测气体；

（3）把容器密封；

（4）尽可能快地分析容器中的待测气体；

（5）当直接在钻孔进行气体分析时，可以不需要这些待测气体的容器。

8.5.5   常用仪器（PGC、SAFE 等）乙烷灵敏度

（1）PGC、SAFE 是用来对混合气体作定性分析而不是作定量分析的。其目的是验证

待测气体里面有无乙烷的存在，据此可以确定泄漏的气体是否为管道天然气。

（2）PGC、SAFE 对甲烷、乙烷的敏感度为 10^{-7}，因此即便是极微小的乙烷含量的待测气体，PGC 也可以检测出乙烷的存在。PGC 对于气体浓度上限是没有限制的，也就是说，可以用 100Vol.％的未稀释气体进行测量。

（3）用 PGC、SAFE 进行简单、可靠的测量，打开仪器—连接到样品气体—开始测量—得出色谱分离图。

（4）PGC、SAFE 特点：

1）用色谱分离图来图解测量。

2）天然气中甲烷的含量从 2000ppm 到 100Vol.％都能测出乙烷的存在（乙烷灵敏度 100ppm）。

3）仪器里面包括了测量室，不再需要其他的附加设备，不需要其他的载气。

4）电池驱动使得 PGC、SAFE 在任何地方都可以使用，也可以在钻孔上直接使用。

5）PGC、SAFE 符合 DVGW 的 G465-4 要求。

8.5.6　泄漏气体种类鉴别与分析

地下沼气和天然气的区分方法是检测乙烷存在与否。该方法是燃气泄漏检测中定性气体种类非常必要的技术手段，可防止误测误挖，避免开挖浪费和对路面的破坏。因此拥有一台性价比非常之高的燃气行业专用气相色谱仪（乙烷辨识仪），是巡检人员的明智之举。

8.6　埋地燃气管网泄漏检测

埋地燃气管网管理在燃气公司经营中占有非常重要的位置，其安全管理也是日常工作中的重中之重，特别是埋地燃气管网泄漏控制与检测，是必不可少的一项日常工作。埋地燃气管网发生燃气泄漏的原因有几种，一是第三方在燃气埋地管道经过区域施工，由于不清楚燃气管道的位置，破坏燃气管道，导致燃气发生泄漏，目前第三方破坏在燃气管道泄漏燃气事故中占有比较高的比例，处于第一位置；二是埋地钢质燃气管道，由于腐蚀控制失效，造成腐蚀泄漏气事故，在埋地燃气管道燃气泄漏统计事故中占据第二位，仅次于第三方破坏；第三是埋地燃气管道施工质量不达标，遗留的缺陷造成燃气泄漏事故，这三个方面占据埋地燃气管道燃气泄漏事故的百分之九十以上。其他方面导致埋地燃气管道发生燃气泄漏占比一般很小。

埋地燃气管网发生燃气泄漏后，燃气会因为埋地管道周围土壤环境不同，扩散方式和扩散范围存在很大的差异，并且一般情况下，特别是城市区域内，地下或多或少都存在沼气，这给检测定位泄漏点带来不小的困难与干扰。因此埋地燃气管网泄漏气检测技术有多种多样，检测过程要比裸露管道漏气检测复杂很多。随着科学技术的发展，检测仪器设备自动化程度也越来越高，也为埋地燃气管网的长期安全运营提供了更多的手段。埋地燃气管网泄漏气检测，准确定位泄漏点，很难通过一种检测设备实现。目前埋地管网燃气泄漏气检测常用的几类检测设备见图 8.6-1。

(a) 手持可燃气体检测仪1　　　(b) 泵吸式可燃气体测仪　　　(c) 手持可燃气体检测仪2

(d) 综合燃气泄漏检测车　　　(e) 遥感激光甲烷检测车　　　(f) 手持遥感激光甲烷检测仪

图 8.6-1　燃气泄漏检测设备图片

8.6.1　燃气计量单位

燃气计量单位换算见表 8.6-1。

燃气计量单位换算表　　　　　　　　　　　　　　　　　　　　　表 8.6-1

计量单位	ppm	Vol.%	%LEL（Low Explosion Limit）
含义	1ppm 表示百万分之一的含量	1Vol.%表示百分之一的含量	空气中最低燃爆含量下限，LEL 为英文第一个字母的缩写（Low Explosion Limit）爆炸要素：遇到明火，氧气达到爆炸下限值，即可发生爆炸。因此 LEL 值就是该种可燃气体发生爆炸的下限含量
单位之间的换算	1ppm=0.0001Vol.%	10000ppm=1Vol.%	不同气体的爆炸下限不同；例如：CH_4 的爆炸下限为 4.4Vol.%，则 4.4Vol.% = 100%LEL；C_3H_8 的爆炸下限为 1.7Vol.%，则 1.7Vol.% = 100%LEL；H_2 的爆炸下限为 5.7Vol.%，则 5.7Vol.% = 100%LEL

8.6.2　检测流程图

燃气泄漏检测流程图见图 8.6-2。

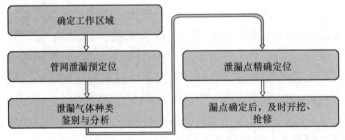

图 8.6-2　燃气泄漏检测流程图

8.6.3　埋地燃气管网燃气泄漏特征

埋地燃气管道泄漏特征示意图见图 8.6-3。

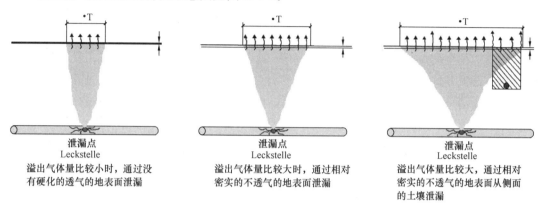

泄漏点
Leckstelle
溢出气体量比较小时，通过没有硬化的透气的地表面泄漏

泄漏点
Leckstelle
溢出气体量比较大时，通过相对密实的不透气的地表面泄漏

泄漏点
Leckstelle
溢出气体量比较大，通过相对密实的不透气的地表面从侧面的土壤泄漏

图 8.6-3　埋地燃气管道泄漏特征示意图

8.6.4　埋地管燃气泄漏检测方法

城市埋地燃气管网的燃气泄漏一般需要采用检漏计划 ＋ 检漏队伍＋多种仪器综合使用（检漏车、管线仪、钻孔机、吸气泵和检漏仪等）。最常用的方法为地面钻孔检测法。地面钻孔是埋地燃气管道发生泄漏后准确定位泄漏点必不可少的手段，通常会用到钻孔机、低压真空吸气泵等辅助检测设备（图 8.6-4、图 8.6-5）。

图 8.6-4　钻孔机

图 8.6-5　低压真空吸气泵

（1）微小漏点检测

● 钻孔距离被测管道不能超过 2.5m。

● 探孔深度通常为 0.3～0.5m。

● 如果泥土非常坚硬，则需要穿透泥土表层以获取更为准确的读数。这需要绝缘的勘探棒配合完成（绝缘电压为 10.000V），因此必须提前检测是否有地下电缆等其他管线。

● 必须测量每个探孔的燃气浓度，浓度最高的位置即为漏点位置。

● 定位后的数据包括管道的绘图和漏点位置，必须进行存档。

（2）大泄漏点检测

埋地燃气管网出现大泄漏点时，特别是泄漏时间较长情况下，燃气会在泄漏点周围较大区域积聚，范围直径可能会有2、3m甚至更大，这个范围内燃气浓度都很高，直接检测准确定位泄漏点困难。因此高浓度泄漏气点定位检测需要采用排气检测法。

●地下弥漫着浓度很高的泄漏气体，一定范围内用检测仪器检测到处都报警，漏气点无法定位，甚至在每一个钻孔都检测到100Vol.％的燃气浓度。

●通过检测仪对钻孔进行吸气，地下弥漫的气体浓度降低，这样泄漏气体浓度最高的点就可以找到了。然而，事实并非如此简单，一般检测仪的泵吸能力有限，没有这样的吸气时间，或者尽管进行了吸气，但还是不能确定最高气体浓度点位置的时候，可以采用低压真空吸气泵将钻孔里面的气体吸掉。通过吸气设备，可以把地下的气体吸到地面上来。在吸气的过程中对气体的浓度做监测。

●气体浓度降低，渐渐被抽光，漏气点的位置被确定下来。用低压真空泵进行吸气；在吸气过程的同时，进行泄漏气体浓度的测量，见图8.6-6。

图8.6-6　真空吸气检测示意图

●气体浓度降低漏气点能被测出。只有低压真空泵吸气与钻孔检漏法配合使用，才能精确定位漏气点。低压吸真空泵的作用是把弥漫淤积的气体吸掉，使高浓度的气体稀释，只在漏气点的上方显示高浓度值，见图8.6-7。

（3）示踪气体法查找漏点

在不能够实施钻孔检测的密封地面（如垫板瓷砖、大理石地面、水磨石地面等）或因钻孔对地面破坏经济损失较大情况下，可采用"示踪气体法"检测。常用示踪气体为氢气（H_2）和氦气（He），这两种气体具有很强的穿透性，用氢气检漏仪，较小的漏量也可探测到（0～1000ppm）。

示踪气体检漏法对示踪气体的要求：

●良好的使用性和经济实用性（10L200bar高压瓶相当于2000L示踪气体）。

●在低浓度时也容易检测到（在几个ppm的低浓度时是准确检测到的）。5％的氢气在合成气体中相当为50.000ppm！

●不可燃，用5％氢气和95％氮气合成的气体是不可燃的。虽然比较好用的10％氢气和90％氮气的混合气，但是这种气体被认作是可燃的，一般较少使用。

● 氦气（He）的安全性比氢气要高，但成本比较高。

采用示踪气体法检测时，首先要将示踪气体注入的被检测的管道内，一般通过管道的放散阀门口出注入，示踪气体的压力要高于管道内输送气体的压力。如果埋地管道泄漏段通过阀门开关能够截断隔离最好，这样可以节省示踪气体，检出速度和准确度会有所提高。注入示踪气体后，沿管道上方地面检测即可，由于示踪气体渗透性很强，扩散范围比较小，一般峰值在 0.5～1.0m。

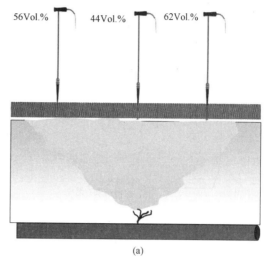

(a)

8.6.5 检测仪器设备选择

埋地燃气管网泄漏检测可分为普查检测和泄漏点精确定位检测两类，普查检测可用燃气泄漏巡检车（大约每小时探测 5～10km）、扩散式检测仪、泵吸式检测仪［手推车式（地毯式）探头：用于平坦路面大面积普查，探测速度大约每小时 3km］、激光式检测仪、火焰离子检测仪等，通过普查检测可以发现埋地燃气管道发生泄漏的大体区域，然后再用详细检测分析方法进一步缩小管道发生泄漏的区域范围，最后通过地面钻孔方式，检测定位出燃气管道发生泄漏的准确位置。

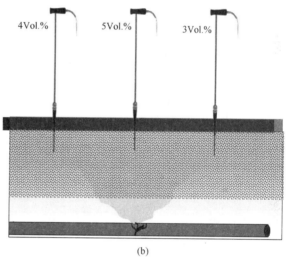

(b)

图 8.6-7　吸气排气前示意图

8.6.6 泄漏燃气危险程度评估

首先检测泄漏点区域建筑物室内的气体浓度：
● 在进入室内前必须打开仪器。
● 保证在进入室内时已经开始检测气体浓度。
● 当浓度高于 50% LEL 时，不能进入。
● 当气体浓度低于 50% LEL 时。
— 关掉燃气管道阀门。
— 禁止使用电铃、开灯、手机及其他电子物品。
— 尽量保持室内通风。
— 如果房屋被锁，通报火警。

埋地燃气管网燃气泄漏严重程度分级，目前我国还没有相应的标准。下面介绍德国埋地燃气管网发生燃气泄漏后的分级标准，按危险程度共分为四级"AⅠ级、AⅡ级、B级、C级"，AⅠ级危险程度最高，C级危险程度最低。分级方法见图8.6-8。

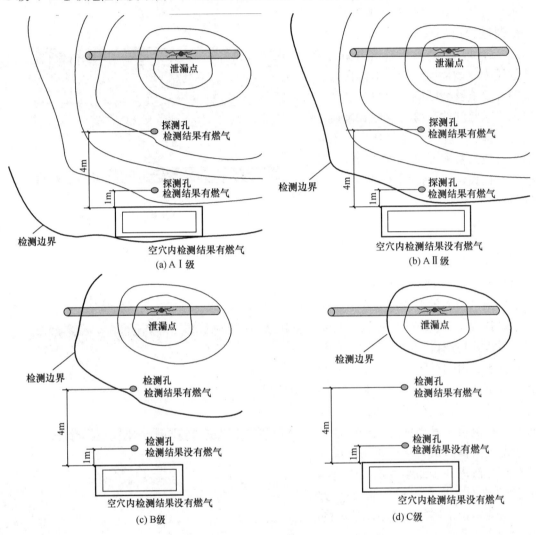

图 8.6-8　埋地燃气管道泄漏危险程度评估示意图

8.7　户内燃气泄漏检测

随着城镇燃气的发展，居民用户的数量快速增长和户内燃气设施运行使用时间增加，用气安全问题日益突出。随用气时间越久，户内燃气管道安全隐患逐渐增多，户内燃气事故屡有发生。事故与安全隐患是不同的概念，隐患是不安全因素，事故是不安全因素的最终结果，但不是唯一结果。隐患如果被很好地控制，就可以使事故发生的频率大大降低。

有燃气供应的地方就可能发生燃气泄漏，对户内燃气管道而言，燃气泄漏是主要安全隐患，占比例比较大，从近些年来分析统计看，户内燃气泄漏占维修总量的一半以上（图 8.7-1）。

户内管道一般是指燃气计量表之后的管道，主要由燃气表活接头、燃气管道（明部管道或墙内暗埋管道）、截阀门、考克、软管、燃气用具（灶具、热水器等）等组成（图 8.7-2）。

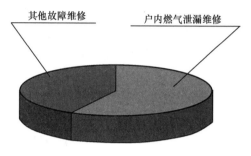

图 8.7-1　户内燃气泄漏、其他故障维修比例示意图

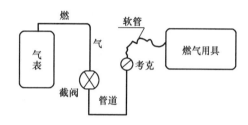

图 8.7-2　户内管道构成示意图

户内管道发生燃气泄漏极易引发严重后果。因此，国家燃气安全管理规范规定，户内管道安全检查至少一年一次，安全检查重点是排查存在燃气泄漏的安全隐患。

8.7.1　燃气定期入户安检内容

1. 立管检查

（1）使用可燃气体报警仪或检漏液检查用户立管是否漏气。

（2）立管的腐蚀状况。

（3）立管是否稳固，是否有适当的管卡及支承。

（4）立管是否被封闭，不通风。

（5）立管有无私改情况。

（6）条件许可的情况下，可进行立管气密性测试；也可按立管的安装年份，编制专门的立管测试计划并实施。

2. 户内管检查

（1）使用可燃气体报警仪或检漏液检查测试每一客户燃气设施是否漏气，包括表前阀、表后所有燃具、煤气表、阀门及管道。（此检查项为必检项目）

（2）户内管腐蚀状况。

（3）检查客户是否在燃气管道上搭挂重物及接地。

（4）管道有否被封闭、不通风。

（5）管道有无私改、私接现象。

（6）管道与周围其他设施的安全间距。

（7）查看并记录各阀门的种类及尺寸，检查其使用是否顺畅及安装位置是否方便操作。

3. 连接软管检查

（1）建议客户更换已使用超过 2 年的胶管。

（2）软管长度是否超出国家标准规定〔《城镇燃气设计规范（2020 版）》GB 50028—

2006 中第 7.2.34 条不应超过 2m]。

（3）软管及接口是否漏气。

（4）软管材质是否符合安全规范要求。

（5）软管是否存在老化现象。

（6）软管是否有暗设及穿墙、门窗等情况。

（7）软管有否装上管夹固定。

（8）软管有否受到燃气用具的热辐射。

4. 燃气表检查

（1）检查燃气表外罩腐蚀状况。

（2）检查燃气表指针或读数有否损坏，检查燃气表在最小流量下是否正常工作（通气但不转动）。必须独立开启个别燃具，以防旁通绕过燃气表盗气。

（3）检查燃气表的机械计数部分和电子部分是否吻合。电子部分的总购气量减去机械部分的使用量应等于电子部分的剩余量，不相符的应核查有无维修记录等，发现直通表或其他问题应及时上报维修、稽查人员。

（4）检查燃气表是否有足够的通风。

（5）检查表前阀门的安装位置是否易于操作及是否被其他东西阻碍不能开关。

（6）记录燃气表的品牌、型号及入气口位置。

（7）抄录燃气表读数。

5. 燃气灶检查

检查灶具操作是否正常、各部位是否松动脱落、清理喷嘴、检查点火线接驳件是否紧密、清理炉头火盖、检查是否变形、检查打火旋钮阀门等处是否顺畅（若不顺畅应调整并加上润滑油）、检查燃烧火焰是否正常、检查熄火保护装置是否能够正常使用、记录灶具的种类品牌型号及所使用气种、检查灶具是否超过作废年限、检查其是否与工作单上的资料一致。

6. 燃气热水器检查

检查热水器操作是否正常、各部位有无松动脱落、检查热水器的点火温度调节火力调节是否顺畅、检查使用场所通风情况、燃烧的废气是否完全排出室外及烟道是否有破损、热水器与周边其他设施是否有足够的安全间距。国家已明令禁止生产使用直排式燃气热水器。

7. 客户用气及燃气设施房间的通风情况的检查

检查用气房间是否有排风设施、在用时能否启动、用燃气设施的房间是否长期保持空气流通。

8.7.2 户内燃气泄漏检测方法

燃气定期入户安全检查重中之重是可燃气体泄漏检测，一般检测部位是管道的丝接连接头、软管连接处、燃气用具开关处、管道经过的密闭空间等。常用的是检测仪器是手持可燃气检测仪（图 8.7-3）。手持可燃气检测仪检测灵敏度属于 ppm 级别，检测时当环境中燃气达到一定浓度时，仪器有声光报警提示。

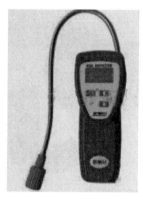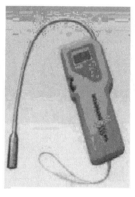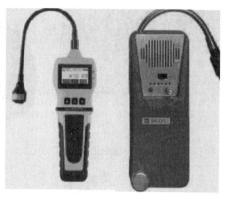

图 8.7-3　手持可燃气检测仪

1. 检测方法

开始检测前，首先在确保环境中无可燃气体情况下打开检测仪器（一般长按开关键 3s 即可），开机后检查仪器电量是否充足，电量满足检测需要情况下，等待 10～20s，仪器显示可燃气体浓度为零后，即可开始检测。若仪器显示负值，可按仪器的归零键，使仪器显示为零。

2. 检测数据分析

检测时将检测仪器探头置于要检测的管道位置，等待 5s 以上，若仪器显示可燃气体浓度数字为零（或数字很小＜10ppm），说明检测位置无气体泄漏；若检测仪器显示气体浓度数字很大，说明检测位置存在可燃气体泄漏；若检测仪显示出现报警时，说明检测位置燃气泄漏量比较大，应立即关闭户内供气阀门并报修，等维修好后再供气。

3. 检测结束

手持可燃检测仪器的核心部件是可燃气体传感器，这种传感器化学类结构居多，其优点是结构简单、价格便宜、灵敏度较高；缺点是容易老化、寿命较短、气体中毒灵敏度下降。所以检测结束后应将检测仪置于干净的环境中，使检测仪显示气体浓度归零后再关机。

8.8　架空燃气管道泄漏检测

架空燃气管道一般是指供气管网的地上管道，通常是供气小区内的楼栋立管和楼顶的上盘燃气管道。这部分管道由于常年暴露在自然环境中，受大气环境影响，容易出现锈蚀漏气、热胀冷缩漏气、管道丝接部位老化漏气等。

8.8.1　检测仪器

目前户外楼栋架空管道燃气泄漏检测，常用的检测仪器是手持式遥感激光甲烷检测仪（图 8.8-1）。其采用可调谐激光光谱吸收检测方法（TDLAS），以 DFB 激光器作为光，用一个正弦波调制信号叠加一个三角波信号的电流来驱动 DFB 激光器。利用可调谐光源＋谐波吸收的方法对甲烷气体的浓度进行检测。谐波检测法是在强干涉噪声中提取小信号并且提高检测灵敏度的最有效的方法之一，其检测原理是当激光器发出的波长在甲烷气体某

(a) S350激光甲烷检测仪　　　　(b) RMLD-IS激光甲烷检测仪　　　　(c) 国产遥距激光甲烷检测仪

图 8.8-1　手持式遥感激光甲烷检测仪

一吸收峰附近时，通过温控调节和电流调制将激光器发出的波长控制在相对应的甲烷气体吸收峰处，然后加入正弦波和三角波叠加后的调制信号对激光波长进行调制，通过锁相放大技术来检测由于甲烷气体浓度变化而引起的二次谐波信号，从而达到对甲烷气体浓度检测的目的。

8.8.2　管道泄漏检测方法

手持式遥感激光甲烷检测仪根据所用仪器实用说明书要求，开机调试检测仪器进入检测状态，检测时将仪器的检测窗口对准要检测的目标区域，可以看到检测的位置会出现一个激光照射的"红光点"，若"红光点"不在检测表的相应位置，可以调整手持式遥感激光甲烷检测仪角度，使红点出现在检测目标上。对准检测目标后，仪器显示出该目标区域周围环境中的甲烷浓度数据，一般管道不存在泄漏的话显示浓度数据会很小（约为几个ppm），若出现比较大的甲烷浓度，甚至出现仪器报警，说明管道存在泄漏，检测结果显示情况见图 8.8-2。

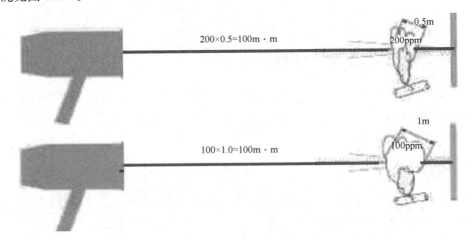

图 8.8-2　手持式遥感激光甲烷检测结果显示示意图

8.8.3 检测数据分析

手持式遥感激光甲烷检测仪获得的检测数据，是燃气泄漏点周围甲烷的浓度数据，例如检测数据为 $100 \times 1.0 = 100$ppm·m，代表的是泄漏点周围空气中 1m 范围内甲烷气体的平均浓度。这个数据一般情况下越大，说明泄漏点单位时间内泄漏量越大。但与甲烷气体的扩散环境条件、风速等密切相关，风速大气体扩散快，检测数据气体浓度会变小。总体说来，手持式遥感激光甲烷检测仪检测到架空燃气管道周围空气中有一定浓度的可燃气体，就说明燃气管道有泄漏，就需要对燃气管道做维修处理。

手持式遥感激光甲烷检测仪，根据品牌不同、型号不同，检测灵敏度有一定差异，检测的有效距离也不同，一般检测的有效距离在 0～30m、0～50m 之间不等。

8.9 天然气与沼气辨识检测

常用的可燃气体检测仪，一般不能够区分是天然气还是沼气，特别是埋地燃气管网泄漏检测过程中，地下沼气浓度很高，普通可燃气体检测仪往往不能够区分出是管道泄漏的气体还是地下的沼气，这就需要采用专用的检测仪器来辨识，根据天然气与沼气的组分差别（表 8.9-1），采用乙烷检测仪来区分。气体中含有乙烷说明是天然气，没有乙烷说明是沼气。

天然气与沼气组分表 表 8.9-1

天然气的最重要组分	沼气的最重要组分	天然气的最重要组分	沼气的最重要组分
CH_4甲烷	CH_4甲烷	C_4H_{10}丁烷	H_2S硫化氢
C_2H_6乙烷	N_2氮气	CO_2二氧化碳	CO_2二氧化碳
C_3H_8丙烷	NH_3氨气	N_2氮气	

第 9 章 燃气管道其他检测

9.1 管体和焊缝无损检测

对埋地管道的检测，一般首先采用不开挖检测技术对管道本体的腐蚀状况进行快速测评，对于腐蚀严重或者发生泄漏的部位，还需要进行开挖，以对管道本体和焊缝进行无损检测。无损检测管道开挖后，使用最多的仍为超声、射线、磁粉和渗透检测技术。近年来也有一些无损检测新技术应用于管道本体的检测，如超声导波检测、电磁超声检测等。

管道管体的无损检测，主要就是管体的完整性（如剩余壁厚、管道缺陷、表面腐蚀形态、腐蚀产物类型、腐蚀深度等）以及焊缝检测。

1. 无损检测的定义（Non-destructive Testing，简称 NDT）

在不损伤被检测对象的条件下，利用材料内部结构异常或缺陷存在所引起的对热、声、光、电、磁等反应的变化，来探测各种工程材料、零部件、结构件等内部和表面缺陷，并对缺陷类型、性质、数量、形状、位置、尺寸、分布及其变化作出判断和评价。

2. 无损检测一般有三种含义

(1) 无损检查 NDI（Non-destructive Inspection）：探测和发现缺陷。

(2) 无损检测 NDT（Non-destructive Testing）：以 NDI 检测结果为判定基础，对检测对象的使用可能性进行判定，探测和发现试件的缺陷、结构、性质、状态。

(3) 无损评价 NDE（Non-destructive Evaluation）：不仅要求发现缺陷，探测试件的结构、状态、性质，还要获取更全面、准确和综合的信息，辅以成像技术、自动化技术、计算数据分析和处理技术等，与材料力学、断裂力学等学科综合应用，以期对试件和产品的质量及性能做出全面、准确的评价。

目前国内一般统称为 NDT，国外 NDE 逐渐代替 NDT。

3. 常用无损检测技术

(1) 射线照相法（RT）——主要用于检测体积型缺陷，如气孔、疏松、夹杂。

(2) 超声波检测（UT）——主要检测裂纹、分层、缩孔、未焊透。

(3) 磁粉检测（MT）——能检铁磁体材料的表面和近表面存在的裂纹、夹层等缺陷。

(4) 渗透检测（PT）——能检出金属材料和致密性非金属材料的表面存在开口的裂纹、缩松、针孔等缺陷。

(5) 涡流检测（ET）——能检出导电材料表面或近表面存在开口的裂纹、缩松、针孔等缺陷。

(6) 其他几种常用无损检测方法：①声发射（AE）；②目视检测（VT）；③泄漏检测（LT）；④光全息照相（OH）；⑤红外热成像（IT）。

4.无损检测在管道检测中的应用

1）埋地管道元件检测

管子、管道、法兰、阀门、膨胀节、波纹管、密封元件及特种元件。

2）埋地管道安装过程的检测

管道安装过程中的焊接施工是管道建设中最主要的环节之一。随着目前油气输送管道钢级、口径、壁厚和输送压力的增高，管道焊接施工难度加大，对管道对接环焊缝的无损检测技术要求也更严格。通常执行的行业标准是 SY/T 4109—2005 和 SY/T 0327—2003，是按照管线工作压力、通过的区段或环境要求，采用一定比例的超声波检测和 X 射线检测。对于穿越地段，要求对接环焊缝必须进行 100%超声波检测和 X 射线检测。目前，对管道自动焊主要采用相控阵或多通道超声波检测。

5.几种常用无损检测技术方法的对比

几种常用无损检测技术方法的对比见表 9.1-1。

几种常用无损检测技术方法的对比　　　　　　　　　　　　　　　表 9.1-1

方法	优点	缺点	适用范围
射线	1.适用于几乎所有材料； 2.检测结果（底片）显示直观、便于分析； 3.检测结果可以长期保存； 4.检测技术和检验工作质量可以检测	1.检验成本较高； 2.对裂纹类缺陷有方向性限制； 3.需考虑安全防护问题（如 X、γ 射线的传播）	检测铸件及焊接件等构件内部缺陷，特别是体积型缺陷（即具有一定空间分布的缺陷）
磁粉	1.直观显示缺陷的形状、位置、大小； 2.灵敏度高，可检缺陷最小宽度约为 1 μm； 3.几乎不受试件大小和形状的限制； 4.检测速度快、工艺简单、费用低廉； 5.操作简便、仪器便于携带	只能用于铁磁性材料； 只能发现表面和近表面缺陷； 对缺陷方向性敏感； 能知道缺陷的位置和表面长度，但不知道缺陷的深度	检测铸件、锻件、焊缝和机械加式零件等铁磁性材料的表面和近表面缺陷（如裂纹）
渗透	1.设备简单，操作简便，投资小； 2.效率高（对复杂试件也只需一次检验）； 3.适用范围广（对表面缺陷，一般不受试件材料种类及其外形轮廓限制）	1.只能检测开口于表面的缺陷，且不能显示缺陷深度及缺陷内部形状和尺寸； 2.无法或难以检查多孔的材料，检测结果受试件表面粗糙度影响； 3.难以定量控制检验操作程序，多凭检验人员经验、认真程度和视力的敏锐程度	用于检验有色和褐色金属的铸件、焊接件以及各种陶瓷、塑料、玻璃制品的裂纹、气孔、分层、缩孔、疏松、折叠及其他开口于表面的缺陷

续表

方法	优点	缺点	适用范围
涡流	1. 适于自动化检测（可直接以电信号输出）； 2. 非接触式检测，无需耦合剂且速度快； 3. 适用范围较广（既可检测缺陷也可检测材质、形状与尺寸变化等）	1. 只限用于导电材料； 2. 对形状复杂试件及表面下较深部位的缺陷检测有困难，检测结果尚不直观，判断缺陷性质、大小及形状尚难	用于钢铁、有色金属等导电材料所制成的试件，不适于玻璃、石头和合成树脂等非金属材料
超声波	1. 适于内部缺陷检测，探测范围大、灵敏度高、效率高、操作简单； 2. 适用广泛、适用灵活、费用低廉	1. 检测结果显示不直观，难于对缺陷做精确定性和定量； 2. 一般需用耦合剂，对试件形状和复杂性有一定限制	可用于金属、非金属及复合材料的焊接检测

6. 无损检测记录要求

（1）无损检测记录的内容至少应包含以下内容：

① 记录编号；

② 检测技术要求：执行标准和合格级别；

③ 检测对象：承压设备类别，检测对象的名称、编号、规格尺寸、材质和热处理状态、检测部位和检测比例、检测时的表面状态、检测时机；

④ 检测设备和器材：名称、规格型号和编号；

⑤ 检测工艺参数；

⑥ 检测示意图；

⑦ 原始检测数据；

⑧ 检测数据的评定结果；

⑨ 检测人员；

⑩ 检测日期和地点。

（2）无损检测记录应真实、准确、完整、有效，并经相应责任人员签字认可。

（3）无损检测记录的保存期应符合相关法规标准的要求且不得少于 7 年。7 年后，若用户需要，可将原始检测数据转交用户保管。

7. 无损检测报告要求

（1）无损检测报告的内容至少应包含以下内容：

① 报告编号；

② 检测技术要求：执行标准和合格级别；

③ 检测对象：承压设备类别，检测对象的名称、编号、规格尺寸、材质和热处理状态、检测部位和检测比例、检测时的表面状态、检测时机等；

④ 检测设备和器材：名称和规格型号；

⑤ 检测工艺参数；

⑥ 检测部位示意图；

⑦ 检测结果和检测结论；

⑧ 编制（人员级别）和审核（人员级别）；

⑨ 编制日期。

（2）无损检测报告还应符合 NB/T47130.2～NB/T 47130.13 的有关要求。

（3）无损检测报告的编制、审核应符合相关法规标准的规定。

（4）无损检测报告的保存期应符合相关法规标准的要求且不得少于 7 年。

9.2　管道耐压（压力）检测

压力试验是新建管线投产运行前管线施工质量检验的必要手段之一，也是运行管线周期性检测常用的方法。压力试验是以液体或气体为介质，对管道逐步进行加压，达到规定的压力，以检验管道强度和严密性的试验。油气管道工程投产前清管、试压的一般程序为：

（1）输油管道水压试验程序：管段清管→管段测径→管段上水→管段升压→管段稳压→管段泄压、排水→管段扫水→管段连头→站间管段清管、测径→站间管段充气→站间管段封闭。

（2）输气管道水压试验程序：管段清管→管段测径→管段上水→管段升压→管段稳压→管段泄压、排水→管段扫水→管段连头→站间管段扫水→站间管段测径→站间管段干燥→站间管段充气→站间管段封闭。

（3）输油管道气压试验程序：管段清管→管段测径→管段充气升压→管段稳压→管段泄压排气→管段连头→站间管段清管、测径→站间管段充气→站间管段封闭。

（4）输气管道气压试验程序：管段清管→管段测径→管段充气升压→管段稳压→管段泄压排气→管段连头→站间管段清管、测径→站间管段充气→站间管段封闭。

9.2.1　水压检测

1. 基本规定

1）试压头

（1）试压头应采用椭圆封头，材质强度与壁厚应满足压力试验强度要求且与相连管道具有可焊性。

（2）管道试压前，安装介质注入管、放空及排水管、试压段连通管和控制阀门时，宜用凸台连接。

（3）试压头上可安装一只泄压阀。试压段连通管上应安装两个控制阀门。

（4）试压头钢管应采用与试压管段材质相同、壁厚相等或高一级的钢管，试压头与试压管段连接的环焊缝需进行 100% 射线检测，射线检测应符合现行《石油天然气钢质管道无损检测》SY/T 4109 规定，Ⅱ级为合格。

（5）试压头制造后应进行强度试压，强度试验压力为设计压力的 1.5 倍，稳压 4h，无压降、无泄漏、无爆裂为合格，使用前应进行严格检查。

2）测量仪器

（1）试压用压力天平、记录仪、温度仪和压力表等测量监控设备应经过鉴定，并应在有效期内使用。

（2）压力表的精度不应低于 0.4 级，量程应大于试验压力的 1.5 倍，表盘直径不小于 150mm，最小刻度不应大于 0.2MPa。

（3）应采用压力自动记录仪并保持 24h 记录，记录仪表盘直径不宜小于 300mm，量程范围应根据试验压力进行确定。

（4）应采用温度自动记录仪并保持 24h 记录，记录仪为图表型，图表直径最小为 250mm，量程宜为-50～50℃。

（5）应采用热敏电阻电子测温仪，温度测量精度应达到 0.5℃。

（6）应采用液压便携式压力天平，精度不大于 0.1％额定压力。

（7）每个试压区段的压力表不应少于两块，分别安装在试压管段的首末端。试压管段的首端应安装一个压力自动记录仪和压力天平。管端读数应以压力天平为准。

（8）水过滤网眼不低于 40 目，应配有量程为 0～1500kPa 的压差表，测量通过滤网的压差。流量计宜采用带远传数字输出的电子型流量计，显示"L/s"和累积量，准确度在 0.5％以上。

3）试压介质

（1）水压试验时，供水水源应洁净、无腐蚀性。进入管道的试压水 pH 值宜为 6～9，总的悬浮物不宜大于 50mg/L，水质最大盐分含量不宜大于 2000mg/L，并经化验室出具水质化验报告。

（2）试压用水内不应加入对管道具有腐蚀性的化学剂。

4）升压

（1）应在试压管道两端压力稳定之后，且水温、管壁、设备壁的温度大致相同时方可升压。

（2）升压时应控制升压速度不超过 1MPa/h，管接头应定期检查是否有渗漏。

（3）升压期间应绘制升压 P/V 图，将实际记录的数据绘制成一条 P/V 曲线图，同理论数据进行比较，如果实际曲线较理论线出现 0.2％的偏差（增加），应停止升压，进行检查。

（4）当管道试验压力升至 80％时，升压速度应减缓。达到规定的试验压力后，关闭试压设备，并将设备从试验段隔离，开始稳压前，应有不小于 2h 的稳定期，使温度和压力稳定。

5）试压与稳压要求

（1）当达到试验压力时，应及时停泵，同时检查所有阀门及管线连接处的严密性。泄漏检查完毕后，观察一段时间，应验证试验压力和温度保持稳定，当检查完成后，断开试压泵。试压管段系统压力稳定后，开始计算稳压时间。

（2）在稳压期间应连续地监控压力和温度，并及时进行记录。应符合以下要求：

① 强度试验：稳压 4h，在稳压期间的前 30min，每 5min 记录一次压力天平的读数。下一个 30min，每 10min 记录一次压力天平的读数。再下 1h，每 15min 记录一次读数，以后每 30min 记录一次。

② 严密性试验：稳压 24h，记录仪和压力天平应连续工作，每 15min 记录一次压力

和时间，每 1h 记录一次管壁温度和地温。

（3）油气管道分段水压试验时的压力值、稳压时间及合格标准应符合现行《油气长输管道工程施工及验收规范》GB 50369 中的规定。

6）其他要求

（1）架空管道采用水压试验前，应核算管道及其支撑结构的强度，可临时加固，防止管道及支撑结构受力变形。

（2）试压宜在环境温度 5℃ 以上进行，环境温度低于 5℃ 时，水压试验应采用防冻措施。

（3）试压中如有泄漏，应泄压后修补，修补合格后应重新试压。

（4）阀室工艺部分应单独试压，试压要求与站场工艺管道试压相同。

（5）注水泵与试压头之间的连接钢管要保证试验强度压力要求，且钢管焊口应经无损检测合格。

（6）试压合格后应立即泄压，应在保证人员设备安全的情况下缓慢地开关阀门泄压，泄压口应设置警告标志并采取必要的保护措施。

（7）如果在试压时管道出现故障，应找到故障的位置和确定故障的原因。在拆除泄漏钢管前，故障位置应拍照。如果泄漏出现在制管焊缝上，则出现泄漏的整根钢管应从管线上切除。其他位置的故障，至少要从故障点两侧 1m 处切除，切下的钢管上应做好标记。

2. 线路水压检测

1）试压区段的划分及连接

（1）分段水压试验管段长度不宜超过 35km，试压段高差超过 30m 时，应根据该段的纵断面图计算管道低点的净水压力，核算管道低点试压时所承受的环向应力，其值一般不应大于管道最低屈服强度 0.9 倍，对特殊地段经设计允许，其值最大不得大于 0.95 倍。试验压力值测量应以管道最高点测出的压力值为准，管道最低点压力值应为试验压力与管道液位高差静压之和。

（2）分段试压合格后，两试压段连头处的焊口可不进行试压，但必须保证进行 100％ 射线和 100％ 超声波检测。连头所用短节应是经同等级压力试验合格的管段。

2）试压管段注水

（1）试压方案里应提出以下计算结果：试压注水量、注水清管器理论推进速度、注水清管器推进时间估计值。

（2）应先装入注水清管器隔离后注水，以水推动清管器将整个管段注满水，注水作业宜连续进行。在地势起伏较大的地区应建立背压，以防水击现象。

（3）在注水过程中，应准确记录注水压力、注水体积、环境温度、地表温度、管壁温度及入口水温度。注水完成后，要在所有的接口处（除了压力表，压力天平或高压泵的接口）安装法兰盲板或椭圆封头。

3）排水

（1）压力试验合格后，管道泄压时，应缓慢开启泄压阀，以每分钟不超过 0.1MPa 的速度连续降压到 40％ 试验压力后，继续以每分钟不超过 0.2MPa 的速度连续降压，降压到管线内静水压力为 0.1MPa 时结束。排水管段应设置流量计，并做好记录。

（2）排水点位置宜设在管线低点位置，排水宜从高点向低点排放。排水应符合地方有关部门环保要求。排水管道应固定，地面排水点应安装排水缓冲设施，防止冲蚀地面或者损害排水点的植被。

（3）一般地段通过排放口自然排放，再采用压缩空气推动排水清管器排放。地势起伏较大地区，宜采用压缩空气推动清管器排水，在试压管道的出水口处，宜用多条排水管道排水，排水管道截面积总和不应小于试压管道截面积的50%。

（4）试压管段排水以不再排出游离水为合格。

4）扫水

（1）排水作业完成后，安装临时收、发球筒，对管段内的积水进行清扫，清扫出的污物应排放到规定区域。扫水宜采用直板清管器，清扫宜多次进行，直至没有流动的水。

（2）直板清管器扫水后，应多次使用泡沫清管器（每隔1h发送一次）清管。

（3）在泡沫清管器后跟一个机械清管器，发送前和接收后称测泡沫清管器质量，连续2次称重含水量不大于 $(1.5 \times D/1000)$kg 为合格。

3. 输油管道水压试验压力值、稳压时间及合格标准

输油管道水压试验压力值、稳压时间及合格标准见表9.2-1。

输油管道水压试验压力值、稳压时间及合格标准　　　　表 9.2-1

分类		强度试验	严密性试验
输油管道一般地段	压力值（MPa）	1.25 倍设计压力	设计压力
	稳压时间（h）	4	24
输油管道大中型穿（跨）越及管道通过人口稠密区	压力值（MPa）	1.5 倍设计压力	设计压力
	稳压时间（h）	4	24
合格标准		无泄漏	压降不大于1% 试验压力值，且不大于 0.1MPa

4. 输气管道水压试验压力值、稳压时间及合格标准

输气管道水压试验压力值、稳压时间及合格标准见表9.2-2。

输气管道水压试验压力值、稳压时间及合格标准　　　　表 9.2-2

分 类		强度试验	严密性试验
一级地区输气管道	压力值（MPa）	1.1 倍设计压力	设计压力
	稳压时间（h）	4	24
二级地区输气管道	压力值（MPa）	1.25 倍设计压力	设计压力
	稳压时间（h）	4	24
三级地区输气管道	压力值（MPa）	1.4 倍设计压力	设计压力
	稳压时间（h）	4	24
四级地区输气管道	压力值（MPa）	1.5 倍设计压力	设计压力
	稳压时间（h）	4	24
合格标准		无泄漏	压降不大于1%试验压力，且不大于 0.1MPa

9.2.2　气压检测

1. 基本规定

（1）试压头、测量仪器要求与水压试验要求相同。升压应符合下列要求：

① 升压过程应缓慢分阶段进行，升压速度应小于 0.1MPa/min。

② 将系统压力升到试验压力的 10％时至少稳压 5min，若无渗漏再缓慢升至试验压力的 50％；其后每增加 10％的试验压力时均应稳压检查，无泄漏及无异常响声方可继续升压。

③ 当系统压力升到强度试验压力后，稳压 4h，合格后再降到设计压力，进行严密性试验。

（2）系统压力升压时试压区域内严禁滞留任何非试压人员，当压力升到试验压力的 50％时，试压巡检人员至少应与试压管线保持 6m 以上安全距离；压力试验合格后，管道泄压时，要缓慢开关泄压阀；气体试压介质宜为空气；试压中如有泄漏，应禁止带压修补，修补合格后重新进行试压。

2. 线路气压检测

气压分段试压长度不宜超过 18km。油气管道气压试验压力值、稳压时间及合格标准见表 9.2-3。

油气管道气压试验压力值、稳压时间及合格标准　　　　　表 9.2-3

管道分类	强度试验		严密性试验	
	压力值（MPa）	稳压时间（h）	压力值（MPa）	稳压时间（h）
输油管道	1.1 倍的设计压力	4	设计压力	24
一级地区输气管道	1.1 倍的设计压力	4	设计压力	24
二级地区输气管道	1.25 倍的设计压力	4	设计压力	24
合格标准	无破裂、无泄漏，压降不大于 1％试验压力值，且不大于 0.1MPa		无破裂、无泄漏，压降不大于 1％试验压力值，且不大于 0.1MPa	

附录 A   检测报告编写基本要求

埋地燃气管道防腐系统的检测报告的撰写原则应该是简单、明了、科学、严谨，有理有据，说明直奔主题、用词不需要做文学夸张的修饰，能够清楚地说明主题内容即可，要求包含内容如下：

（1）检测概况：埋地管道防腐系统检测报告要求，对所检测的管道基本情况、环境情况、建设运行时间、运行压力、输送介质、防腐系统构成、防腐系统存在的问题等需要做清楚的说明；对于为什么要做检测做一个简单的解释说明。

（2）检测工作内容：需要清楚地说明检测的项目内容，逐条地列出来。

（3）检测技术要求：根据需要检测的项目内容，列出相应的技术标准要求、达到的检测精度、准确度、防腐层缺陷点的检出率等，一一说明。

（4）检测参照执行标准：根据检测内容要求，参照执行的国家标准、地方标准、行业标准等，把标准名称与编号列出。

（5）检测方法原理简介：对检测方法原理做一个简单的描述，如果采用了标准规范之外的新方法和技术，应该将新方法的原理做清楚详细的介绍，如果采用同一方法，只做简单的介绍即可。

（6）检测概况：对什么时间开始、什么时间结束、检测的方法顺序、发现了什么问题等做简单概况的说明。

（7）检测数据分析：对各种检测数据做详细的分析解读，问题发生的原因能够明确的一定要做出肯定的说明，不能够只罗列一些数据，让用户自己去分析，检测人员不但要做到有化验员的技能，更应该做到有医生的水平，能看病开药方。各种数据的分析图表，在报告中直接使用的不应该太多、太长，太长时应该做附件，以免影响查看报告说明的连贯性。

（8）结论：对检测数据分析完成后，根据结果要做出明确的结论性意见，结论性意见的依据是什么，要清楚可定，尽量不要出现大概、也许、可能等模糊性的词语。

（9）问题与建议：根据检测结果，为客户单位提出指导性的意见和建议，为客户检测完成后的后续工作提出明确的工作方向。针对发现的问题首先应该做什么，今后应该怎么做。

（10）报告附件：为了使检测报告文字连续性较好，不至于因数据太多而中断文字叙述，当报告中的检测数据篇幅比较大，检测数据超大的表格、图形、照片等文件（一般情况下超过 3 页内容时），可以作为附件放在报告的后面。

附录 B 管线探测工程方案编写样板

检测方案有时作为检测报告一部分，需要单独编写，一般在检测工程开始之前编写，得到业主单位批准后方可开始实施检测，是检测过程的工作依据，下面是一个埋地管线探测的技术方案例子。

1 项目概况

城市自来水主干管网一般构成比较复杂，由多种材质构成，特别是历史比较久远的城市，管道由铸铁管、水泥管、钢质管、PE 管等多种组成。因此对管网的探测普查需要采用多种探测方法才能够达到目的。

2 探测工作内容

探测内容包括探测地下自来水管线及管道设施平面位置、管顶高程、埋深等内容，并绘制地下管线图，提供详细的管线探测资料。

（1）探测管道位置，并做三维坐标测量。

（2）对探测数据做分析整理，能够满足规范的技术要求。

（3）现场查明自来水管线走向及连接关系、相关属性、材质、管径、压力级别、改管时间、竣工日期、权属单位，确定其地面投影位置及埋深。

（4）查明自来水管线上的特征点及附属物点。特征点包括直线点、拐点、正三通、异径三通、入户、变径、变材、变坡、管帽等，附属物点包括 PE 直埋阀、钢直埋阀、计量表等。

（5）地下管线探测必须查明与测注的项目（表 1）。

地下管线探测必须查明与测注的项目　　　　　　表 1

管线种类	地面建（构）筑物	管线点		量注项目	测注高程位置
		特征点	附属物		
自来水	阀门、泵房等	直线点、拐点、变径、变材、变坡、三通、异径三通、出地、管帽、入户等	钢直埋阀、PE 直埋阀	埋设方式、管径、材质	管顶及地面标高
燃气					
电力					
……					

（6）地下管线探测取舍标准（表2）。

地下管线探测取舍标准　　　　　　　　表 2

管线种类	取舍标准	备注
自来水	全测	
燃气		
电力		
……		

注：架空管线的过路、过河的小段架空管应该做全，保持管线的连贯性。

（7）地下管线实地调查项目（表3）。

地下管线实地调查项目　　　　　　　　表 3

管线类别	埋深		断面		埋设方式	材质	构筑物	附属物	压力级别	地理位置	改管时间	竣工日期	权属单位
	内底	外顶	管径	宽×高									
自来水	△	△			△	△	△	△	△	△	△	△	△
燃气													
电力													
……													

注：表中"△"表示应实地调查的项目。

3　探测参照技术标准

探测参照技术标准见表4。

探测参照技术标准　　　　　　　　表 4

序号	标准名称	标准代号或文号	标准等级
1	《城市测量规范》	CJJ/T 8—2011	行业标准
2	《城市地下管线探测技术规程》	CJJ 61—2017	行业标准
3	《区域管道测绘数据收集标准》	—	区域标准
4	《全球定位系统（GPS）测量规范》	GB/T 18314—2009	国家标准
5	《测绘产品检查验收规定》	CH 1002—1995	行业标准
6	《测绘产品质量评定标准》	CH 1003—1995	行业标准

4　探测技术指标

探测准确度、精度误差满足《城市地下管线探测技术规程》CJJ 61—2017 要求。各种探测精度按该规程执行。

5　技术准备

5.1　资料收集、评价分析、实际踏勘

进场前向甲方收集测区范围内已有的燃气管网图、竣工资料，对于新、旧管线确定和不确定的各个位置要有详细的说明。按照甲方提供的资料合理安排好工作计划，在探测过程中有疑问的地方及时和甲方管网运营人员（巡线员）沟通，所有收集的资料在使用前必须进行检查和验证，评价资料的可信度和可利用程度以及精度情况。

正确地评价、分析、利用已有资料，对优化施工方案、加快工程进度、节约资金、提高效率起着至关重要的作用。

实地了解测区管道大致走向、设备架站点、地物、地貌、地形类别。了解测区及周边已有控制点的实地位置、完好程度、分布情况，地形图的现实性、测绘成果资料的可靠性。了解、核实测区地下燃气管线的分布、种类结构等信息，进一步了解城市地下管线的历史与现状。了解城市交通状况、气候特点对施工的影响程度，以及生产生活和治安卫生等可能影响工程的各种因素。

方法试验及一致性校验：开工前在测区内的已知管线上进行方法试验，确定该种方法技术和设备的有效性、精度和有关数据，确定本区合理有效的探测方法。

5.2　甲方配合的事宜

甲方需要提供的资料及人员配合：①控制资料：由甲方协助提供 GNSS 控制点成果及高程成果；②管线资料：提供城区所有燃气资料（包括设计图、施工图、竣工图及测量竣工资料）；③地形图资料：由甲方提供带探测区域 1∶500 地形图（DWG）一套；④人员配合：探测过程需要动用到燃气公司的放散阀或者调压箱附属设施，需要甲方派出专人予以配合，同时协商解决探测工作遇到的其他问题；⑤取得甲方的资料，进行检查验证评估，然后实地探勘，对地形道路和管网布置进行全面的了解，制定管线探测测绘的技术方案，编制施工组织设计，与甲方人员一同进行技术交底。

5.3　编制项目作业计划书

项目作业计划书内容包括：①确定完成每项活动的主要负责人和协作人员；②确定完成每项活动的工期、计划开始时间和计划结束时间；③确定完成每项活动所必需的资源；④评估影响作业计划完成的风险因素及应对措施。

5.4　技术设计书和作业计划书的审批

作业单位在工作开展前上报技术设计书和作业计划书，经业主审查执行。技术设计书是施工过程的技术依据之一。

5.5　作业准备工作流程

作业准备工作流程见图 1。

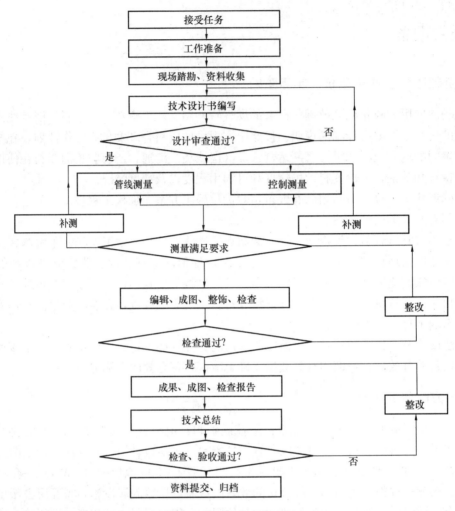

图 1　作业准备工作流程

5.6　技术交底及专业人员培养

专业人员需要具备的能力素质：具有较丰富的管线探测经验，有较强的判断分析能力，对于复杂的现场情况能够因地制宜，根据实际采取相应适合的解决方案；熟悉各类探测仪器的原理以及使用，掌握各类探测方法；了解各类地下管线的基本常识以及各类管线建设和管理的知识。

仪器综合使用技能：针对不同的适用环境选用不同的探测仪器，很多时候需要各种方法综合使用，声波式燃气 PE 管道定位仪 GPPL 平均探测范围 800m 左右，探测深度 3m以内，该方法不能定深，需要搭配探地雷达去定管道深度，当地下管线走向已知或者已探明时，可以用探地雷达垂直管线走向探测，因市政道路埋设管线分布复杂，雷达探测管线剖面图必须清晰可见，不清晰处需要向左或右平移重新探测。

5.7　仪器检验

内容：①所有在投入使用前应进行检验，在校验结果全部满足以下条件时，测绘仪可投入生产应用；②对分批投入生产使用的测绘仪，每投入一批（台）时，均要进行一致性校验。

5.8　编制技术设计书

编制技术设计书基本内容：①测绘工作的目的、任务、范围；②投入生产的人员组织和设备情况；③测区环境分析：包括交通条件、气候条件和地下管线概况；④测区地形和测量控制资料分析；⑤地下管线测量：包括控制测量、地形图测量、断面图测量及管线点测量；⑥地形图编绘与成果表编制；⑦工程质量管理；⑧遗留问题与措施；⑨成果资料提供。

6　探测仪器设备与人员配置

6.1　探测仪器的选择原则

① 有较高的分辨率、较强的抗干扰能力；

② 探查精度应符合现行《城市地下管线探测技术规范》CJJ 61 规定的精度要求；

③ 有足够大的发射功率；

④ 有多种发射频率可供选择；

⑤ 轻便、性能稳定、重复性好，操作简便，应有良好的显示功能；非电磁感应专用地下管线探测仪应符合相应物探技术标准；

⑥ 应有快速定位的操作功能；

⑦ 结构坚固、应有良好的密封性能。探测仪器设备见表 5。

探测仪器设备一览表　表 5

序号	设备配置	数量	备注	人员配置
1	PE 管线探测仪 GPPL	2 套	燃气 PE 管线定位	探测组（4 人）
2	RD8100 金属管线定位仪	5 套	燃气金属管线定位	测量组（10 人）
3	DIS9800 探地雷达	1 套	PE 管道深度定位	内业组（1 人）
4	华测 RTK-i50	1 台	测绘	
5	全站仪 NTS-362R10	1 台	测绘	

6.2　探测人员配置

探测人员配置一览表见表 6。

探测人员配置一览表　表 6

职务	姓名	职称	人数	备注
项目经理				
总技术负责人				
管线探测技术负责人				
测量技术负责人				
内业数据处理负责人				
质量检验技术员				
安全负责人与后勤保障负责人				

7 探测技术方案

探测的埋地管线情况比较复杂，既有没有金属示踪线的埋地管道，又有有金属示踪线的埋地管道和定向钻施工的埋地 PE 管道以及水泥管道、钢质管道等。针对埋地管道情况差异采用不同的方法与探测设备进行探测，以确保探测结果的准确度满足设计要求。探测的埋地管道由多种材质构成，有铸铁管、水泥管、钢质管、PE 管等，针对管道材质不同采用不同的探测方法，探测方法如下：

（1）埋地钢质管、铸铁管：采用电磁原理方法探测，使用仪器主要是地下管线探测仪；

（2）埋地水泥管、铸铁管：采用探地雷达高频电磁波法探测，使用仪器主要是探地雷达；

（3）埋地 PE 管：采用探地雷达与声波相结合的探测方法，使用仪器主要是探地雷达和声波管线探测仪器；

（4）复杂管线区域：采用多种组合方法探测，相互验证排除干扰，确保探测目标管线准确。

8 地下管道探测与坐标测量

8.1 全球定位系统 RTK 方法原理简介

采用 1＋1 配置，与卫星同步传输，实时定位，一次搜星 20 多颗，可快速确认精确位置，输出格式可导入众多绘图软件中，便于出图查看。图根控制测量利用 CORS 系统，平面和高程控制测量以网络 RTK 方法施测为主，导线测量为辅。

控制点的点位选择应有利于安全作业，便于安置接收设备和操作，和建筑物保持一定的距离，且远离大功率无线电发射源、高压输电线距离 50m 以上。控制点选用标准钢钉为标志，实地打入地面至平。图根控制点编号为 T＋阿拉伯数字顺序号，如：1 号点为 T1。

网络 RTK 测量使用当地 CORS 系统。RTK 动态测量的作业方法和数据处理应符合行业标准《卫星定位城市测量技术标准》CJJ 73—2019 的要求。RTK 控制测量符合以下规定：

（1）网络 RTK 测量在 CORS 系统的有效服务区域内进行。

（2）控制点布设时，至少保证两个控制点互相通视。

（3）控制测量采用三角支架方式架设天线进行作业，测量过程中仪器的圆气泡严格稳定居中。

（4）RTK 采用 2 个测回测定，测回间的平面坐标分量较差不超过 2cm，垂直坐标分量较差不超过 3cm。取各测回结果的平均值作为最终观测成果。观测时段不佳或观测条件不好的成果不采用，改变测量方法和改变设点位置。

（5）RTK 平面测量精度应符合表 7 规定。

RTK 平面测量精度要求

表 7

等级	相邻点间距离（m）	点位中误差（cm）	边长相对中误差	测回数
三级	≥200	5	≤1/7000	≥3
图根	≥120	5	≤1/4000	≥2

（6）RTK 测量数据输出的内容包含点号、三维坐标、天线高、三维坐标精度、解的类型、数据采集时的卫星数、PODP 值及观测时间等。

（7）外业观测数据不得进行任何剔除、修改、应保持外业原始观测记录。

（8）控制点采用常规方法进行边长、角度检核。RTK 平面控制点检核技术符合要求。

8.2　管线点编码规则及标注要求

（1）物探点号采用管线代号＋探测组代码＋管线点自然顺序号三部分组成的符号表示。管线代号按"地下管线的分类和颜色"规定的管线子类表示，管线点顺序号用阿拉伯数字表示。物探点号在各测区内应具有唯一性。

（2）隐蔽管线点的标注。隐蔽管线点平面位置确定后，为防止管线点标注丢失，要求在水泥路面刻"＋"，在沥青路面用统一规格的钢钉打入地面至平，用红油漆以钢钉为中心画圆形符号"⊕"，在软土路面打入木桩。除在管线点附近作标注外，必要时还在其附近建（构）筑物上做拴点标注。按管线类型代码编排点号并实地标注。

（3）明显管线点标注在管线附属物的几何中心部位，其他标注内容同隐蔽点。

8.3　管线点测量

地下管线点测量是管线点探测作业完成后，由探查工序提供一份探查草图，图上标注有管线点编号、管线走向、位置及连接关系等，作为开展测量的依据。各种管线点及地物点均用 RTK-GPS 或全站仪，以三维坐标方法采集数据。采集的数据均保存在全站仪内，然后采用配套的通信程序将数据从全站仪传输到计算机。各种管线点编码均以管线点的物探点号形式记录，通过程序进行编绘，形成管线图。在测量过程中，隐蔽点以"⊕"字为中心，明显点以井盖上的标记为中心，地物点以地物特征点为中心等进行观测，测量时将有气泡的棱镜杆立于中心，并使气泡严格居中，以保证点位的准确性。

测量采用的基准坐标点由国土资源局提供（购买），各小区内管线坐标首先用 RTK-GPS 打好控制点，然后采用全站仪测量，这样产生的系统误差很小，每一测站均对已知点进行站与站之间的检查及对已测点进行检查，记录其两次结果的差值作为检查结果，确保控制点和定向的正确性。

完成所有管线点测量数据后，在建立管线资料数据库的基础上，用专用成图软件生成管线平面图及管线埋深图草图等，返回各作业组，再一次对管线的分布和相互关系进行核实检查，对发现的问题或疑问到现场确认后加以修正，同时更新管线数据库。对管线草图检查修改无误后，生成正式管线图。

（1）管线点号应做到实地、记录统一。

（2）天然气管线之间的相对位置基本正确、清楚。

（3）天然气管线点之间连接关系必须表示正确、清楚。

（4）天然气线点符号必须严格按《城市地下管线探测技术规程》CJJ 61—2017 规定。

8.4 管线探查工作流程图

外业记录原则见图 2，管线测量工作流程图见图 3。

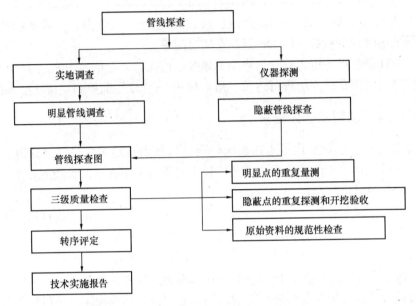

图 2　外业记录原则

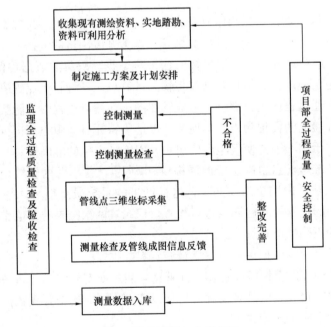

图 3　管线测量工作流程图

8.5　对探查记录的要求

本工程探查记录采用《城市地下管线探测技术规程》CJJ 61—2017 规定的表格:

(1) 数据采集要满足本城市有关数据库结构要求,以物探组为单元。

(2) 记录内容包括测点编号、测点性质、管线性质、材质、规格、埋深、载体特征、埋设日期、权属单位和备注等。另外需记录图幅号、探测人员、记录人员、日期等。

(3) 管线名称、管线点编号填写严格按《城市地下管线探测技术规程》CJJ 61—2017 的要求执行,管线点性质必须实地与记录保持一致。

8.6　管道位置探测成果

管道坐标数据测量完成后,采用成图技术对探测出的燃气管道点做成图处理,生成燃气管线图(CAD 格式)和管道通过区域带状地形图。

9　数据入库及要求

作业组现场探查绘制草图,由内业人员建立物探数据库。待管线点测量成果导入地下管线数据处理系统后,形成完整的地下管线数据库,通过编辑整理可以输出各种探测资料供检查、监理及成果提交等,同时建立《城市地下管线探测技术规程》CJJ 61—2017 要求的其他各种数据表。

内业资料检查:在建立了管线资料数据库的基础上,用专用管线成图软件生成管线图草图,返回各作业组,再一次对管线的分布和相互关系进行核实检查,对发现的问题或疑问应到现场确认后加以修正,同时更新管线数据库。对管线草图检查修改无误后,生成管线正式图。

10　成果权属单位确认与资料归档

将专业地下管线图提交权属单位,经权属单位审查后,对错漏之处进行实地和内业整改。确认无误后再提交正式成果。

将验收合格的地下管线普查成果资料整理组卷后,严格按甲方的归档要求提交。保证内容齐全,组卷整齐。

11　成果保密管理

11.1　公司配置专门的测绘成果保密管理人员

建立测绘成果保密管理责任制,主要负责人承担涉密测绘成果保密管理领导责任,保密人员承担涉密测绘成果的保密管理责任。对使用和保存的保密测绘成果,依法行使管理、监督和查处违法违规的行为的权利。非经甲方书面认可,不得以任何方式向第三方提供任何资料。

11.2　涉密计算机软件和硬件管理

加工处理、传输、存储涉密测绘成果数据的计算机软件和硬件系统必须采取安全保密防护措施，设置进入登录密码和屏幕保护密码，密码应超过八位；安装加密防毒软件。涉密计算机及信息系统应采取物理隔离措施，不得与互联网、外部网络相联，不使用无线网卡等无线联网装置。涉密计算机和载体介质未经批准不得带出保密档案室。使用和维修涉密计算机系统，须有成果资料专管人员监督。

11.3　涉密测绘成果的使用

涉密测绘成果只能用于被许可的使用目的和范围。因使用目的或应用项目结束等原因，须销毁涉密测绘成果的，必须报本单位主要领导审批，并报原测绘成果提供单位备案。

项目结束，生产过程中产生的各种图件和最终成果，需要归档的按要求进行整理归档。不需归档的需要按规定销毁，销毁必须报本单位主要领导审批。

11.4　涉密测绘成果的销毁

销毁涉密测绘成果须经专人清点、核对、登记、造册，由本单位主管领导和成果资料档案负责部门派员销毁。对销毁的时间、地点、方式及销毁过程中存在的问题进行记录，与销毁清册、领导批示一并存档。

11.5　涉密测绘成果的泄密、失密事件

如发现涉密测绘成果泄密、失密事件，应及时报告单位主管领导和国家保密管理部门，及时查清事件发生的原因及责任，将事件调查处理到位。

11.6　测绘成果的保密检查

（1）领取、使用和保存保密测绘成果的单位每年应对成果资料进行一次自查，发现问题及时处理。检查结果书面报告公司保密办公室，保密办公室应对全公司的测绘成果保密情况进行自查，并将检查结果书面报告行业主管部门和上级测绘管理办公室及有关保密工作机构。

（2）检查内容：有关法律法规的学习、执行情况，是否设有资料室（柜）和安全防范措施，是否落实专人管理和建立资料的外借、收回登记制度，是否有擅自复制、转让、转借等行为和遗失、泄密等现象。

11.7　测绘档案室保密管理

（1）档案工作人员应严格贯彻执行国家保密法规，遵守保密纪律，明确保密职责，维护档案的安全完整。

（2）保密文件材料、档案的密级划分、变更和解密，必须按照国家有关制度和规定办理。保密档案及文件材料，要妥善保管，绝密档案要单独保管。

（3）档案库房设施应符合"八防"的要求，要安装铁门（防盗门）铁窗，凡遇重大节

日，应提前对库房的安全保密设施进行检查，发现问题及时处理。

（4）不该说的国家秘密不说，不该知道的国家秘密不问，不该看的国家秘密不看，不该记录的国家秘密不记录。

（5）不准私自或在无保密保障的情况下复制、使用、存放、销毁属于国家秘密的文件、档案、资料和物品。不准将属于国家秘密的文件、档案、资料和物品作为废品出售。

（6）不准借阅秘密档案资料。查阅秘密档案或文件，应履行审批手续，并限于保密室或档案室内阅览，不得抄录和带出，不得向他人透露秘密文件的内容。

11.8　常规保密管理

（1）属于国家秘密的测绘成果的生产、制作、收发、传递、使用、复制、摘抄、保存和销毁，应该符合国家保密管理规定。

（2）对绝密级的国家秘密的测绘成果，必须采取以下保密措施：

① 非经原确定密级的机关、单位或者其上级机关批准，不得复制和摘抄；

② 收发、传递和外出携带，由指定人员担任，并采取必要的安全措施；

③ 在设备完善的保险装置中保存。经批准复制、摘抄的绝密级的国家秘密的测绘成果，按同等密级进行保密管理。

（3）因涉外工作或项目需要对外提供国家秘密的测绘成果及数据信息的，必须由上级提出审批报告。

（4）在有线、无线通信中传递国家秘密的，必须上报审批，通过后方可进行。

11.9　针对此项目制定项目部具体保密管理措施

管线探测工作是个多专业、多工序的系统工程，各小组、各工序之间进行资料交接时，全部采用资料登记签收制度，责任到人。公司和项目部对资料进行定期清点查验，根据资料保管程度，对责任人给予奖惩。保密资料包括甲方提供的调绘图、地形图、控制成果资料、地下管线普查成果等各种文字、电子资料等。

（1）对甲方提供的测量资料、管线资料，派有专人接收、保管，交接时都有文件交接签字、登记，普查工作结束后全部上交。

（2）对甲方提供的测量资料、管线资料，除本次地下管线普查使用外，没有擅自复制、损坏和提供他人情况发生。

（3）探测工作开展过程中，做好了资料的保密工作，杜绝非本探测工作人员接触涉密资料。

（4）对正在使用的资料、图件，使用人负有保管责任。没有遗失或有重大损坏情况发生。

（5）项目生产所有废弃的文字、表格、图件等纸质资料都经过破碎，然后进行处理。

（6）项目办公、生产用的电脑都进行个人加密，不允许他人操作其电脑，保证电脑中资料的安全性。

（7）项目所有成果资料由专人负责，生产人员对调绘等资料的领用应做好登记，用完后及时归还。在外业施工过程中，调绘资料等成果不准发生泄漏事件。

（8）本工程所有人员均严格执行以上规定，杜绝发生将成果资料转让他人的事件。

12　项目重点难点分析

12.1　针对复杂管线探测技术方案

　　金属管道位置探测的技术难点是与被测管道距离较近的并行电力线、水管、通信线等能够传导的管线探测。根据电磁场理论及多年来的探测经验分析，在一定相对位置下，感应工作频率越高，相邻平行管线相互感应影响越大，因此，在此类管线探测中，应选用低频电磁感应或直接连接法探测。

　　当管线间距小于管线埋深时，仪器所接收的异常值只有一个，此时很容易忽略另一条管线的存在，而且针对所探测的管线位置也有较大的偏差；当管线间距大于管线埋深，同时小于管线的 2 倍埋深时，异常值有两个，但不明显；当管线间距大于 2 倍管线埋深时，两个异常值较为明显。管线的变径与异常的宽度、异常的形态有着密切的关系。管径越小，异常范围愈窄，异常峰值愈尖。反之，范围愈宽，峰值愈缓（图4）。

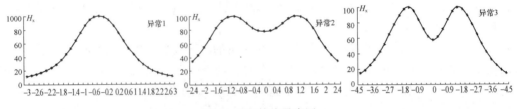

图 4　并行管线异常图

12.2　解决的方法

　　对于平行管线的探查，应采用直接法或夹钳法，以减弱相邻管线干扰的影响。然而，在实际工作中，由于缺少明显点或没有良好的接地条件，无法采用直接法和夹钳法，只能采用感应法。为此，主要采用下列方法对目标管线进行探测：

　　（1）垂直压线法：利用水平偶极子施加信号时，线圈正下方管线耦合最强。根据这一特性，可将发射机直立放在目标管线正上方，突出目标管线信号，压制邻近干扰管线，以达到区分平行管线的目的。该方法适宜于埋深浅、间距大的平行管线，当两管线间距较近时效果不好。

　　（2）水平压线法：利用垂直偶极子施加信号时，将不激发位于其正下方的管线，而激发邻近管线。根据这一特性，可将发射机平卧放在邻近干扰管线正上方，压制地下干扰管线，突出邻近目标管线信号，是区分平行管线的有效手段。

　　（3）倾斜压线法：当平行管线间距较小时，垂直压线法和水平压线法均未能取得较好效果，可采用倾斜压线法。倾斜压线法是根据目标管线与干扰管线的空间分布位置选择发射机的位置和倾斜角度，在保持发射线圈轴向对准干扰管线的前提下，尽量将发射机置于目标管线上方附近 ，可确保有效激发目标管线，压制干扰管线。

　　（4）旁测感应法：对于平行埋设的多条管线，还可采用旁测感应法区分两外侧管线，即将发射机置于目标管线远离干扰管线的一侧施加信号，由于发射机距离目标管线近，对目标管线激发较强的信号，而对远离发射机的干扰管线激发较弱，从而压制了干扰管线信号，突出目标管线异常。该法常用于密集埋设的多条平行管线最外侧管线的探查。

（5）差异激发法（或称选择激发法）：在管线分布复杂的区段，管线常常出现纵横交叉，个别管线还存在分支或转折。此时，可根据管线的分布状况，选择差异激发法施加信号。信号施加点通常可选择在管线分布差异（容易区分开）的区段，即管线稀疏、邻近干扰少的区段，如管线间距较宽、转折、分支管线等，以避开邻近管线干扰，突出目标管线信号。

（6）利用发射机定位方法：当发射机置于管线正上方时，发射线圈距管线最近，这时接收机接收到的信号最强。据此可将接收机置于邻近干扰较少的已知目标管线区段，在管线复杂区段移动发射机，观察接收机信号变化情况，当接收机信号最大时，发射机的位置即为目标管线的所在位置。

总之，对平行管线的探查应根据现场管线埋设的不同特点，灵活选择最适合的信号激发方式，使目标管线上产生的电流最大，而邻近非目标管线上的电流相对于目标管线可以忽略，以达到准确分辨不同管线的目的。

采用多种不同原理的仪器进行探测相互验证，复杂管线还用雷达进行探测。

12.3　探测工程投入设备

探测工程拟投入的探测设备均为目前国内外在用的先进仪器设备，且均为本公司自有，确保中标后投入到本探测工程中（表 8）。

R 探测设备　　　　　　　　　　　　　　　　　　　表 8

设备名称	型号	数量	探测项目	设备名称	型号	数量	探测项目
金属管线定位仪			埋地钢管	GPS 测量仪（RTK）			坐标测量
PE 管道声波定位仪			埋地 PE 管道	全站仪			坐标测量
探地雷达			埋地非金属管道、钢管等				

13　质量保障措施

13.1　质量管理

建立质量保证体系，质量管理及保证体系见图 5。

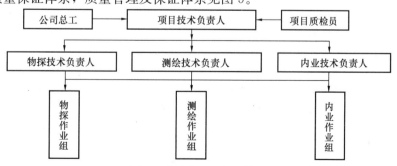

图 5　质量管理及保证体系

13.2　做好质量管理的基础工作

（1）首先做好技术交底，项目部组织技术人员针对本工程的特点及技术要求编写作业指导书，使地下管线探测做到程序化、规范化，增强易操作性，统一技术标准。同时组织各作业组长对相关规范等技术文件进行学习，统一有关的技术要求和口径。

（2）仔细审阅收集来的控制资料、管线调绘资料及各时期工程竣工图等资料。

（3）把好仪器设备关，所有检测设备都必须是经检验合格的，仪器工作状态正常；设备要定期进行校验和测试。

13.3　过程质量控制

合同签定、编写施工方案、施工前技术交底、方法试验、探测、测量、内业检查验收等都是过程的一部分。对每一个过程都需要开展质量活动，做到事前指导、过程检查等一系列质量目标控制，采取有效的控制措施和方法，具体措施见表9。

质量管理对策表　　　　　　　　　　　　　　　　　表9

质量问题描述	措施
物探作业组调查和探测的精度数据和属性数据存在较大偏差	1. 内业建库时要仔细认真，防止录错数据。建完库后要对照草图检查，并对成图进行全面差错检查。 2. 制定奖罚措施，分清责任，端正态度。 3. 及时检查探查成果，不合格的作业组换掉。 4. 严格三级检查制度，把错误及时改正
调查探测中丢漏管线	1. 积极利用甲方提供的调绘资料，探测前认真读图，对本探测区域的管线做到心中有数。 2. 每个路段探测完成后要用仪器平行扫切，防止漏测过路管线
坐标不正确	1. 物探组设置点位要认真，标注要清晰、明确。 2. 开工前及时检查已知点的正确性和精度，满足不了技术要求的不使用。测量过程中要按规范作业
疑难管线的处理	1. 作业组解决不了的问题交给项目技术负责人。技术负责人带领技术骨干进行重点解决。 2. 对于不满足探测条件的管段，经技术负责人现场探测依然未能探明的，探测单位应向甲方明确指出未能探明的管段

13.4　做好检查、持续质量改进工作

质量改进是一项重要的质量体系运行活动，严格执行"三级检查制度"，即作业组自检、互检，项目部专业质检组检查，公司专检。三级检查各级不能代替，要贯穿于整个施工过程中，发现问题及时解决，杜绝质量问题的出现。

13.5　成果审核制度

按照公司规定的审核审批权限对所有的成果进行审核审定，决不把未经审核审批的成

果交付使用，确保成果质量，对用户负责。

14　探测工程量确认及探测成果资料提交

14.1　探测工程量确认

对完成探测的管段进行内业整理成图并查错，无误后通过专业的管线成图软件进行工程量统计，包含特征点统计、附属物统计以及探测公里数统计，与甲方人员共同核实统计数据的准确性并签署工程确认单。

14.2　资料提交

资料见表 10。

资料表　　　　　　　　　　　　　　　　　　　　　　　　表 10

序号	目录名	内容
1	DOC 文件	技术总结报告
2	MDB 文件	测区数据库
3	管线图 DWG 文件	1∶500 或 1∶1000 专业管线图 DWG 文件
4	测量数据	控制点成果、RTK 相对坐标数据

14.3　编写技术总结报告

全部工作基本完成以后，经过业主的各种检查，依据工程合同、施工设计和工程实际完成情况以及施工过程中所出现的问题，编写技术总结报告，对整个工程的全部过程加以总结和说明。进行成果整理，提交最终成果资料。

技术总结报告的内容包括：

工程概况：工程的依据、目的和要求；工程的地理位置，地形条件；开竣工日期；实际完成的工作量。

技术措施：各工序作业的标准依据，坐标和高程的起算依据，采用的仪器和技术方法，应说明的问题及处理措施。

质量评定：各工序质量检查与评定结果。

结论与建议、提交的成果、附图与附表、提交的文件和成果资料、文字、表格资料、测绘工程技术设计书、测绘工程技术总结、测量精度统计表、测绘质量检查报告、图纸、1∶500 地形图、控制点成果表、其他工作成果的计算机数据文件。

15　探测结果验收

根据地下管线探测的相关规范和甲方的要求，采取多种物探测量方式检验验证，确保管道探测准确率达到 100%；在甲方测量技术人员对乙方提交的探测或测量成果审核通过后，由甲方数据人员对数据进行 GIS 入库处理。

附录 C 防腐系统检测报告实例

（封面）

×××天然气有限公司
埋地天然气管道防腐层系统全面
检测与评价工程报告

×××工程技术有限公司

202×年 9 月 2 日

×××天然气有限公司
埋地天然气管道防腐层系统全面
检测与评价工程报告

项目委托单位：×××天然气有限公司

项目承担单位：×××工程技术有限公司

单位负责人：

项目负责人：

技术负责人：

项目主要成员：

报告编写人员：

报告审核人：　　　　（签字）

报告签发人：　　　　（签字）

报告提交时间：202×年×月×日

×××天然气有限公司
中北路中低压埋地燃气管道防腐检测报告

一、检测概述

×××中北路埋地中低压燃气管道，资料显示中北路地铁1号线文化广场站段管道于2012年12月建设完成，中北路段管道于2016年3月建设完成，规格为φ426，防腐层为环氧粉末喷涂，总长度约为600m，这段管道安装有6组牺牲阳极。中北路地铁1号线南段文化广场站段管道于2012年12月建设完成，规格为φ219，防腐层为环氧粉末喷涂，总长度约为390m，这段管道安装3组牺牲阳极。中北路埋地中低压燃气管道建设过程中对管道的防腐系统做过质量验收检测，当时未发现有防腐层缺陷。但自2012年投入运行以来近10年时间没有做过防腐系统缺陷检测，近期中北路地铁1号线文化广场站段的中压管道发现存在多处漏气点。为此，管道×××防腐检测工程有限公司于2021年6月4日～2021年6月6日期间，对这个区域埋地中低压燃气管道防腐系统情况进行了检测，见表1、图1。

检测区域管道概况情况汇总表　　　　　　　　　　　　表1

序号	道路名称	工程名称	压级	管径（φ）	防腐层	竣工日期	检测长度（m）	检出破损点
1	中北路	地铁1号线文化广场站	中压	426	环氧粉末	2012.12	600	12
		中北路北侧阀门			环氧粉末	2016.03		8
2	中北路	地铁1号线文化广场站	低压	219	环氧粉末	2012.12	390	4

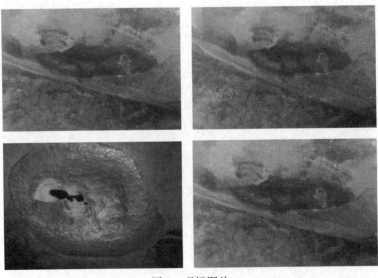

图1　现场图片

二、防腐层缺陷点检测

2021 年 6 月 4 日～2021 年 6 月 6 日期间，对这个区域埋地中低压燃气管道防腐系统情况进行了检测，检测埋地管道防腐层破损点采用的是交流电位梯度法（或音频检漏法/pearson 法），对中低压管道防腐层存在的缺陷点进行了检测。用交流电位梯度法检测完成后，把 PCM 法检测数据与交流电位梯度法检测数据两种数据进行综合分析处理后，中北路（环城北路一文晖路）段道路区域中低压埋地燃气管道，共计发现防腐层缺陷点 24 处，其中一类缺陷点 10 处，二类缺陷点 7 处，三类缺陷点 7 处，其中发现有 1 处中压管道阀门存在严重漏电问题，中压管道存在一处搭接严重漏电问题，这种漏电问题影响了管道的防腐层总体平均质量，造成阴极保护电流严重流失，保护电位不达标，加快了牺牲阳极的消耗。所检测区域管道防腐层缺陷点和管道设施漏电点的详细位置见表 2。

检测区域防腐层缺陷点分类统计表　　　　表 2

序号	道路名称	工程名称	位置描述	类别	地貌	X	Y	备注
1	中北路	地铁1号线文化广场站（中压）	0＋320 秋水湖南 5m 快车道	Ⅰ	快车道			
			0＋290 文青对面机非隔离带大理石	Ⅱ	大理石			
			0＋280 文青对面北 10m 慢车道	Ⅰ	慢车道			图示阳极
			0＋268 西园南 48m（080279 消火栓南 3m）	Ⅲ	慢车道			
			0＋258 西园南 38m（080279 消火栓北 5m）	Ⅲ	慢车道			
			0＋246 西园南 26m	Ⅲ	慢车道			
			0＋240 西园南 10m（苑苑形象设计门口）	Ⅲ	慢车道			
			0＋220 西园对面快车道支管	Ⅰ	快车道			
			0＋220 西园对面绿化带	Ⅰ	绿化带			搭接点
			0＋140 中路 600 弄路北 5m	Ⅱ	快车道			图示阳极
			0＋120 中北路 604 门口北 5m（大米晓麦门口）	Ⅲ	快车道			
2	中北路	（中压）	0－080 中北桥下桥口处慢车道	Ⅰ	慢车道			图示阳极
			0－060 上桥第二根灯杆南 2.5m	Ⅰ	慢车道			图示阳极
			0＋017 南口阀门	漏电				
			0－003 路口	Ⅱ	快车道			
			0－006 西侧管道拐点北 1m	Ⅰ	快车道			图示阳极
			0＋040 中北路 125 灯杆南 5m 快车道	Ⅱ	快车道			
			0＋090 中北路 121 灯杆北 1m 快车道	Ⅰ	快车道			
3	中北路	文化广场站（低压）	0＋235 西园南 8m 处	Ⅲ	慢车道			
			0＋220 西园门口北 2m 三通	Ⅱ	慢车道			图示阳极
			0＋150 中路 600 弄路口	Ⅱ	快车道			
			0＋000 中北路 632 号门口	Ⅱ	快车道			

三、防腐层总体平均质量检测

检测道路区域埋地燃气管道防腐层总体质量，采用的是 PCM 法，检测工作分两个阶段进行，第一阶段为现场检测工作，2021 年 6 月 3 日～2021 年 6 月 5 日。第二阶段 2021 年 6 月 5 日～2021 年 6 月 7 日，主要是对检测获取的基础数据进行系统分析与处理，得到所检测埋地管道的防腐层质量基本状况，找出存在的安全隐患问题，然后根据管道存在的问题提出维修整改建议。所检测区域埋地输气管道的防腐层总体质量检测数据和分析结果见表 3。

PCM 法检测管道防腐层绝缘电阻率基础数据分析一览表　　　　　　表 3

序号	起始桩号	终点桩号	距离	深度 (m)	检测电流衰减率 (I_{db}/m)	电阻率 [R_g/ (Ω· m²)]	防腐层质量评价	备注
中北路（环城北路-文晖路）（中压）								
1	380	367	13.00	1.01	0.324389793		IV	商务大厦
2	367	360	7.00	0.83	0.091956238		III	拐
3	360	355	5.00	0.92	0.231967788		IV	拐
4	355	350	5.00	0.95	0.029345236		II	
5	350	345	5.00	0.94	0.029345236		II	
6	345	340	5.00	0.91	−0.112114894		III	
7	340	335	5.00	0.84	0.112114894		III	
8	335	330	5.00	0.96	0.105315755		III	

四、阴极保护系统检测

（一）检测概况

所检测中低压埋地燃气管道，均安装有牺牲阳极阴极保护系统。检测时对管网段上牺牲阳极分布情况和保护电位进行了检测，各个管道段上检出的牺牲阳极数量与设计图上标注的牺牲阳极数基本一致。所检测管道阴极保护系统电位数据见表 4。

检测区域管道阴极保护电位检测数据分析与评价一览表　　　　　　表 4

序号	道路名称	工程名称	位置	保护电位 (V)	阳极开路电位 (V)	输出电流 (mA)	备注
1	中北路	地铁 1 号线文化广场站（中压）	路口支阀	−0.635			
			路口测试桩	−0.578	−1.446	32.45	
			西侧测试桩（新增）	−0.551	−1.575、−1.575、 −1.574、−1.576	59.7、58.6、 58.9、56.4	
			中北路 600 弄路口支阀	−0.64			

续表

序号	道路名称	工程名称	位置	保护电位 (V)	阳极开路电位 (V)	输出电流 (mA)	备注
2	中北路	中北路 (中压)	路口主阀	−0.55			
			路口测试桩	−0.55	−1.460、−1.478	17.2、18.2	
			路口支阀	−0.663			
			兽王大厦路口主阀	−0.612			
3	中北路	地铁1号线文化广场站 (低压)	兽王大厦路口主阀	−0.513			
			路口支阀	−0.461			
			弄路口测试桩	−0.908	−1.488	19.25	
			西侧测试桩 (新增)	−0.992	−1.486、−1.489	58.7、51.7	

(二) 检测结果分析

所检测埋地燃气管道总长约 600m。分析所检测阴极保护电位数据发现，所检测段测试桩阴极保护电位检测点中，保护电位全部没有达到保护标准要求。其余检测管道段的阴极保护电位全部达到了保护标准要求。

系统分析阴极保护电位检测数据发现，保护电位没有达标的管段，安装的牺牲阳极输出电流均达到了最大输出状况，保护电位仍没有达标，管道基本是处于自然电位状况（即没有阴极保护一样）。导致阴极保护电位不达标的原因是阴极保护电流严重流失。中压管道路口测试桩牺牲阳极输出电流偏小，低压管道路口测试桩牺牲阳极输出电流偏小，说明这两处管道上安装的牺牲阳极已经消耗过半，需要补充安装牺牲阳极。

五、杂散电流检测与调查

(一) 概述

中低压埋地燃气管道上杂散电流干扰情况，按照《埋地钢质管道直流干扰防护技术标准》GB 50991—2017 要求，采用的检测方法是连续监控管道受杂散电流影响引起的管道电位的变化，埋地管道上或管道经过区域存在杂散电流，会引起管道电位偏离正常值范围，说明埋地管道受到了杂散电流干扰。如果管道上存在交直流杂散电流干扰，那么管道的电位会随交直流杂散电流的干扰强度大小出现波动。如果管道存在直流杂散电流干扰，那么管道的电位会出现正向偏移或负向偏移，若管道的电位偏移值超出标准允许的范围（>−0.85V 或<−1.20V），则说明管道存在较严重杂散电流干扰，按照标准评价需要采取排流措施；若直流杂散电流干扰引起的管道的极化电位变化（波动峰谷值）在−0.85～−1.20V 范围内，管道上虽然有杂散电流干扰，但杂散电流对管道不构成危害，不需要采取排流措施。如果管道上存在交流杂散电流影响，则管道的交流电位会升高，若升高到超出标准允许的最高值，则需要采取排流措施，否则不需要排流。

检测管道杂散电流影响，采用的是管道电位连续变化记录仪，通过记录管道交直流电位随时间变化的数据，转存到计算机后分析管道电位变化情况，判断是否存在交直流杂散电流干扰及干扰强度大小。

(二) 杂散电流干扰判定标准

按照《埋地钢质管道直流干扰防护技术标准》GB 50991—2017 和《埋地钢质管道交

流干扰防护技术标准》GB/T 50698—2011 要求，管道上杂散电流干扰程度评价标准见表5。

管道电位偏移范围直流杂散电流干扰程度关系 表5

杂散电流干扰程度	弱	中	强
管道电位正向幅度（mV）	<20	20～200	>200

（三）检测数据分析

检测管道上杂散电流干扰情况，采用的是管道测试桩电位变化连续监控记录仪法，通过记录管道电位随时间变化的数据分析判断干扰大小。检测时对测试桩电位的监控时间长短，根据测试桩电位数据变化大小和管道周围环境而定，一般情况下，管道电位稳定监控时间可以短一些，管道周围有高压线、电力设施、电气化铁路等情况时监控时间比较长，检测监控时间为24h。埋地中低压天然气输气管道上杂散电流干扰所有测试桩监测点电位监控数据与分析结果，见表6。

检测区域管道阴极保护电位分析与评价一览表 表6

序号	道路名称	工程名称	位置	开始时间	管道电位范围（V）	正向偏移	干扰评价
1	中北路	地铁1号线文化广场站（中压）	路口测试桩	6月5日4：00—6月6日13：00	−0.726～−0.562	164	中
			西侧测试桩（新增）	6月5日11：15—6月6日11：50	−0.960～−1.195	235	强
2	中北路	地铁1号线文化广场站（低压）	路口测试桩	6月5日4：00—6月6日13：00	−0.780～−0.960	180	中
			西侧测试桩（新增）	6月5日10：50—6月6日11：50	−0.991～−1.127	136	中

系统分析检测数据发现，管道经过区域位于地铁线路的正上方，在距离地铁出口处，管道存在其他导电体搭接问题，导致地铁系统产生的杂散电流可能从该处流入，从管道的防腐层薄弱点流出和牺牲阳极安装点流出，从而造成管道发生严重腐蚀穿孔现象。

（四）杂散电流来源分析

● 直流杂散电流干扰：通过24h杂散电流监测数据分析，管道上的直流杂散电流与杭州地铁运行密切相关，干扰来源于地铁系统，干扰强度较弱。

● 交流杂散电流干扰：管道上的交流杂散电流干扰相对弱一些，通过24h杂散电流监测曲线图可以看出，管道上的交流杂散电流也与地铁系统相关，说明管道上的交流杂散电流一部分来源于地铁，另一部分来源于管道周围的电力线用电设施感应。

六、管道腐蚀原因分析与建议

（1）系统分析管道发生腐蚀的原因，一是从开挖点管道腐蚀斑痕分析看到，具有较为明显的杂散电流腐蚀特征；二是管道阴极保护电位不达标，基本处于没有阴极保护状态，阴极保护电流存在严重流失问题，导致管道发生严重的电化学腐蚀；三是管道存在防腐层缺陷点和相对薄弱点，埋地时间久后由于杂散电流作用和老化导致防腐层失效而发生腐蚀。

（2）中北路段道路区域中低压埋地燃气管道，防腐层缺陷点较多（中压管道 20 处、低压管道 4 处），特别是中压管道缺陷点处已经发生了不同程度的腐蚀，管道目前阴极保护电位严重不达标，因此建议对各类缺陷点全部开挖维修，低压管道相对腐蚀较轻，可视情况选择性维修。

（3）管道的阴极保护电位严重不达标，是由于存在阴极保护电流严重流失导致，建议尽快处理管道电流严重流失问题，使管道的阴极保护电位恢复到达标状况，否则管道还会发生腐蚀问题。

（4）此区域环境土壤腐蚀性较强，且管道位于地铁线路的上方，建议此段管道多安装牺牲阳极，这样既可通过牺牲阳极排走杂散电流，又可保护管道；并采取单项整流措施，在管道杂散电流流入区域限制杂散电流流入。

××× 工程技术有限公司

年　月　日

附录 D 埋地燃气管道全面检测报告实例

报告编号：

压力管道定期检验报告

使用单位	
设备类别	公用管道（GB1）
设备品种	
使用登记证号	管 GB AB001
检验类别	全面检验
检验日期	2019 年 6 月 24 日～2019 年 12 月 25 日

公用管道全面检验报告目录

报告编号：×××

序号	检验项目	页号
1	公用管道全面检验结论报告	
2	资料审查报告	
3	宏观检查报告	
3-1	宏观检查报告表	
3-2	埋深测量报告	
3-3	附属设施外观检验报告	
4	敷设环境调查报告	
4-1	在用埋地管道土壤电阻率测试报告	
4-2	土壤 pH 值、含水量、含盐量、氯离子含量等测试报告	
4-3	在用埋地管道沿线杂散电流测试报告	
5	防腐层状况不开挖检测报告	
5-1	防腐层检测报告	
5-2	防腐层破损检测报告	
6	阴极保护有效性检测报告	
7	开挖直接检测报告	
7-1	挖坑检测报告分表	
7-2	超声波壁厚测量报告	
7-3	管道元件几何尺寸测量报告	
8	穿跨越检查报告	
9	无损检测报告	
10	材料理化检验报告	
10-1	硬度测试报告	
11	介质腐蚀性调查	
12	埋地管道带状路由图	

1 公用管道全面检验结论报告

报告编号：×××

使用单位			
单位地址			
安全管理人员		联系电话	
邮政编码		压力管道代码	×××
管道名称			
使用登记证编号	×××	投用日期	2000 年 10 月

性能参数	管道长度	14361m	管道规格	φ219×6
	设计压力	0.3MPa	设计温度	常温
	设计介质	天然气	管道材质	Q235B
	操作压力	0.22MPa	操作温度	常温

主要依据	《压力管道定期检验规则—公用道道》TSG D7004—2010、《钢质管道及储罐腐蚀评价标准埋地钢质管道外腐蚀直接评价》SY/T 0087.1—2018

问题及处理意见	1. 该路段车流量大，大部分管道位于绿化道上，为 4 类地区。现道路整改，应加强巡检。 2. 发现 1 处焊口砂眼微漏。已现场补漏处理好。 3. 标志桩缺失，应增补标志桩。 4. 对管道保护电位未达保护要求处，应采取增设镁阳极等措施。 5. 根据杂散电流测试仪（SCM）检测情况，采取电绝缘或排流措施减少杂散电流对管道的电腐蚀影响。 6. 今后工程建设中要注意补口施工的防腐质量。 7. 检测出破损点 113 处，经开挖检测 2 处，发现防腐层破损，管体轻微腐蚀。对防腐层失效处进行打磨除锈、缠热缩带防腐处理。对其他破损点进行有计划维护处理。 8. 在确保满足国家现行法规和标准的规定以及本次检测结论、提出的维护措施整改落实的前提下，确定该管道下次检验时间

检验结论	☑允许使用 □降压使用 □进行合于使用评价	许用参数	压力：　0.22MPa 温度：　常温 介质：　天然气 其他：

下次全面检验日期：　2024 年　11 月

检验人员	

编制：　　　　　　日期：	检验机构核准证号：
审核：　　　　　　日期：	××× （检验机构检验专用章）
批准：　　　　　　日期：	年　　月　　日

2 资料审查报告（1）

报告编号：×××

装置名称	中压燃气管道	设计单位	中国市政工程华北设计研究院
管道名称		设计日期	2005 年 3 月
管道编号	Ⅲ-47	设计规范	《城镇燃气设计规范》GB 50028—2006
管道级别	GB1-V	安装单位	
管道长度（m）	12667	安装与验收规范	《城镇燃气输配工程施工及验收规范》CJJ 33—89；《工业金属管道工程施工及验收规范》GB 50235—97
起始位置	BHY-1 号	验收日期	2005 年 10 月
终止位置	BHY-30 号	投用日期	2005 年 10 月
敷设方式	埋地	实际使用时间	10 年 8 个月
设计压力（MPa）	0.3	工作压力（MPa）	0.22
设计温度（℃）	常温	工作温度（℃）	常温
管子材料牌号	×××	工作介质	天然气
管道规格（外径 mm×壁厚 mm）	φ219×6	绝热层材料	—
		绝热层厚度（mm）	—
腐蚀裕量（mm）	—	防腐层材料	聚乙烯黑夹克
上次全面检验日期	—	上次全面检验报告编号	—
原始资料及记录审查问题记载	资料较全，能提供日常的维护改造记录		
历次检验问题记载	本次检验为首检		
检验日期：	2019 年 6 月 24 日～2019 年 12 月 25 日		
检验： 年 月 日	审核： 年 月 日		

2　资料审查报告（2）

装置名称	中压燃气管道	设计单位	
管道名称		设计日期	2006 年 11 月
管道编号	Ⅲ-47	设计规范	《城镇燃气设计规范》 GB 50028—2006
管道级别	GB1-Ⅴ	安装单位	
管道长度（m）	1694	安装与验收规范	《城镇燃气输配工程施工及验收规范》CJJ 33—89；《工业金属管道工程施工及验收规范》GB 50235—97
起始位置	BHY-30 号	验收日期	2007 年 2 月
终止位置	BHY-36 号	投用日期	2007 年 2 月
敷设方式	埋地	实际使用时间	3 年 8 个月
设计压力（MPa）	0.3	工作压力（MPa）	0.22
设计温度（℃）	常温	工作温度（℃）	常温
管子材料牌号	Q235B	工作介质	天然气
管道规格（外径 mm×壁厚 mm）	$\phi219×6$	绝热层材料	—
		绝热层厚度（mm）	—
腐蚀裕量（mm）	—	防腐层材料	3 层 PE
上次全面检验日期	—	上次全面检验报告编号	—
原始资料及记录审查问题记载	资料较全，能提供日常的维护改造记录		
历次检验问题记载	本次检验为首检		
检验日期：	2019 年 6 月 24 日～2019 年 12 月 25 日		
检验：　　　年 月 日		审核：　　　年 月 日	

3　宏观检查报告

管道名称：　　　　　　　　　报告编号：×××

本次检测的×××　　线燃气管道外防腐层为 3 层 PE，采用牺牲阳极保护，输送天然气介质，管道敷设的环境复杂，车流量大，人文活动频繁，大部分管道位于人行道草地上，有 2 处穿越涵洞和泄洪口管段，有 1 处跨越×××过桥管，地区级别为四类地区。

共测量管道深度 425 点，埋深大部分超过 0.6m。管道埋深基本符合规范要求。

管道附属设施主要检查了标志桩、阀井、凝水缸：标志桩能较为准确地反映管道的敷设情况，但部分缺失、损坏，需增补埋设；阀井、凝水缸完好，无泄漏现象。数据见表 3-1。

3-1　宏观检查报告表（1）

管道名称：　　　　　　　　　　　　　　　　　　　　　报告编号：

管理单位	×××燃气公司	管段（桩号）	BHY-1 号至新增阀门	调查日期	2019.6.24
管线长度	12667m	地区级别	4 级	环境条件	沙地

露管情况	G28 号点处管道裸露约 2m，慢车道边上约 393m 处
地面活跃程度情况	车流量很大，人员活动频繁，四层以上楼盘较多
周围交流电线情况	间距 1m 垂直管道上方有平行架空高压线。管周围有平行电线和通信光缆
管道周围公路情况	公路车流量很大，G8 号点与 G11 号点为过路管

管道附属设施	测试桩完好情况	阳极测试桩 2 处，生锈失效
	标志桩完好情况	标志桩较完整，能反映管线走向

管线防护带深根植物		管道跨越宏观检测情况		塌陷、取土、房屋压管等情况	
序号	情况描述	序号	情况描述	序号	情况描述
1	无	1	GPS 74 号点处套管穿越涵洞，约 3m 长	1	GPS 14 号点自来水井占压
2	—	2	GPS 115～GPS 108 号点段穿越泄洪口（1283m～1393m 段）	2	GPS 6 点污水井占压
3	—			3	GPS 29 号点移动号占压
……	……	……		……	
n	—	n	—	n	—

检测（PCM/GPS）：×××
2019 年 6 月 24 日至 2019 年 12 月 25 日

审核：　　　　　　　　　年　月　日

3-1 宏观检查报告表（2）

管道名称：×××　　　　　　　　　　　　　　　　　　报告编号：×××

管理单位	×××燃气公司	管段（桩号）	BHY-34 号至新增阀门	调查日期	2019.7.30
管线长度	1694m	地区级别	4 级	环境条件	沙地

露管情况	无				
地面活跃程度情况	车流量很大，人员活动频繁，四层以上楼盘较多				
周围交流电线情况	管上方有平行架空高压线				
管道周围公路情况	无				
管道附属设施	测试桩完好情况		无测试桩		
	标志桩完好情况		标志桩部分缺失		

管线防护带深根植物		管道跨越宏观检测情况		塌陷、取土、房屋压管等情况	
序号	情况描述	序号	情况描述	序号	情况描述
1	—	1	—	1	—
……	—	……	—	……	—
n	—	n	—	n	—

检测：	2019 年 6 月 24 日至 2019 年 12 月	审核：	年　月　日

3-2 埋深测量报告

管道名称：×××中压燃气管　　　　　　　　　　　　报告编号：×××

共测量管道深度 425 点，埋深大部分超过 0.6m。管道埋深基本符合规范要求（数据详见 5-1 防腐层检测报告和图 3-2-1～图 3-2-3）。

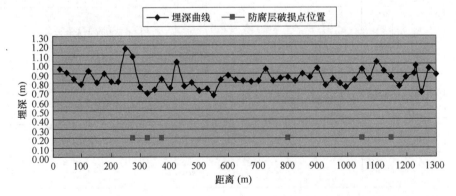

图 3-2-1　×××线 BHY-4 号～BHY-1 号＋69m 埋深曲线及防腐层破损点位置图

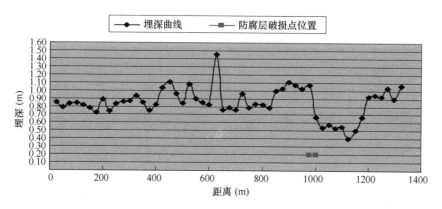

图 3-2-2　×××线 BHY-4 号～BHY-5 号埋深曲线及防腐层破损点位置图

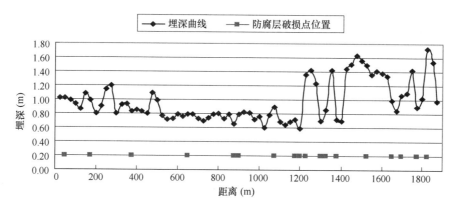

图 3-2-3　×××线 BHY-11 号～BHY-5 号埋深曲线及防腐层破损点位置图

3-3　附属设施外观检验报告

管道名称：×××线 BHY-4 号～BHY-1 号＋69m 处　　　　　　　　　报告编号：×××

序号	位置（GPS）	类别	内容
1	1	BHY-4 号	主阀，完好，人行道上（沿牌处）
2	2	标志桩	三通，缺失，人行道上
3	3	BHY-3 号	支阀，完好，人行道上
4	4	标志桩	三通，缺失，慢车道边上
5	5	C×S-4 号	支阀，完好，人行道上
6	8	标志桩	BHY-37 号 S 三通，缺失，人行道上
7	9	标志桩	转角桩，缺失，草地上
8	10	标志桩	转角桩，缺失，草地上
9	11	BHY-37 号	过路支阀，完好，水泥地上

序号	位置（GPS）	类别	内容
10	18	标志桩	直通，完好，金滩路口处，约250m处，深1.17m
11	19	标志桩	阳极标桩，完好，人行道上，约270m处
12	26	标志桩	阳极标桩，完好，人行道上，约370m处
13	33	标志桩	直通，完好，人行道上，约492m处
14	35	标志桩	阳极标桩，完好，往南偏移20cm
15	37	标志桩	BHY-31号三通，缺失
16	38	BHY-31号	支阀，完好
17	39	标志桩	直通，缺失，人行道上约562m处，深0.70m
18	49	放水阀	完好，人行道草地上约800m处
19	51	标志桩	转角桩，缺失，原海南石油公司门前，约841m处
20	52	标志桩	转角桩，缺失，原海南石油公司门前，约842m处
21	53	放水阀	完好，原海南石油公司门前，约844m处
22	57	标志桩	直通，完好，人行道草地上，约907m处，深1.41m
23	59	标志桩	直通，完好，人行道围墙边上，约937m处，深0.74m
24	61	标志桩	阳极标桩，完好，人行道上，约964m处，深0.85m
25	62	标志桩	直通，完好，人行道上，约972m处，深0.91m
26	64	标志桩	直通，完好，人行道上，约1004m处，深0.79m
27	67	标志桩	BHY-2号三通，缺失，人行道上，约1050m处，深0.94m
检验结论			1. 阀井完好，阀门、凝水缸等管道元件未发现漏气现象； 2. 标志桩部分缺失，建议增补完善

检验：   审核：

4　敷设环境调查报告

报告编号：××××

测试土壤电阻率8处，腐蚀级别为"弱"；测试杂散电流数据9组，个别点杂散电流干扰"强"；测试土壤pH值呈碱性，腐蚀级别为"弱"；测试土壤质地为砂土，腐蚀性为"强"；测试土壤含水量，腐蚀级别为"弱"；测试土壤含盐量，腐蚀级别为"中"；测试土壤氯离子含量，腐蚀级别为"强"。

依据《埋地钢质管道腐蚀防护工程检验》GB/T 19285—2010进行分析，管道环境腐蚀性综合评级为"中"。

4-1 在用埋地管道土壤电阻率测试报告

管道名称：×××线燃气干管　　　　报告编号：×××

土壤电阻率测试数据见表 4-1。

×××线土壤电阻率测试数据表　表 4-1

序号	测量位置（GPS 点）	ρ（Ω·m）	土壤状况	腐蚀级别
1	GPS219	189.5	砂土	弱
2	GPS208	361	砂土	弱
3	GPS243	117.3	砂土	弱
4	GPS191	383	砂土	弱
5	GPS14	244	砂土	弱
6	GPS650	3710	砂土	弱
7	GPS409	563	砂土	弱
8	GPS99	695	砂土	弱

备注：一般地区可采用工程勘察中常用的土壤电阻率来对管道所处环境的腐蚀性等级进行划分，具体如下：弱（>50Ω·m），中（20～50Ω·m），强（<20Ω·m）。

结论：

测试土壤电阻率 8 处。腐蚀级别为"弱"。

检验：　　　　　　　　　　　　　　　　审核：

4-2 土壤 pH 值、含水量、含盐量、氯离子含量测试报告

管道名称：×××线燃气管道　　　　　　　　　　　　报告编号：×××

该项目委托×××中心测试站进行检验分析。选取 1 处破损点（GPS80）开挖处土壤，依据《埋地钢质管道腐蚀防护工程检验》GB/T 19285—2010 检验要求，检验项目结果见表 4-2。

×××线土壤腐蚀性测试数据表　表 4-2

序号	检测项目	单位	实测数据	腐蚀级别
1	土壤 pH 值	—	8.86	弱
2	土壤含水量	%	4.24	弱
3	土壤含盐量	%	0.30	中
4	土壤氯离子含量	%	5.83	强
5	土壤质地	—	砂土	强

注：除序号 5 外，实测数据由海南省农垦中心测试站测试。

检验：　　　　　　　　　　　　　　　　审核：

4-3 在用埋地管道沿线杂散电流测试报告

管道名称：×××线燃气管道　　　　　　　　　　　　　　报告编号：×××

根据本次管道线安全检测与评价的技术方案要求，选择 9 处破损点处进行测试，利用杂散电流测试仪（SCM），根据管道敷设环境的电流随时间流失情况，采集数据半个小时。

本次杂散电流的专项检测评价的目的是找出存在杂散电流干扰的管线点以及评价杂散电流的危害程度。

通过对该条管线 9 处具有代表性的检测点进行杂散电流测试以及杂散电流波形分析发现，该条管道杂散电流干扰较强。具体情况见表 4-3。

×××线燃气管道杂散电流测试数据表 　　　　表 4-3

序号	位置描述	电流波动幅度（A）	干扰程度
1	×××线 32 号支阀附近电信箱旁（GPS14）	2.458	中
2	×××线 7 号主阀附近（GPS99）	15.353	强
3	×××线 4 号主阀处（GPS191）	8.296	强
4	×××线金滩路口处电信箱旁 GPS208）	2.536	中
5	×××线第一个支阀附近变电箱占压点（GPS219）	21.825	强
6	×××线原石油公司门前放水阀处（GPS243）	2.565	中
7	×××线美锦熙海对面路口三通处（GPS409）	2.594	中
8	×××线美锦熙海对面路口三通处（GPS650）	5.919	强
9	滨海西港澳大道路口大拐处（GPS46）	36.420	强

1）×××线 32 号支阀附近电信箱旁（GPS14）

该处电流波动幅度为 2.458A。干扰强度评级为"中"。

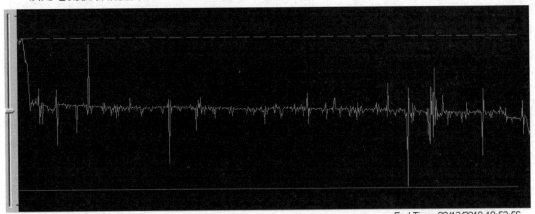

Start Time: 08/12/2010 10:23:19　　　　　　　　　　　　　　End Time: 08/12/2010 10:52:56

＋08/12/2010 10:23:100.660　value = -154.758A　　　　　　　08/12/2010 10:52:56.528　value = -152.300A

△ 01/01 08:29:47.188　　delta = 2.458A

2）×××线 7 号主阀附近（GPS99）

该处电流波动幅度为 15.353A。干扰强度评级为"强"。

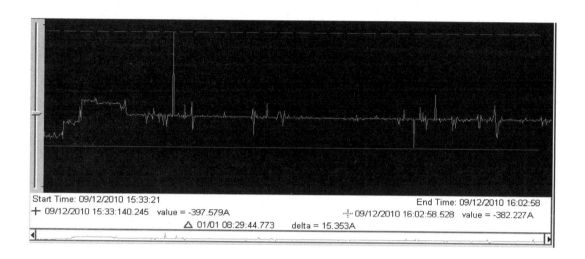

3）×××线 4 号主阀处（GPS191）

该处电流波动幅度为 8.296A。干扰强度评级为"强"。

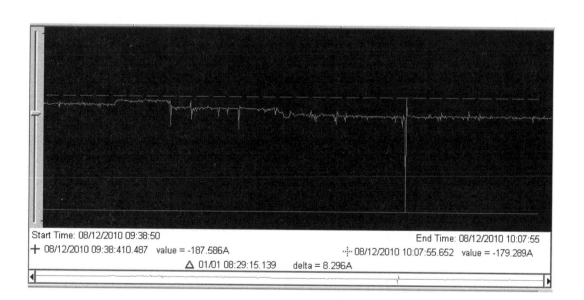

5 防腐层状况不开挖检测报告

管道名称：×××线燃气干管　　　　　　　　　　　　报告编号：×××

5-1 防腐层检测报告

管道名称：×××线　　　　　　　　　　　　　　　　报告编号：

设备名称	埋地管道外防腐层状况检测仪	设备型号	PCM+TM	设备编号	—
管理单位	×××燃气公司	管道规格	$\phi219\times6$	检测编号	—
检测依据	SY/0087.1—2018	测试频率	LFCD	环境条件	阴
信号供入点	BHY-4号	检测方向	顺	检测日期	2019.6.28
检测管段	×××线 BHY-4号~BHY-5号	仪器输出电流		300A	

序号	距离（m）	埋深（m）	检测电流（mA）	防腐层绝缘电阻（$\Omega\cdot m^2$）	等级	具体定位及相关描述	GPS
54	25	0.85	241	—	—	人行道椰子树下	1
55	50	0.79	241	2.00E+04	—	人行道椰子树下	2
56	75	0.83	253	1.23E+04	—	人行道上GG井旁	4
57	100	0.84	258	7.58E+04	—	人行道椰子树下	5
58	125	0.81	254	1.19E+05	—	人行道椰子树下	6
59	150	0.78	258	1.19E+05	—	人行道上围墙边	7
60	175	0.72	254	1.19E+05	—	人行道上围墙边	8
61	200	0.89	258	1.19E+05	—	人行道上围墙边	9
因为数据类同　其余数据略							
	1420	0.87	158	1.25E+05	—	终点	

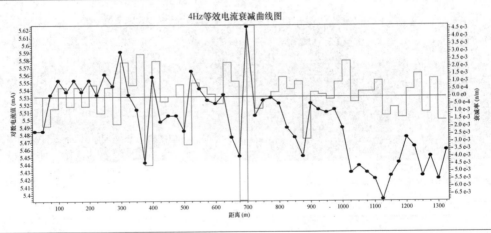

4Hz等效电流衰减曲线图

检验结论：测量段总长为1300.00m，其中：

质量为一级的防腐层长度为1050.00m，占80.77%。

质量为二级的防腐层长度为150.00m，占11.54%。

质量为三级的防腐层长度为25.00m，占1.92%。

质量为四级的防腐层长度为50.00m，占5.7%

检验：　　　　　　　　　　　　　　　　　　　　　　　审核：

5-2 防腐层破损检测报告 (1)

管道名称：×××线　　　　　　　　　　　　　　　　　　　报告编号：×××

设备名称	埋地管道外防腐层状况检测仪	设备型号	PCM＋TM	设备编号	JC010
管理单位	×××燃气公司	管道规格	φ219×6	检测编号	—
检测依据	SY/0087.1—2018	测试频率	LFCD	环境条件	阴
信号供入点	BHY-4 号	检测方向	逆	检测日期	2019 年 6 月 24 日
检测管段	BHY-4 号～BHY-1 号＋69m	仪器输出电流	600mA		
序号	距离（m）	埋深（m）	GPS	最大梯度值（dB）	具体位置及相关描述
1	280	0.75	21	51	人行道上
2	342	0.88	24	62	人行道上
3	381	0.72	27	36	人行道草地上
4	810	0.62	83	51	人行道草地上
5	1045	0.97	66	70	×××草地上
6	1157	0.81	74	41	穿越涵洞处
检验结论	该段管道全长 1300m，破损点 6 个，防腐层破损点密度为 0.46 处/100m，管道评级为 2 级。破损点位置详图见图 3-2-1				

5-2 防腐层破损检测报告 (2)

管道名称：×××线　　　　　　　　　　　　　　　　　　　报告编号：×××

设备名称	埋地管道外防腐层状况检测仪	设备型号	PCM＋TM	设备编号	JC010
管理单位	×××燃气公司	管道规格	φ219×6	检测编号	—
检测依据	SY/0087.1—2018	测试频率	LFCD	环境条件	阴
信号供入点	BHY-4 号	检测方向	顺	检测日期	2019 年 6 月 28 日
检测管段	BHY-4 号～BHY-5 号	仪器输出电流	600mA		
序号	距离（m）	埋深（m）	GPS	最大梯度值（dB）	具体位置及相关描述
1	972	1.05	54	31	和谐路西侧人行道草地上
2	995	0.66	56	54	人行道草地上
检验结论	该段管道全长 1325m，破损点 2 个，防腐层破损点密度为 0.15 处/100m，管道评级为 2 级。破损点位置详图见图 3-2-2				

检验：　　　　　　　　　　　　　　　　　　　　　　　　审核：

6 阴极保护有效性检测报告

报告编号：

保护电位测试数据表 表 6-1

序号	检测位置	地形地貌描述	保护电位	
			地表（V）	近（V）
1	放水阀	×××水泥路面上	−0.830	
2	BHY-31 支阀（GPS228）	人行道上	−0.944	
3	BHY-4 主阀（GPS191）	人行道上	−0.845	
4	放水阀（GPS239）	人行道上围墙边	−0.873	
5	BHY-7 主阀（GPS99）	×××人行道上	−0.853	
6	BHY-8 支阀（GPS104）	×××电线杆旁	−1.025	
7	BHY-10 支阀（GPS169）	人行道椰子树下	−0.996	
8	BHY-11 主阀（GPS190）	人行道上	−0.919	
9	BHY-13 支阀（GPS552）	×××人行道	−0.918	
10	BHY-14 支阀（GPS533）	绿化花丛后	−0.899	
11	放水阀（GPS505）	人行道草地上	−0.931	
12	BHY-16 支阀（GPS482）	西线号 3 线 30 号电线杆旁	−0.933	
13	BHY-39 支阀（GPS429）	人行道草地上	−0.817	
14	BHY-19 主阀（GPS413）	×××沙地上	−0.860	
15	BHY-20 主阀（GPS614）	×××沙地上	−1.056	

结论：绝大部分管段保护电位合格（达到−0.85 或以下）

检验： 审核：

7 开挖直接检测报告

7-1 挖坑检测报告分表

探坑位置：×××线×××路三通

报告编号：×××

管道单位	×××燃气公司	检测日期	2010 年 12 月 11 日
管道规格	φ219×6	管道埋深（m）	0.70m	探坑规格（m）	2.0×1.5×1.2	环境条件	沙地
管道编号		地表参比电位（V）	−0.933	近参比电位（V）	−0.910

腐蚀环境调查	地下水	有（ ）无（✓）时有时无（ ）	
	地形、地貌、地物描述	路边沙地，同距 1m 有平行架空高压线，主管上方 0.25m 有平行电信线缆，北边同距 0.16m 有平行军行光缆，支管下方 0.05m 有交叉军行光缆	pH值	—
	植物根系	茂盛（ ）中等（ ）无或少（✓）	土壤电阻率（Ω·m）	517
	土壤松紧度	疏松（ ）松（✓）稍紧（ ）紧（ ）很紧（ ）	土壤颜色	黄色
	土壤粒组划分	粘粒组（✓）粉粒组（ ）砂粒组（ ）砾石组（ ）卵（碎）石组（ ）		
	土壤分层描述	沙土无分层		
	土层干湿度	干（ ）润（✓）潮（ ）湿（ ）水（ ）		
覆盖层检查	外观	颜色、光泽变化情况 无（✓）有（ ），出现麻面（ ）反鼓泡（✓）裂纹（✓）等] 有补口[✓]	漏点数	1
	电火花检测（kV）	25	检测电压（kV）			—
	结构	3 层 PE		
	粘附力	无变化（ ）减少（ ）剥落（✓）取样		

检验：   审核：

续表

报告编号：×××

探坑位置：×××线××路三通		覆盖层破损情况
防腐层破损及管体腐蚀情况检查	 三通接口处，防腐层剥落，环向 长宽160mm×110mm	描述：补口处防腐胶带脱落
	 防腐层脱落	
	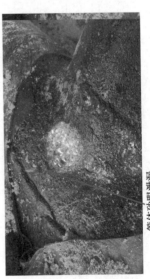 管体砂眼泄漏	管体腐蚀情况 描述：焊接砂眼泄漏 焊缝： 咬边：无 错边：0.2mm
	管体砂眼泄漏	

检验：　　　　　　　　　　　　　　审核：

7-2　超声波壁厚测量报告

报告编号：×××

×××线坑检处防腐层厚度及管体厚度测量数据如下表。防腐层平均厚度 2.06mm，不满足 SY/T 5918—2004 规范加强级要求。

超声波防腐层壁厚测量数据表（1）

位置：×××线××路三通

测厚仪器	卡尺		仪器精度	0.02mm	设备编号	CL007
管道规格	$\phi219\times6$		管件类型	三通	管道材质	Q235B
实测最小壁厚（mm）	2.06		实测点数	4	检测时间	2010 年 8 月 27 日

序号	测点编号	测点厚度（mm）	测点编号	测点厚度（mm）	测点编号	测点厚度（mm）	测点编号	测点厚度（mm）
1	0 点	2.06	3 点	2.06	6 点	2.06	9 点	2.06
2	—	—	—	—	—	—	—	—

测厚点图示说明	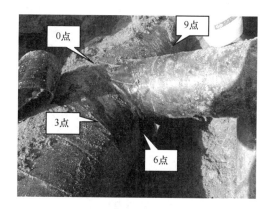	结论：三通补口处防腐材料为热缩带，防腐层平均厚度 2.06mm，不满足防腐层厚度最小要求

检验：　　　　　　　　　　　　　　　　　　　　　　　审核：

超声波防腐层壁厚测量数据表（2）

位置：×××线

测厚仪器	卡尺		仪器精度	0.02mm	设备编号	CL007
管道规格	$\phi219\times6$		管件类型	直管	管道材质	Q235B
实测最小壁厚（mm）	2.02		实测点数	4	检测时间	2010 年 8 月 27 日

序号	测点编号	测点厚度（mm）	测点编号	测点厚度（mm）	测点编号	测点厚度（mm）	测点编号	测点厚度（mm）
1	0 点	2.06	3 点	2.02	6 点	2.06	9 点	2.06

续表

序号	测点编号	测点厚度（mm）	测点编号	测点厚度（mm）	测点编号	测点厚度（mm）	测点编号	测点厚度（mm）
2	—	—	—	—	—	—	—	—

测厚点图示说明	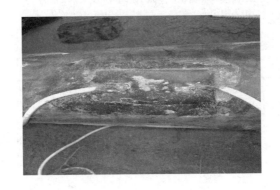	结论：补口防腐材料为热缩带，防腐层平均厚度2.05mm。不满足防腐层厚度最小要求

检验：　　　　　　　　　　　　　　　　　　　　　　审核：

超声波管体壁厚测量数据表

位置：×××线××路三通

测厚仪器	超声波测厚仪 TT300	仪器精度	0.1mm	设备编号	CL003
管道规格	φ219×6	管件类型	三通	管道材质	Q235B
实测最小壁厚（mm）	三通支管4.5mm	实测点数	8	检测时间	2010年12月11日

序号	测点编号	测点厚度（mm）	测点编号	测点厚度（mm）	测点编号	测点厚度（mm）	测点编号	测点厚度（mm）
1	0点	5.9	3点	5.6	6点	5.7	9点	5.7
2	0点	4.6	3点	4.7	6点	4.5	9点	4.7
3	—	—	—	—	—	—	—	—

测厚点图示说明		结论：在防腐层剥离位置：主管母材最小壁厚5.6mm，支管实测最小壁厚4.5mm

检测：　　　　　　　　　　　　　　　　　　　　　　审核：

7-3 管道元件几何尺寸测量报告

探坑位置：×××线××路三通　　　　　　　　　　　　报告编号：×××

测量工具	卷尺	测量精度	1mm	设备编号	CL007
测量工具	焊接检验尺	测量精度	0.02 mm	设备编号	JC020
管道规格	φ219×6	管件类型	三通	检测时间	2010 年 12 月 11 日

管道防腐层缺陷尺寸（mm） （长×宽）	360×160
管体腐蚀缺陷尺寸（mm） （长×宽×深）	—

焊接外观 缺陷检查	最大错边量（mm）	0.2
	咬边（mm）（长×深）	无
	角焊缝成形	—
	表面缺陷（裂纹、气孔、 夹渣、凹陷等）	无

缺陷部位 图示说明	

防腐层脱落 360mm×160mm，补口破损

结论：防腐层脱落，焊接最大错边量小于 0.2mm，无咬边，外观无缺陷

检测：　　　　　　　　　　　　　　　　　　　　　　审核：

8 穿跨越检查报告

管道名称：×××线　　　　　　　　　　　　　　　　报告编号：×××

跨越所属单位	×××燃气公司	跨越所在位置	五源河桥	检测日期	2018年9月17日
测量工具	GPS	测量精度	3～5cm	设备编号	CL013

塔架基础	桥梁主体	主索	—	吊索	—	斜拉索	—
索具	—	鸡心环	—	管托	角铁	吊环	—
燃气管	长度	65m	燃气管防腐层	较好			
	两端水平高差	—					
钢塔架	高程	—	钢架牢固状况	牢固			
	倾斜	—					

结论：跨越处支架、支墩及管道防腐层外观完好

检查：　　　　　　　　　　　　　　　　　　　　审核：

9 无损检测报告

报告编号：×××

经现场检验员检测，腐蚀轻微，同意不进行无损检测。

10 材料理化检验报告

10-1 硬度测试报告（1）

探坑位置：×××线××路三通　　　　　　　　　　　　　报告编号：×××

管件位置：三通焊缝	材料牌号：Q235B

硬度类别：□布氏　□洛氏　□维氏　□小负荷维氏　□显微维氏　☑里氏

热处理状态：□热轧　□冷轧　□正火　□调质　□淬火　□铸态　☑不详

测量仪器型号：THL-300 便携式硬度计	测量仪器编号：CL015	仪器精度：＋/−0.8（750−800 HLD）

表面状况：☑砂轮打磨　□化学清洗　□原始状态　□除锈	现场实测点数：4

执行标准：□GB 231 □GB 230　□GB 4340 □GB 5030　□GB 4342　☑GB/T 17394

测点方位 ＼ 测点位置	—	主管热影响区	主管焊缝	支管热影响区	—
0	—	377	407	397	—
3	—	421	—	401	—
6	—	396	—	396	—
9	—	417	—	415	—

测点分布示意图：

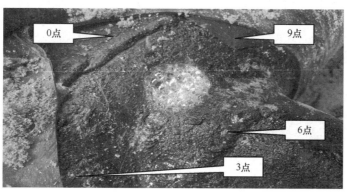

结论：未发现异常硬度值

检验：　　　　　　　　　　　　　　　　　　　审核：

10-1　硬度测试报告（2）

探坑位置：×××线　　　　　　　　　　　　　　报告编号：×××

管件位置：直管	材料牌号：Q235B

硬度类别：□布氏　□洛氏　□维氏　□小负荷维氏　□显微维氏　☑里氏

热处理状态：□热轧　□冷轧　□正火　□调质　□淬火　□铸态　☑不详

测量仪器型号：THL-300 便携式硬度计	测量仪器编号：CL015	仪器精度：+/−0.8 （750-800 HLD）

表面状况：☑砂轮打磨　□化学清洗　□原始状态　□除锈	现场实测点数：20

执行标准：□GB 231　□GB 230　□GB 4340　□GB 5030　□GB 4342　☑GB/T 17394

测点位置 测点方位	母材	—	—	—	
0	380	—	—	—	—
3	—	—	—	—	—
6	—	—	—	—	—
9	—	—	—	—	—

测点分布示意图：

结论：未发现异常硬度值

检验：　　　　　　　　　　　　　　　　　　　审核：

11 介质腐蚀性调查

报告编号：×××

管道输送的天然气介质技术指标见表11。

天然气介质技术指标

项目	数值
高位发热量（MJ/m³）	37.015
总硫（以硫计）（mg/m³）	55
硫化氢（mg/m³）	4.6
二氧化碳（%）（V/V）	2.892
水露点（℃）	−7.2

结论：依据《天然气》GB 17820—1999对天然气气质的分类要求，管线输送的天然气介质中硫化氢、硫化物、二氧化碳等腐蚀组分均未超标，符合一类气标准，对钢制管道腐蚀性弱

编制：　　　　　　　　审核：

12 埋地管道带状路由图

管道名称：燃气管道

报告编号：×××

12-1 设备表

设备名称	设备型号	设备编号	测量精度
GPS定位仪	ZGP800	CL013	3～5（cm）
全站仪	ZTS602LR	CL012	2+2ppm（mm）

为方便埋地燃气管道的安全与管理，本中心使用GPS-RTK配合全站仪对埋地燃气管道各项基本属性的坐标进行精确测量，生成管道路由图，对阀井、破损点、占压点、保护电位测点、杂散电流测点等重要属性进行标注，并导入至专业测量公司绘制的道路地形图中，以便更好地反映管道埋设区域的地理环境。GPS全站仪测量属性代码和原始坐标记录见表12-2。

12-2 GPS采集点原始记录表

GPS点号	平面坐标		高程	埋深	属性
	Y轴	X轴			
1	88873.662	24893.08	8.592	0.85	标志桩
2	88850.408	24904.552	8.722	0.79	PCM测点
3	88843.548	24907.986	8.777		标志桩
4	88828.666	2496.29	8.898	0.83	PCM测点
5	88806.48	24928.45	8.996	0.84	PCM测点
6	88784.723	24940.30	9.053	0.81	PCM测点

GPS 点号	平面坐标		高程	埋深	属性
	Y 轴	X 轴			
7	88763.09	24952.46	8.907	0.78	PCM 测点
8	88740.609	24964.447	8.732	0.72	PCM 测点
9	8878.956	24976.226	8.529	0.89	PCM 测点
10	88708.097	24982.040	8.416		标志桩
......					
685	81009.029	28338.847	8.726	1.45	PCM 测点

附录 E　学习章节作业练习题

第 1 章　序论

1. 燃气发生泄漏时气体窜出地面的方式是(　　)。

A　垂直上升到地面　　　　　　　　B　往松软土质松蔓延

C　往附近下水道蔓延　　　　　　　D　渗透到水中

2. 当天然气发生泄漏并窜出地面后泄漏的燃气会(　　)。

A　立即扩散　　　　　　　　　　　B　不会扩散

C　泄漏的燃气浓度上升　　　　　　D　泄漏的燃气浓度下降

3. 检查燃气管道是否存在泄漏点的前期工作是(　　)。

A　查清管网位置　　　　　　　　　B　检查管道的阴极保护

C　压力试验　　　　　　　　　　　D　示踪线检测

4. 火焰电离检测法的优点有(　　)。

A　定位精确度高　　　　　　　　　B　抗干扰能力强

C　可检测浓度范围大　　　　　　　D　具有较快的检测速度

5. 泄漏检测仪在选择上要注意(　　)。

A　高灵敏度　　　　　　　　　　　B　采气孔必须贴地

C　采用内置吸气泵　　　　　　　　D　采用交流电供电

6. 当发现疑似漏点时应(　　)。

A　立即开挖　　　　　　　　　　　B　先观察几天

C　关闭上游阀门　　　　　　　　　D　地面打孔取样分析

7. 打孔测试需要在地面打(　　)孔。

A　一个　　　　　　　　　　　　　B　两个

C　三个　　　　　　　　　　　　　D　三个以上

8. 较大泄漏点浓度定义为(　　)。

A　浓度超过 2%　　　　　　　　　 B　浓度超过 3%

C　浓度超过 4%　　　　　　　　　 D　浓度超过 5%

9. 最常用的直接检测法有(　　)。

A　火焰电离检测法　　　　　　　　B　可燃气体检测法

C　火焰检测法　　　　　　　　　　D　综合气体检测法

10. 检测较大泄漏点的仪器需要采用(　　)。

A　0～50Vol. %　　　　　　　　　 B　0～100Vol. %

C　0～150Vol. %　　　　　　　　　D　0～200Vol. %

11. 影响泄漏检测的因素有(　　)。

A　地面其他可燃气体 　　　　　B　汽车尾气

C　相邻管道漏电的干扰 　　　　D　下水道的沼气

12. 泄漏检查的方法有(　　　)。

A　直接检查法 　　　　　　　　B　间接检查法

C　多边检查法 　　　　　　　　D　单边检查法

13. 火焰电离检测法，只要(　　　)空气中含有 $1.8 \times 10^{-6} m^3$ 的可燃气体就可检测到。

A　$1m^3$ 　　　　　　　　　　B　$2m^3$

C　$3m^3$ 　　　　　　　　　　D　$4m^3$

14. 可燃气体浓度超过爆炸下限的(　　　)报警器报警。

A　10% 　　　　　　　　　　　B　20%

C　30% 　　　　　　　　　　　D　40%

15. 对泄漏进行判断，主要形式包括(　　　)。

A　流量/压力变化 　　　　　　B　质量/体积平衡

C　动态模型分析 　　　　　　　D　压力点分析法（PPA）

16. 管道的泄漏会引起(　　　)运行条件变化。

A　流量 　　　　　　　　　　　B　压力

C　温度 　　　　　　　　　　　D　体积

17. 当管道因腐蚀或破坏发生泄漏时，将产生频率大于(　　　)的振荡。

A　10kHz 　　　　　　　　　　B　20kHz

C　30kHz 　　　　　　　　　　D　40kHz

18. 综合检测法包括(　　　)。

A　声学检漏法 　　　　　　　　B　光学检漏法

C　土壤电参数检测法 　　　　　D　管内智能检测法

19. 管道泄漏检测根据检测位置不同，可分为(　　　)。

A　管外检测法 　　　　　　　　B　管内检测法

C　直接检测法 　　　　　　　　D　间接检测法

20. 管内检测法多采用(　　　)。

A　磁通 　　　　　　　　　　　B　超声波

C　涡流 　　　　　　　　　　　D　录像

21. 直接检测法是对管道泄漏出的物质进行检测，主要有(　　　)。

A　直接观察法 　　　　　　　　B　泄漏检测电缆法

C　示踪剂检测法 　　　　　　　D　光纤泄漏检测法

22. 间接检测法是对泄漏时产生的现象进行检测，主要有(　　　)。

A　实时模型法 　　　　　　　　B　干扰法

C　电流法 　　　　　　　　　　D　质量平衡法

23. 管道泄漏检测的人工巡线检测方法包括(　　　)。

A　光学检漏法 　　　　　　　　B　空气取样法

C　土壤电参数检测法 　　　　　D　红外检测

24. 示踪气体本身为惰性气体，其特征是(　　　)。

A 无色   B 有毒

C 无味   D 可燃

25. 通过 SCADA 系统进行实时监测，通过（   ）变化判断是否存在泄漏点。

A 温度   B 流量

C 压力   D 时间

26. 管道泄漏检测新检测方法有（   ）。

A 光纤传感器检测法   B 雷达检测法

C 负压波检测法   D 声纳检测法

27. 天然气中乙烷、丙烷等重气体烷烃和水分含量在（   ）以上的叫湿气。

A 5%   B 8%

C 10%   D 12%

28. 一般来说，在相同温度下，压力不大时，气体黏度与压力（   ）。

A 呈正比   B 呈反比

C 无关   D 不确定

29. 一般来说，在相同温度下，压力较大时，气体的黏度随压力增加而（   ）。

A 减小   B 增加

C 不变   D 升到一定值后不变

30. 当天然气压力增加时，爆炸下限一般（   ）。

A 增大   B 减少

C 不变   D 不确定

31. 当天然气压力增加时，爆炸上限明显（   ）。

A 增大   B 减少

C 不变   D 不确定

32. 可燃气体与（   ）混合，在一定浓度范围内遇到火源就会爆炸。

A 氧气   B 氢气

C 空气   D 氮气

33. 发生化学爆炸时的浓度范围称为（   ）。

A 爆炸上限   B 爆炸下限

C 爆炸极限   D 爆炸范围

34. 燃气炉火焰燃烧不完全，火焰四散，颜色呈暗红色或冒烟，原因是（   ）。

A 空气量过多   B 空气量过少

C 气压高   D 气压低

35. 燃料和空气配比不当、燃料过多、燃烧不完全会造成烟囱（   ）。

A 冒小股黑烟   B 冒大股黑烟

C 冒黄烟   D 冒黑烟

36. （   ）的气体探头应安装在泄漏处的下部。

A 密度大、比空气轻   B 密度小、比空气轻

C 密度大、比空气重   D 密度小、比空气重

37. （   ）的气体探头应安装在泄漏处的上部。

A　密度大、比空气轻　　　　　　　B　密度小、比空气轻
C　密度大、比空气重　　　　　　　D　密度小、比空气重

38. 可燃气体报警器应安装在气流速度经常小于（　　）的场所。

A　0.2m/s　　　　　　　　　　　B　0.5m/s
C　0.7m/s　　　　　　　　　　　D　1.0m/s

39. 天然气是一种以（　　）为主要成分的混合气体。

A　甲烷　　　　　　　　　　　　　B　乙烷
C　乙烯　　　　　　　　　　　　　D　乙炔

40. 天然气中的含硫组分是指（　　）。

A　硫化氢　　　　　　　　　　　　B　硫醇
C　无机硫化物　　　　　　　　　　D　无机硫化物和有机硫化物

41. 天然气中的（　　）是一种天然汽油，可直接做汽车燃料。

A　甲烷　　　　　　　　　　　　　B　饱和烃
C　不饱和烃　　　　　　　　　　　D　凝析油

42. 天然气的相对密度是指在同温同压下，天然气的密度与（　　）的相对密度之比。

A　水　　　　　　　　　　　　　　B　空气
C　0℃的天然气　　　　　　　　　D　凝析油

43. 可燃气体与空气的混合物，在封闭系统中遇明火发生爆炸的条件（　　）。

A　可燃气体的浓度小于爆炸下限　　B　可燃气体的浓度大于爆炸下限
C　可燃气体的浓度在爆炸限内　　　D　可燃气体的浓度为任意值

44. 在常温常压下，天然气的爆炸限是（　　）。

A　56%　　　　　　　　　　　　　B　4.0%～74.2%
C　5%～15%　　　　　　　　　　D　12%～45%

45. 天然气中某组分的体积组成，是指该组分的（　　）与天然气的体积的比值。

A　相对分子质量　　　　　　　　　B　体积
C　质量　　　　　　　　　　　　　D　重量

46. 天然气中某组分的质量组成，是指该组分的（　　）与天然气的质量的比值。

A　质量　　　　　　　　　　　　　B　相对分子量
C　分子质量　　　　　　　　　　　D　摩尔量

47. 天然气在标准状态下的相对密度，是指压力为（　　），温度为273.15K（即0℃）条件下天然气密度与空气密度之比值。

A　1MPa　　　　　　　　　　　　B　1kPa
C　101.325kPa　　　　　　　　　D　1Pa

48. 天然气的绝对湿度，是指单位体积天然气中所含水蒸气的（　　）。

A　重量　　　　　　　　　　　　　B　体积
C　质量　　　　　　　　　　　　　D　分子质量

49. 在《天然气》GB 17820—1999中，按硫和二氧化碳含量将天然气分为（　　）。

A　一类、二类气体　　　　　　　　B　一类、二类、三类气体
C　A、B、C、D类气体　　　　　　D　一类、二类、三类、四类气体

50. 按照烃类组分含量的不同可以将天然气分为(   )。

　　A　干气和湿气　　　　　　　　　B　干气和贫气

　　C　湿气和富气　　　　　　　　　D　洁气和酸气

51. 石油、天然气的两大主要用途是用作(   )。

　　A　燃料和炭黑　　　　　　　　　B　能源和化工原料

　　C　能源和肥料　　　　　　　　　D　燃料和化学纤维

52. 油气管道发生爆炸事故后,各种有毒有害物质由管线喷出,可能会污染周围的大气、土地及(   )。

　　A　水田　　　　　　　　　　　　B　旱地

　　C　水源　　　　　　　　　　　　D　空气

53. 煤层气(瓦斯)主要气体组分是(   )。

　　A　CH_4　　　　　　　　　　　B　C_3H_8

　　C　C_5H_{12}　　　　　　　　　D　CH

54. 气体(燃气)测量单位分别有(   )。

　　A　ppm　　　　　　　　　　　　B　Vol.%

　　C　%LEL　　　　　　　　　　　D　pm

55. 1ppm 表示(   )的含量。

　　A　百万分之一千　　　　　　　　B　百万分之一百

　　C　百万分之十　　　　　　　　　D　百万分之一

56. 10ppm 等于(   )。

　　A　0.001Vol.%　　　　　　　　B　0.01Vol.%

　　C　0.1Vol.%　　　　　　　　　D　1Vol.%

57. 评估房屋附近燃气的危险程度当浓度高于(   )LEL 时不能进入。

　　A　20%　　　　　　　　　　　　B　30%

　　C　40%　　　　　　　　　　　　D　50%

58. 半导体式气体传感器测量范围(   )ppm 呈线性变化。

　　A　0~500　　　　　　　　　　　B　0~1000

　　C　0~1500　　　　　　　　　　D　0~2000

59. 半导体式气体传感器测量范围(   )ppm 呈对数变化。

　　A　1000~2000　　　　　　　　　B　1000~5000

　　C　1000~10000　　　　　　　　D　1000~20000

60. 检测仪的手持式探头用于(   )的检测。

　　A　管道外露接头部位　　　　　　B　阀门

　　C　地面钻孔　　　　　　　　　　D　下水道

61. 手推车式(地毯式)探头探测速度大约(   )km/h。

　　A　2　　　　　　　　　　　　　B　3

　　C　4　　　　　　　　　　　　　D　5

62. 钟形(铃形)吸盘式探头主要用于探测(   )的燃气泄漏。

　　A　水面　　　　　　　　　　　　B　草地

C 凹凸不平松软土质路面   D 混凝土地面

63. 检测气体中有否乙烷是用来区分（   ）的一种方法。

A 沼气   B 天然气

C 二氧化碳   D 其他管道燃气

64. 微小漏点检测钻孔距离与被测管道不能超过（   ）。

A 1m   B 1.5m

C 2m   D 2.5m

65. 微小漏点检测探孔深度通常为（   ）。

A 0.1m   B 0.3m

C 0.5m   D 1.7m

66. 绝缘的勘探棒绝缘电压为（   ）。

A 1000V   B 5000V

C 10000V   D 15000V

67. 对示踪气体的要求 10L 200bar，高压瓶相当于（   ）示踪气体。

A 500L   B 1000L

C 1500L   D 2000L

68. 示踪气体测漏较小的漏量也可探测到（   ）。

A 0～1000ppm   B 0～2000ppm

C 0～3000ppm   D 0～5000ppm

69. 不是劳动保护原则的是（   ）。

A 安全第一，预防为主   B 安全具有否决权

C 管生产必须管安全   D 安全生产并重

70. 燃烧同时具备（   ）要素才有可能。

A 一   B 二

C 三   D 四

71. 凡能与空气中的氧或其他氧化剂发生剧烈反应的物质，称为（   ）。

A 可燃物   B 助燃物

C 必燃物   D 燃烧物

72. 下列物质属于助燃物的是（   ）。

A 汽油   B 酒精

C 氯气   D 氢气

73. 在（   ）场所应严格控制火源，悬挂各种醒目防火标志。

A 安全   B 危险

C 办公   D 生产

74. 化学爆炸作用时间（   ）。

A 长   B 很长

C 短   D 极短

75. 发生化学爆炸时的浓度范围称为（   ）。

A 爆炸上限   B 爆炸下限

    C 爆炸极限　　　　　　　　　　D 爆炸范围

76. 在燃烧（　　）阶段，必须投入相当的力量，采取正确的措施来控制火势的发展。

    A 初起　　　　　　　　　　　　B 发展

    C 猛烈　　　　　　　　　　　　D 下降

77. 在扑救火灾过程中，设法使可燃物与火分开，不使其燃烧蔓延以达到灭火目的的灭火方法称为（　　）。

    A 冷却法　　　　　　　　　　　B 窒息法

    C 隔离法　　　　　　　　　　　D 抑制法

78. 在扑救火灾过程中，采用将难燃物直接压盖在燃烧物的表面上，使燃烧停止的灭火方法是（　　）。

    A 冷却法　　　　　　　　　　　B 窒息法

    C 隔离法　　　　　　　　　　　D 抑制法

79. 在扑救火灾时，扑救人员应站在火焰的（　　）。

    A 下风方向　　　　　　　　　　B 上风方向

    C 侧风方向　　　　　　　　　　D 任意方向

80. （　　）灭火器不能扑救带电设备。

    A 二氧化碳　　　　　　　　　　B 泡沫

    C 1211　　　　　　　　　　　　D 干粉

81. 四合一多功能气体检测仪可以检测（　　）。

    A O_2　　　　　　　　　　　　B CO

    C H_2S　　　　　　　　　　　D SO_2

82. SAFE 乙烷分析天然气中甲烷含量（　　）能测出乙烷的存在。

    A 10ppm～10Vol.％　　　　　　B 50ppm～50Vol.％

    C 100ppm～100Vol.％　　　　　D 500ppm～500Vol.％

83. 沼气的最重要组分是（　　）。

    A CH_4 甲烷　　　　　　　　　B N_2 氮气

    C NH_3 氨气　　　　　　　　　D H_2S 硫化氢

84. 天然气的最重要组分是（　　）。

    A CH_4 甲烷　　　　　　　　　B C_2H_6 乙烷

    C NH_3 氨气　　　　　　　　　D C_3H_8 丙烷

第 2 章 金属腐蚀与防护

一、选择题

1. 三层 PE 防腐层的结构指的是与管道接触的一层是（　　）、中间一层是（　　）、外面一层是（　　）。

    A 聚乙烯涂层　　　　　　　　　B 环氧粉末涂层

    C 重防腐涂料　　　　　　　　　D 胶粘剂

2. 埋地钢质管道发生电化学腐蚀，有哪些特点（　　）。

    A 腐蚀速度快　　　　　　　　　B 腐蚀不均匀

　　C　坑蚀严重　　　　　　　　　　　　D　干燥环境容易发生

　　3. 电化学腐蚀化学反应要有三个过程，分别是阴极过程、阳极过程、（　　）。

　　A　保护过程　　　　　　　　　　　　B　聚合过程

　　C　分解过程　　　　　　　　　　　　D　腐蚀电流过程

　　4. 管道防腐层的物理作用是把管道与周围的电解质（　　），而起到防止腐蚀发生的作用。

　　A　联结　　　　　　　　　　　　　　B　隔离

　　C　防腐　　　　　　　　　　　　　　D　导电

　　5. 请将下面几种防腐层按材料质量从优到差按顺序排列（　　）。

　　A　沥青玻璃丝布　　　　　　　　　　B　三层 PE

　　C　环氧煤沥青玻璃丝布　　　　　　　D　防锈底漆

　　6. 埋地钢质管道发生点蚀时，通常都伴随有（　　）现象。

　　A　防腐层破损点　　　　　　　　　　B　交直流杂散电流

　　C　土壤电阻率小　　　　　　　　　　D　保护电位不达标

　　7. 环氧煤涂料是（　　）涂料。

　　A　双组分　　　　　　　　　　　　　B　单组分

　　C　防水　　　　　　　　　　　　　　D　多组分

　　8. 环氧煤沥青加强级防腐时的干膜厚度为（　　）mm。

　　A　0.2　　　　　　　　　　　　　　 B　0.3

　　C　≥0.3　　　　　　　　　　　　　 D　≥0.4

　　9. 实践证明，打腻子是保证缠玻璃布时在焊缝两侧不出现（　　）的可靠手段。

　　A　空鼓　　　　　　　　　　　　　　B　断裂

　　C　漏点　　　　　　　　　　　　　　D　白茬

　　10. 特加强级聚乙烯胶带防腐层结构同普通级相同，但内、外带中间搭接宽度均为带宽的（　　）%。

　　A　20　　　　　　　　　　　　　　　B　30

　　C　50　　　　　　　　　　　　　　　D　60

　　11. 埋地金属管道对防腐层的基本要求之一是材料本身具有良好的（　　）性能。

　　A　电绝缘　　　　　　　　　　　　　C　导电

　　C　自修复　　　　　　　　　　　　　D　粘结

　　12. 石油沥青防腐层的电阻率较低，因此，所需保护电流量（　　）。

　　A　较大　　　　　　　　　　　　　　B　较小

　　C　较低　　　　　　　　　　　　　　D　较高

　　13. 3PE 防腐层将（　　）优良的防腐性能与（　　）优良的机械保护性能结合起来，极大地提高了防腐层的综合保护性能。

　　A　环氧粉末　胶粘剂　　　　　　　　B　环氧粉末　聚乙烯

　　C　胶粘剂　聚乙烯　　　　　　　　　D　聚乙烯　环氧粉末

　　14. 当两条管道都采用外加电流阴极保护时，应在交叉点设置（　　）设施。

　　A　标志　　　　　　　　　　　　　　B　绝缘

C　电位平衡　　　　　　　　　　　　　D　看护

15. 阴极保护的分类是从对被保护体提供的(　　　)方式进行划分的。

A　服务　　　　　　　　　　　　　　　B　保护

C　电流　　　　　　　　　　　　　　　D　测量

16. 锌阳极的不足之处在于相对钢铁的有效(　　　)小。

A　电位差　　　　　　　　　　　　　　B　电位

C　电流　　　　　　　　　　　　　　　D　面积

17. 牺牲阳极装入袋前，先将表面打磨干净，然后用丙酮溶液擦洗，去除(　　　)。

A　尘土　　　　　　　　　　　　　　　B　水分

C　油污　　　　　　　　　　　　　　　D　锈层

二、判断题

1. 埋地钢质管道在土壤中发生腐蚀多数属于电化学腐蚀。(　　　)

2. 当土壤电阻率较高时，牺牲阳极保护的距离会更长。(　　　)

3. 牺牲阳极材料应具备足够的正电位，可供应少量电子的金属及其合金。(　　　)

4. 最小保护电位就是被保护体刚刚析氢时的电位值。(　　　)

5. 土壤电阻率小则土壤腐蚀性强。(　　　)

6. 阴极保护是一种电化学保护方法。(　　　)

7. 带防腐层的埋地钢管道有破损点，破损点处腐蚀穿孔的速度，比没有防腐层的埋地钢管道还要快。(　　　)

8. 牺牲阳极闭路电位和管道闭路电位之差称为驱动电位，驱动电位大，牺牲阳极电流输出则小。(　　　)

9. 在研究腐蚀问题时把电位较低的电极称为阳极，电位较高的电极称为阴极，阳极是被腐蚀的。(　　　)

10. 埋设深度较大的管道（常年在水位线以下），比埋设较浅的管道（管道随季节在水位上下交替变化），容易发生腐蚀。(　　　)

三、问答题

1. 简述电化学防腐定义是什么？

2. 简述电化学防腐的基本原理和方法是什么？

3. 在钢质管道上采用的主要有哪些阴极保护方法？

4. 防腐层有哪些特性？

5. 国内油气管道主要使用的外防腐层有哪些？

6. 钢质管道常用的牺牲阳极材料有哪些？为什么选择这些材料？

7. 镁合金牺牲阳极在土壤电阻率大于 $20\Omega \cdot m$ 时，填包料一般为？

8. 列举牺牲阳极保护法的优缺点。

9. 列举强制电流保护法的优缺点。

10. 恒电位仪输出端的连接，正极、负极、零位接阴分别连接哪些结构？

11. 辅助阳极有哪些分类？

12. 在一般土壤或淡水中可采用什么材料的辅助阳极？

13. 阳极地床回填料的主要作用。

14. 一套完整的强制电流阴极保护系统主要包含哪些装置？

第 3 章　埋地燃气管线探测

一、选择题

1. 地下管线探测常用的方法有哪些？（　　　）

A　直连法　　　　　　　　　　　　B　感应法

C　夹钳法　　　　　　　　　　　　D　直连法，感应法，夹钳法

2. 直连法接地的注意事项有哪些？（　　　）

A　接地点位置不能浇水

B　接地线应该和管道尽可能保持垂直远端接地

C　接地点连接部位不需要除锈

D　接地点位置不可以直接连接房屋建筑物的避雷针上

3. 使用感应法探测管道时注意事项？（　　　）

A　感应法时应该选择较低的频率进行探测

B　感应法时发射机激发管线信号该远离管道

C　感应法探测时应该选择频率较高的频率进行探测

D　感应法探测时，发射机和接收机可以间隔 2m 进行探测。

4. 管线仪探测 PE 管道哪种情况说法正确？（　　　）

A　PE 管道不能传播声波，不能进行探测

B　PE 管道不能导电，无法形成磁场，不能用管线仪探测

C　管线仪能够激发 PE 管道产生电磁场

D　管线仪能够激发 PE 管道产生声波磁场

5. 用导向仪做发射机信号探测管道位置，以下说法哪种正确？（　　　）

A　导向仪可以探测金属管道

B　导向仪在探棒正上方时接收的磁场最强，数字信号最大。

C　导向仪在探测过程中，探测的精度比管线仪的精度低

D　导向仪适用于带压力的各种管道探测

6. 发射机接地时的注意事项？（　　　）

A　对称接地，远端接地，两端接地　　B　不能除锈

C　不能浇水　　　　　　　　　　　　D　可以跨越其他邻近管线

7. 各种金属管道与其周围介质较明显的差异分别为（　　　）。

A　导电率　　　　　　　　　　　　B　导磁率

C　介电常数　　　　　　　　　　　D　电阻率

8. 管线探测仪发射机给被测管线施加探测信号，一般常用激发模式是（　　　）。

A　直连法　　　　　　　　　　　　B　感应法

C　夹钳法　　　　　　　　　　　　D　间接法

9. 管线仪的定位方法可分为（　　　）。

A　极大值法　　　　　　　　　　　B　极小值法

C　70%特征点法　　　　　　　　　D　绝对值法

10. 管线仪定深的方法有( )。

A 70%特征点法　　　　　　　　B 直读法

C 45°法　　　　　　　　　　　　D 50°法

11. 管线探测接收机是由哪几部分组成( )。

A 接收线圈　　　　　　　　　　B 相应的电子线路

C 信号指示器　　　　　　　　　D 天线

12. 管线探测仪接收机一般有几种接收模式( )。

A 峰值模式（最大值）　　　　　B 谷值模式（最小值）

C 宽峰模式　　　　　　　　　　D 平峰模式

13. 管线探测仪的发射机连接方法分为无源方式和有源方式，其中有源方式有( )。

A 直连法　　　　　　　　　　　B 夹钳法

C 感应法　　　　　　　　　　　D 电台法

14. 采用直连法施加探测信号，辅助增加发射机信号强度的方法是( )。

A 给接地棒浇水，这样可以大幅度降低接地电阻。

B 红色导联线连接管道处，应该仔细打磨，保证接触良好。

C 增加发射机输出功率。

D 将地棒插入大地中更深。

15. 采用直连法施加探测信号应注意的问题( )。

A 发射机的红色导线连接管道时，要确定导线与管道的良好接触。

B 红色夹子不可连接带电电缆或带电的导体。

C 在插接地针前，可先使用被动源法定位工作区域内是否埋有其他管线，再插入接地针。如果受到阻碍，请不要强行继续。

D 在将接地针插入大地时，请不要碰到其他地下管线。

16. 《城市地下管线探测技术规程》CJJ 61—2017 第 4.3.2 条中规定探查地下管线应遵循以下原则( )。

A 从已知到未知。

B 由简单到复杂。

C 方法有效、快捷、轻便，如果有多种方法可选择时，应首先选择效果好、轻便、快捷、安全和成本低的方法。

D 相对复杂条件下，根据复杂程度宜采用相应综合方法。

17. 探测地下管线时，什么情况下使用感应模式施加信号与注意事项( )。

A 在不能使用直接法或夹钳法的情况下，可以使用感应模式。

B 在没有直连夹钳或夹钳插入发射机附件端口的情况下，发射机自动进入感应模式。

C 发射机尽量放置于目标管线的旁边。

D 发射机与接收机不能离太近，以免接收机接收到的信号完全为发射机的信号。

18. 利用感应法施加探测信号，探测埋地金属管道，信号频率至少需要 ( )，才能获得较好的探测信号。

| A | 512Hz | B | 640Hz |

| C | 33kHz | D | 200kHz |

19. 在管道转弯处或者是未知的管段确定管道走向时，必须进行（　　　）的准确探测定位。

A　两点　　　　　　　　　　　　B　三点

C　四点　　　　　　　　　　　　D　多点

20. 在进行管道的埋深估测时，对管道的位置（　　　）。

A　要探测准确　　　　　　　　　B　应了解大概

C　可不必考虑　　　　　　　　　D　无大关系

21. 探管仪接收机在工作时，有时会在无管线处探测到有管线的假象，假象一般具有如下特征（　　　）。

A　假象处所测信号强度与管线实际位置不符。

B　极大值法和极小值法所测管线位置不重合。

C　改变发射机发射信号施加点或接地线接地点，信号将会消失。

D　极大值法和极小值法所测管线位置重合。

22. 管线仪发射机频率选取原则（　　　）

A　当所测管线电连通性很好时，最好用低频。

B　当所测管线电连通性不好时，只能用高频。

C　当所测管线电连通性不好时，只能用低频。

D　当进行未知区域普查时，首先用高频感应法进行探查，再用低频直连法进行详查精查。

23. 工程验收合格后，应由建设、（　　　）和施工三方共同填写工程竣工验收单。

A　监督　　　　　　　　　　　　B　检查

C　计划　　　　　　　　　　　　D　设计

二、判断题

1. 管线仪进行使用感应法进行探测时一般采用 70％特征点法进行深度探测验证。（　　　）

2. 无源法是借助管线内的特有频率电流信号实现探测，而不需要发射机施加电流信号。（　　　）

3. 管线探测实际是探测管道上存在的电磁场信号，来判断管道的位置和埋深。（　　　）

4. 有源法进行探测，是指利用管道上本身存在的磁场信号进行探测。（　　　）

5. 用直连法探测时，一般要尽可能使管道的电流信号最大，这样能保证探测距离更远，精度更加准确。（　　　）

6. 感应法进行探测时直读测量的深度非常准确，可以相信。（　　　）

7. 在只用直连法接地时，接地的距离一般越大越好。（　　　）

三、简答题

地下埋金属管道探测时，交流电流法接地时的注意事项？

第4章 埋地燃气管道防腐层检测与评价

一、选择题

1. 埋地 PE 管道的示踪线，施工完成后检查时完整全部导通，可是过一段时间后探测存在断点，确认在没有遭到第三方破坏的情况下，通常是什么原因造成？（   ）

A 接头防腐差　　　　　　　　　　B 腐蚀断裂

C 示踪线老化　　　　　　　　　　D 地面沉降拉断

2. 埋地 PE 管道的示踪线，施工完成后为确保长期发挥示踪作用（完整全部导通），检查验收时，需要检测哪些项目？（   ）

A 接头是否有漏电　　　　　　　　B 探测信号导通性

C 管道埋深　　　　　　　　　　　D 地面沉降

3. 埋地钢质管道发生点蚀时，主要原因是什么？（   ）

A 防腐层有破损点　　　　　　　　B 防腐层总体质量差

C 土壤腐蚀性强　　　　　　　　　D 采用了阴极保护

4. 新建管线应在 1 年内进行一般性检测，以后根据管道运行安全状况每（   ）检测 1 次。

A 1～3 年　　　　　　　　　　　B 2～3 年

C 1～2 年　　　　　　　　　　　D 3 年

5. 新建管线应在（   ）内进行全面性检测，以后根据管道运行安全状况确定全面检测周期，最多不应超过（   ）。

A 3 年，8 年　　　　　　　　　　B 4 年，5 年

C 5 年，9 年　　　　　　　　　　D 2 年，4 年

6. 地下管道防腐绝缘层检漏仪在进行检漏作业时，遇到防腐绝缘层有漏点时，接收机检到的信号（   ）。

A 减弱　　　　　　　　　　　　　B 增强

C 不变　　　　　　　　　　　　　D 变化

7. 使用地下管道防腐绝缘层检漏仪进行检漏作业时，两检漏者的距离要保持一致，正常时的行进速度要（   ）。

A 快　　　　　　　　　　　　　　B 慢

C 均匀　　　　　　　　　　　　　D 变化

8. 地下管道防腐绝缘层检漏仪在进行探管作业时，探测线圈保持垂直，使用的是（   ）。

A 零信号法　　　　　　　　　　　B 强信号法

C 最大信号法　　　　　　　　　　D 弱信号法

9. 使用 SL-系列地下管道防腐绝缘层检漏仪进行检漏时，一般要由（   ）进行。

A 一到二人　　　　　　　　　　　B 三人配合

C 二人配合　　　　　　　　　　　D 四人配合

10. 以防腐层电阻率做指标可把防腐层分为（   ）级。

A 五　　　　　　　　　　　　　　B 四

C 三   D 二

11. 当防腐层处于（　　）级时，即认为防腐层状况较差，对这类防腐层，有条件时，可考虑大修。

A 一   B 二
C 三   D 四

12. 3PE 防腐管普通级检漏电压为（　　）kV。

A 10   B 12
C 15   D 25

13. 新型防腐层管道中投运以后，仍需坚持（　　）对部分管道进行防腐层检漏并修补。

A 每天   B 每月
C 每周   D 每年

14. 对埋地管道进行防腐层检测的目的是（　　）。

A 掌握管道运行状况   B 对管道进行标准化改造
C 提高管道运行效益   D 掌握管道腐蚀情况，找到腐蚀部位

15. 目前比较先进的检测管壁腐蚀的方法是（　　）。

A 直接开挖目测   B 使用管道腐蚀内检测技术
C 采用预埋检查片的方法   D 地面仪器探测

16. 埋地钢质管道干线的阴极保护率应达到（　　）。

A 95%   B 100%
C 98%   D 90%

17. 当管道任意点上的管道对地电位较自然电位正向偏移（　　）mV 时，应采取直流排流或其他防护措施。

A 20   B 10
C 50   D 100

18. 防腐层补伤范围包括：防腐层划伤、碰伤、（　　）、剥离强度测试时的切口等。

A 气泡   B 裂纹
C 色泽不均匀   D 分层

19. 农田基本建设与输油、气管道交叉时，应保证管道最低敷土厚度为（　　）m。

A 0.5   B 0.8
C 1.5   D 1.0~1.2

20. 电气化铁路与埋地钢质燃气管道平行或交叉时，在交叉段要对管道采取加强防腐或（　　）措施。

A 阴极保护   B 避让
C 屏蔽   D 排流

21. 当两条管道都采用外加电流阴极保护时，应在交叉点设置（　　）设施。

A 标志   B 绝缘
C 电位平衡   D 看护

22. 根据每年防腐层检漏修补结果分析认为：防腐层（　　）的管段，应视为重点

管段。

    A 质量优良   B 损坏严重

    C 质量一般   D 损坏不大

第 6 章　阴极保护系统检测

1. 测定埋地管道自然电位时，选择（　　）参比电极为好。

    A 氢   B 铜棒

    C 硫酸铜   D 甘汞

2. 牺牲阳极通过导线为管道提供阴极保护电流，导线中的电流方向是（　　）。

    A 由牺牲阳极流向管道   B 由管道流向牺牲阳极

    C 没有电流   D 流入土壤

3. 埋设在一般土壤中的金属管道，其最小保护电位应为（　　）（相对饱和硫酸铜参比电极）。

    A $-0.75V$ B $-0.85V$

    C $-0.95V$ D $-1.25V$

4. 在中断保护电流的情况下，立即测得的管道阴极极化电位较自然电位向负方向偏移大于（　　）为合格。

    A 500mV   B 400mV

    C 300mV   D 100mV

5. 管道必须要采用良好的防腐层尽可能将管道与电解质（　　），否则将会需要较大的保护电流密度。

    A 隔离   B 绝缘

    C 分开   D 联结

6. 金属与电解质溶液接触，经过一定的时间之后，可以获得一个稳定的电位值，这个电位值通常称为（　　）。

    A 保护电位   B 腐蚀电位

    C 开路电位   D 闭路电位

7. 与管道断开时牺牲阳极对土壤的电位差称为（　　）。

    A 保护电位   B 阳极开路电位

    C 自然电位   D 闭路电位

8. 当管道输送介质中含有（　　），绝缘法兰两侧管道内壁无内防腐层时，容易形成漏电故障。

    A 导电杂质   B 水分

    C 杂质   D 溶解氧

9. 通过与保护管道交叉的非保护管道上原有测试装置，测定非保护管道上管地电位（　　），则可判断该交叉点是否漏电。

    A 负偏移   B 正偏移

    C 绝对值   D 相对值

10. 在绝缘法兰两侧管段上，分别测量（　　），就能判断该绝缘法兰是否漏电。

A 管地电阻   B 管地电位

C 管内电流   D 绝缘电阻

二、判断及填空题

1. 牺牲阳极闭路电位和管道闭路电位之差称为驱动电位，驱动电位大，则牺牲阳极电流输出小。（   ）

2. 在研究腐蚀问题时，把电位较低的电极称为阳极，电位较高的电极称为阴极，阳极是被腐蚀的。（   ）

3. 管道阴极保护有效电位的范围一般情况下为（   ）至（   ）。

4. 在线运行绝缘法兰和绝缘接头绝缘性能的一般测试方法为（   ）。

三、简答题

1. 列举牺牲阳极系统运行前的调试测试项目有哪些？

2. 综合测试强制电流阴极保护系统的性能，宜包括哪些项目？

3. 综合测试牺牲阳极系统，宜包括哪些项目？

4. 通电电位可以判断阴极保护是否有效吗？

5. 简要说明阴极保护准则？

6. 当部分/全段管段阴极保护不充分时，可开展哪些专项调查，查找导致阴极保护失效的原因？

7. 根据所学的阴极保护知识，城镇燃气管网与长输管网在阴极保护设计时涉及的参考因素有哪些不同之处。

第7章   杂散电流检测与土壤环境腐蚀检测

一、选择题

1. 在高压输电线路正常运行时，感应在管道上的交流电压值随电力负荷大小而（   ）。

A 增长   B 减少

C 不变   D 增减

2. （   ）持续干扰电压对人身安全也会造成威胁。

A 过高的   B 长期的

C 短期的   D 正常的

3. 当管道附近土壤中的电位梯度大于（   ）mV/m 时，应采取直流排流保护等措施。

A 0.5   B 1.0

C 5.0   D 2.0

4. 一般地铁属于直流干扰源，将给管道阴极保护系统造成严重干扰，使管道对地电位（   ）。

A 波动   B 过载

C 过正   D 过流

5. 交流干扰，将给埋地管道造成严重的（   ）。

A 危害   B 老化

C 孔蚀   D 应力腐蚀

6. 在同等电流强度下，工频电流交流腐蚀效率与直流腐蚀效率对比，（　　　）。

A　交直流一样高　　　　　　　　B　交流高

C　直流高　　　　　　　　　　　D　无法判定

7. 杂散电流在埋地钢质燃气管道上有流入区域，也有流出区域，发生腐蚀的区域是（　　）。

A　流入区域　　　　　　　　　　B　流出区域

C　流入流出都有　　　　　　　　D　都不发生

8. 保护管道与非保护管道交叉，测试非保护管道此处测试桩管道上的管地电位（　　），则可判断该交叉点保护管道是否漏电。

A　负偏移　　　　　　　　　　　B　正偏移

C　绝对值　　　　　　　　　　　D　相对值

9. 供电系统不按照（　　　）途径流动回归的电流，弥散于各个方向的电流称为杂散电流。

A　设计或规定　　　　　　　　　B　分支计划

C　轨道系统　　　　　　　　　　D　大地系统

10. 两条并行埋地钢质管道（A 与 B）间隔距离在 1m 左右，分别采取了阴极保护措施，A 条管道设置保护电位为 $-0.95V$，另一条设置保护电位为 $-1.15V$，这种情况下（　　　）可能发生杂散电流腐蚀。

A　保护电位达标 A、B 都不　　　B　管道

C　A 管道　　　　　　　　　　　D　两条都

11. 以下不属于影响土壤腐蚀的因素（　　　）。

A　土壤电阻率　　　　　　　　　B　土壤氧化还原电位

C　土壤 pH 值　　　　　　　　　D　土壤物化性质

12. 在溶解或熔融状态下能导电的一类物质叫（　　　）。

A　电介质　　　　　　　　　　　B　电解质

C　非电解质　　　　　　　　　　D　非电介质

13. 浸在某一电解质溶液中并在溶液/导体界面进行电化学反应的导体称为（　　　）。

A　介质　　　　　　　　　　　　B　阴极

C　电极　　　　　　　　　　　　D　阳极

14. 金属与电解质溶液接触，经过一定的时间后，可以获得一个稳定的电位，这个电位值通常称为（　　　）。

A　保护电位　　　　　　　　　　B　腐蚀电位

C　初始电位　　　　　　　　　　D　闭路电位

15. 测定埋地管道自然电位时，选择（　　　）参比电极为好。

A　氢　　　　　　　　　　　　　B　铜棒

C　硫酸铜。　　　　　　　　　　D　甘汞

16. 消除或减弱电化学极化的因素，促进电极反应过程加速进行称为（　　　）。

A　氧化　　　　　　　　　　　　B　还原

C　极化　　　　　　　　　　　　D　去极化

17. 在比较干燥的地区，应向阳极地床（　　），以降低接地电阻。

A　注水　　　　　　　　　　　B　加气

C　加土壤　　　　　　　　　　D　加填料

18. 在长输管道中，（　　）土壤容易受到腐蚀。

A　干燥　　　　　　　　　　　B　松散

C　不同土壤交界　　　　　　　D　砂土类

19. 石油沥青防腐层的电阻率较低，因此，所需保护电流量（　　）。

A　较大　　　　　　　　　　　B　较小

C　较低　　　　　　　　　　　D　较高

20. 埋地金属管道对防腐层的基本要求之一是材料本身具有良好的（　　）性能。

A　电绝缘　　　　　　　　　　C　导电

C　自修复　　　　　　　　　　D　粘结

二、判断连线题

1. 我国把土壤的腐蚀性分为三级，强、中、弱，土壤的电阻率越大，说明腐蚀性越强。（　　）

2. 埋设深度较大的管道（常年在水位线以下），比埋设较浅的管道（管道随季节在水位上下交替变化），容易发生腐蚀，这种说法对吗？（　　）

3. 检测分析判断管道上的已安装的牺牲阳极消耗殆尽，通常需要检测哪些参数？

A　牺牲阳极开路电位　　　　　不达标

B　牺牲阳极输出电流　　　　　很小

C　牺牲阳极接地电阻　　　　　严重偏正

D　牺牲阳极闭路电位　　　　　不大

4. 土壤电阻率小则土壤腐蚀性强。（　　）

5. 当土壤电阻率较高时，牺牲阳极保护的距离会更长。（　　）

三、问答题

1. 根据杂散干扰源的性质，从干扰源类型方面可将杂散电流分为哪两种？

2. 我们通过哪些日常巡检、定期检查或普查可以发现管道存在杂散干扰？

3. 杂散电流流入点和流出点管地电位变化情况如何？哪个是腐蚀区，为什么？

4. 当管道上任意一点上的交流干扰电压都大于 4V 时，采用什么方法来评价交流干扰？

5. 埋地钢质油气管道与高压电力线路交叉容易产生交流杂散电流，还是并行容易产生？

6. 交流杂散电流持续干扰防护常用的接地方式？

7. 管道上存在杂散电流，通过地表参比法（CSE）测量管道电位在 0.5～−3.5V 之间波动，再测量极化电位，管道极化电位偏移范围在 −0.85～−1.20V 之间，需要排流吗，为什么？

8. 杂散电流引起管道电位负向偏移，说杂散电流是流入还是流出？

9. 排流设施要安装在杂散电流流出点还是流入点？

10. 什么是阳极干扰？

11. 什么是阴极干扰？

12. 直流杂散电流治理的常用排流方法？

13. 杂散电流在埋地钢质燃气管道上发生腐蚀的区域，腐蚀点有哪些特征？

14. 埋地钢质管道发生杂散电流腐蚀时，通常都伴随有哪些现象？

第 9 章　燃气管道其他检测

一、选择题

1. 电磁法探测技术的误差影响因素有（　　　）。

A　管道用途　　　　　B　电磁干扰　　　　　C　管道长度

2. 惯性传感器主要有（　　　）。

A　陀螺　　　　　　　B　磁罗盘　　　　　　C　GPS

3. 加速度计的测量原理是（　　　）。

A　牛顿定理　　　　　B　速度的微分　　　　C　位移的两次微分

4. 陀螺仪的特性有（　　　）。

A　惯性　　　　　　　B　一致性　　　　　　C　定轴性

5. 惯性定位的主要缺点是（　　　）。

A　误差累积　　　　　B　体积大　　　　　　C　性价比低

6. 探地雷达局限性是（　　　）。

A　管道材质影响　　　B　受地质条件影响

7. MEMS 陀螺的特点是（　　　）。

A　体积小　　　　　　B　动态范围小　　　　C　高精度

8. 惯性导航用于地下管线定位需要解决两个问题之一是（　　　）。

A　稳定性问题　　　　B　高精度问题　　　　C　漂移问题

9. 以下（　　　）是描述惯性的。

A　动量　　　　　　　B　转动惯量　　　　　C　速度

10. 以下地下管线惯性定位仪评价指标中最重要的指标是（　　　）。

A　重复性　　　　　　B　界面友好　　　　　C　重量

二、判断题

1. 地下施工打爆管道的唯一原因是"盲目施工"。（　　　）

2. 导向数据可以作为非开挖管道的竣工交底资料。（　　　）

3. 电磁探测法适用于金属管道或预埋金属线的管道。（　　　）

4. 只要有管道三维数据，就可以用于地下空间的规划、设计和施工。（　　　）

5. 惯性定位技术是一种全自主的定位技术。（　　　）

6. 惯性定位就是陀螺仪定位。（　　　）

7. 惯性导航是精度最高的定位技术。（　　　）

8. 失衡是陀螺的重要干扰因素。（　　　）

9. MEMS 陀螺的特点之一是体积小。（　　　）

10. 管线仪的探测深度不受限制。（　　　）

三、简答题

简述地下管线惯性定位仪的优缺点。

附录 F 练习题答案

第 1 章 序论

1 (BC) 2 (AD) 3 (A) 4 (ABCD) 5 (ABC) 6 (D) 7 (C) 8 (D)
9 (AB) 10 (B) 11 (ABCD) 12 (AB) 13 (A) 14 (A) 15 (ABCD)
16 (ABC) 17 (B) 18 (ABCD) 19 (AB) 20 (ABCD) 21 (ABCD) 22 (AD)
23 (ABC) 24 (AC) 25 (C) 26 (AC) 27 (D) 28 (C) 29 (C) 30 (B)
31 (A) 32 (B) 33 (B) 34 (C) 35 (A) 36 (A) 37 (B) 38 (D) 39 (A)
40 (C) 41 (B) 42 (B) 43 (B) 44 (C) 45 (D) 46 (D) 47 (A) 48 (A)
49 (C) 50 (C) 51 (D) 52 (B) 53 (A) 54 (ABC) 55 (D) 56 (A)
57 (D) 58 (B) 59 (C) 60 (AB) 61 (B) 62 (BC) 63 (ABD) 64 (D)
65 (B) 66 (C) 67 (D) 68 (A) 69 (D) 70 (C) 71 (B) 72 (A) 73 (B)
74 (B) 75 (B) 76 (C) 77 (B) 78 (D) 79 (A) 80 (D) 81 (ABCD)
82 (C) 83 (ABCD) 84 (ABD)

第 2 章 金属腐蚀与防护

一、选择题

1 (B)(D)(A) 2 (ABC) 3 (D) 4 (B) 5 (BCAD) 6 (ABCD) 7 (A)
8 (D) 9 (A) 10 (D) 11 (A) 12 (A) 13 (B) 14 (C) 15 (C)
16 (A) 17 (C)

二、判断题

1 (√) 2 (×) 3 (×) 4 (×) 5 (√) 6 (√) 7 (√) 8 (×)
9 (√) 10 (√)

三、问答题

1. 答：根据电化学原理在金属设备上采取措施，使之成为腐蚀电池中的阴极，从而防止或减轻金属腐蚀的方法。

2. 答：基本原理是抑制金属的电化学腐蚀三个过程，即阴极反应、阳极反应、介质中的电流流动。属于电化学腐蚀的防护主要有以下方法：

(1) 改善金属的本质；

(2) 被保护金属结构覆盖保护层；

(3) 采用缓蚀剂改善腐蚀环境；

(4) 采用电化学保护法使管道成为阴极。

3. 答：

(1) 牺牲阳极阴极保护法：用电极电势比被保护金属更低的金属或合金固定在被保护

金属上作为阳极，被保护金属作为阴极，形成腐蚀电池，使电流从阳极流出，流向被保护金属从而使其得到保护。

（2）强制电流法（外加电流阴极保护法）：利用外加电源来保护金属。把需要保护的金属接在电源设备的负极上，成为阴极而免除腐蚀，设置较活泼的金属连接电源设备的正极，成为阳极而被腐蚀的方法。

4. 答：

（1）有效的电绝缘体；

（2）有效的湿气屏障；

（3）可施工性：能涂敷到管道上，并具有最少的缺陷；

（4）与管道表面良好的附着力；

（5）抵抗针孔随时间发展的能力；

（6）抵抗加工、储存和安装过程中破坏的能力；

（7）随着时间推移，保持电阻率基本恒定的能力；

（8）耐剥离性；

（9）耐化学破坏性；

（10）容易修补；

（11）物理特性的保持力；

（12）对环境无毒害作用；

（13）地上储存和长距离运输期间抗变化和抗老化性。

5. 答：石油沥青、挤压聚乙烯、熔结环氧粉末、聚烯烃胶粘带（聚乙烯胶带）、环氧煤沥青、聚氨酯硬质泡沫塑料防腐保温复合结构及煤焦油瓷漆等。

6. 答：镁（镁合金）、锌（锌合金）、铝（铝合金）。

镁、锌、铝在电动势序列中比铁更活泼，也就是说标准电位更负，当这些更活泼的金属与管道在同一电解质中，离子的溶解速度低于电子的移动速度，所以阳极的电位正向偏移，管道电位负向偏移，从而达到保护管道的效果。

7. 答：75%石膏粉 $CaSO_4+2H_2O$，20%膨润土/黏土，5%硫酸钠 Na_2SO_4。

8. 答：

优点：（1）不需要外部电源；（2）对邻近金属构筑物无干扰或很小；（3）应用灵活、易于安装；（4）投产调试后运行维护简单；（5）工程越小越经济；（6）保护电流分布均匀、利用率高。

缺点：（1）输出电流小（一般小于 1A），仅用于保护电流需求小的场合；（2）驱动电压低，运行电位不可调，受环境因素影响较大，仅用于低土壤电阻率（小于 $50\Omega \cdot m$）环境；（3）要求防腐层质量较好；（4）消耗能源（有色金属）。

9. 答：

优点：（1）用来保护大型甚至没有防腐层的结构；（2）输出电流连续可调；（3）保护范围大；（4）不受环境电阻率限制；（5）工程越大越经济；（6）保护装置寿命长。

缺点：（1）需要外部电源；（2）安装工作量大；（3）安装后需要大量的测试调试，否则可能面临连接电缆极性接错、电连接或绝缘不到位而加速腐蚀的风险；（4）投产调试后需要日常管理，检测和维护费用高；（5）可能引发对邻近金属构建物杂散电流干扰的高风险；(6) 可能导致过保护，引发防腐层的破坏及管材氢脆。

10. 答：正极连接辅助阳极，负极连接管道，零位接阴连接管道。

11. 答：浅埋阳极地床、深井阳极地床、分布式阳极地床、柔性阳极地床。

12. 答：高硅铸铁阳极、石墨阳极、钢铁阳极，也可使用柔性阳极。

13. 答：加大阳极与土壤的接触面积，降低阳极地床的接地电阻；转移阳极反应的位置，减少阳极的消耗量，延长阳极的使用寿命；增加空气的流通，避免产生气体阻塞。

14. 答：由整流电源（如恒电位仪）、阳极地床、参比电极、连接电缆、电绝缘装置、测试装置、保护装置以及数据远传系统等构成。

第3章　埋地燃气管线探测

一、选择题

1（D）　2（B）　3（C）　4（B）　5（B）　6（A）　7（ABC）　8（ABC）　9（AB）　10（ABC）　11（ABC）　12（ABC）　13（ABC）　14（ABCD）　15（ABCD）　16（ABCD）　17（ABD）　18（C）　19（D）　20（A）　21（ABC）　22（ABD）　23（D）

二、判断题

1（√）2（√）3（√）4（×）5（√）6（×）7（√）

三、简答题

答：(1) 接地距离宜大于15m，可以利用延长线延长接地距离；(2) 接入点选择在目标管道连接简单、支管少及干扰管线少的地段；接地线不宜跨越邻近管线；(3) 接地钎入地位置尽可能在湿润土壤或者连接避雷针（路灯、电杆）改善接地条件，降低接地电阻；(4) 对称接地、远端接地、多点接地、深接地；连接点为管道的金属部分，除泥除锈；接地点加水，尽可能增大发射机最大输出电流。

第4章　埋地燃气管道防腐层检测与评价

一、选择题

1（BD）　2（AB）　3（AC）　4（A）　5（A）　6（B）　7（C）　8（C）　9（C）　10（A）　11（D）　12（D）　13（D）　14（D）　15（B）　16（B）　17（D）　18（A）　19（D）　20（C）　21（C）　22（B）

第6章　阴极保护系统检测

一、选择题

1（C）　2（B）　3（B）　4（D）　5（B）　6（B）　7（B）　8（A）　9（A）　10（B）

二、判断及填空题

1（×）2（√）3（−0.85～−1.20V）4（电位法、电位差法、电流泄漏率法）

三、简答题

1. 答：

(1) 牺牲阳极系统的测量参数：阳极开路电位、阳极闭路电位、阳极输出电流、阳极接地电阻等；

（2）管道自腐蚀电位；

（3）管道上的交流感应电压；

（4）管道 on/off 电位；

（5）检查片的 on/off 电位；

（6）流经检查片的电流；

（7）跨接线上的电流；

（8）排流电流；

（9）采用的可变电阻值；

（10）所有电绝缘设施有效性检测结果；

（11）调试前后的干扰测试结果；

（12）调试完成后，阴极保护系统有效性评价结果；

（13）调试过程中所采取的改进措施及结果；

（14）改进阴极保护系统的其他措施。

2. 答：

（1）阴极保护电源运行情况检测；

（2）阳极地床的接地电阻测试；

（3）阴极保护电源接地系统性能测试；

（4）电源设备控制系统检测；

（5）电源设备输出电压与输出电流校核。

3. 答：输出电流，管地电位，接地电阻，电缆连接的有效性。

4. 答：一般不能，因为通电电位是管道极化后的电位与测量回路中其他所有电压降的和，因含有 IR 降，故不宜做为保护准则使用。

5. 答：

阴极保护电位（无 IR 降）：断电电位（无 IR 降阴极保护电位）应不正于最小保护电位，不负于限制临界电位；埋置于一般土壤和水环境的钢质管道，最小保护电位为 $-0.85V$（CSE）。限制临界电位为 $-1.20V$（CSE）。

当无 IR 降阴极保护电位准则难以达到阴极保护电位（无 IR 降）准则要求时，可采用阴极极化或去极化电位差大于 100mV 的判据。

交流干扰下的阴极保护准则：交流干扰防护措施及防护效果应满足现行《埋地钢质管道交流干扰防护技术标准》GB/T 50698 的规定。

直流干扰下的阴极保护准则：直流干扰防护措施及防护效果应满足现行《埋地钢质管道直流干扰防护技术标准》GB 50991 的规定。

6. 答：管道外防腐层非开挖状况调查、阴极保护设施调查、土壤腐蚀性调查；阴极保护电绝缘设施有效性调查、管道杂散电流测试调查；阴极保护有效性测试、其他需要的测试。

7. 答：土壤腐蚀环境、环境干扰、对周围管道及构筑物干扰影响、经济性等。

第 7 章　杂散电流检测与土壤环境腐蚀检测

一、选择题

1 (D)　2 (A)　3 (C)　4 (A)　5 (C)　6 (C)　7 (B)　8 (A)　9 (A)　10 (C)

11 (D)　12 (B)　13 (C)　14 (B)　15 (C)　16 (D)　17 (A)　18 (C)　19（A）　20（A）

二、判断连线题

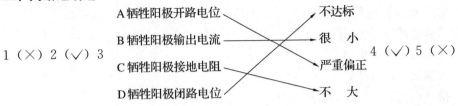

1（×）2（√）3　　　　　　　　　　　　　　　　　　　4（√）5（×）

三、问答题

1. 答：直流杂散干扰和交流杂散干扰。

2. 答：整流器或恒电位仪输出电压电流异常，交直流管地电位测量数据异常波动或超标。

3. 答：流入点负向偏移，流出点管地电位正向偏移；流出点因为钢材失去电子，处于阳极区因此管道受到腐蚀。

4. 答：交流电流密度法。

5. 答：并行。

6. 答：直接接地、负电位接地、固态去耦合器接地。

7. 答：不需要排流，因为极化电位在阴极保护标准有效范围内。

8. 答：流入。

9. 答：流出点。

10. 答：被干扰结构物穿跨电解质环境中相对于远端的高电位区域时，被迫吸收电流，造成这段穿跨位置阴极保护电位负向偏移。从管道来讲，就是受干扰的管线经过其他保护结构的阳极区域（如离阳极地床过近）获得电流，得到保护或过保护；电流在管道中流动，在处于低电位区域的防腐层缺陷处流出。

11. 答：被干扰结构物穿跨电解质环境中相对于远端的低电位区域时，被迫释放电流，造成这段穿跨位置阴极保护电位正向偏移。从管道来讲，就是受干扰的管线经过其他保护结构的阴极区域（如离被保护管道过近）失去电流，产生腐蚀，电流进入土壤或被保护结构物，在远端处于高电位区域的防腐层缺陷处流入，得到保护或过保护。

12. 答：接地排流、直接排流、极性排流、强制排流。

13. 答：腐蚀边沿比较整齐、腐蚀产物黑色粉末状、腐蚀点突然偏碱性。

14. 答：防腐层破损点、交直流杂散电流干扰、土壤电阻率小、保护电位不达标。

第9章　燃气管道其他检测

一、选择题

1 (B) 2 (A) 3 (A) 4 (C) 5 (A) 6 (B) 7 (A) 8 (C) 9 (B) 10 (A)

二、判断题

1 (×) 2 (×) 3 (√) 4 (×) 5 (√) 6 (×) 7 (×) 8 (√) 9 (√) 10 (×)

三、简答题

答：优点是全自主、无需外部信息、仅仅依赖于载体的惯性测量、连续、数据输出便利。缺点是误差累积、需要管内测量、可测管道的口径受仪器体积影响。

附录 G 实 操 练 习

第 1 章 序 论

1. 手持燃气泄漏检测仪检测阀门井或污水井（1 课时）（初级工）

一、材料准备

序号	名称	规格	数量	备注
1	手喷油器（或标记用品）		1罐	标记用

二、检测设备准备

序号	名称	规格	数量	备注
1	手持燃气泄漏检测仪		1台	
2	管线探测定位		1套	本次不用确定管道位置

三、实操场地准备

实际管道场地：选择所管辖管道的任一段位置，要求周围环境平坦，便于鉴定操作和管理，具有燃气泄漏点模拟装置（或有放散口的阀门），检测开始前要模拟好燃气泄漏点，检测完成后及时关闭模拟燃气泄漏点。

四、埋地管道燃气泄漏点定位检测操作程序

（1）按测量要求做好材料及工具、仪器设备准备；

（2）将检测仪器连接好；

（3）开机预热准备；

（4）将仪器归零；

（5）开始沿管道线路检测；

（6）记录数据；

（7）确定泄漏点位置。

本项目在操作过程中，老师可以插入必要的讲解，如泄漏点大小的可能性判断等。

实操练习要点

序号	项目	要求要点	备注
1	准备	按考核要求准备材料和工具仪器，查点齐全带到现场	

续表

序号	项目	要求要点	备注
2	测量准备	将仪器连接在一起，仪器开机预热，调试归零	
3	选位准备	确定管道位置，即泄漏区域	
4	选择检测点	沿泄漏区域5m范围至少选择5个检测点进行粗探	事先规划检测点
5	检测操作	沿管道走向每隔约1m探测一个点，首先确定泄漏区域，然后对泄漏点详细定位，范围确定在1m以内	先进行粗探，确定泄漏区域
6	数据读取、记录填报和收尾工作	每个检测点都要有检测数据记录	做检测记录，分析检测数据

检测员： 记录员： 年 月 日

2. 天然气泄漏乙烷辨识仪检测（2课时）（中级工）

一、材料准备

序号	名称	规格	数量	备注
1	手喷油器（或标记用品）		1罐	标记用
2	燃气气体取样袋		3个	其中一个装干净空气对比用

二、检测设备准备

序号	名称	规格	数量	备注
1	燃气乙烷辨识检测仪		1台	
2	管线探测定位		1套	本次不用确定管道位置

三、实操场地准备

本项目要求按下列之一准备实操场地：

实际管道场地：选择所管辖管道的任一段位置，要求周围环境平坦，便于鉴定操作和管理，具有燃气泄漏点模拟装置（或有放散口的阀门），检测开始前要模拟好燃气泄漏点，检测完成后及时关闭模拟燃气泄漏点。

取检测样品：用专用的取样袋子在燃气泄漏浓度最高的位置（打孔点或空间区域）取一定数量气体样品，待检测；然后在空旷区域（确保无燃气存在区域）取一个空气样品检测；再在污水井或下水道取一个只含有甲烷（沼气）样品待检，对比用。

四、燃气泄漏点乙烷辨识检测操作程序

（1）按测量要求做好材料及工具、仪器设备准备；

（2）将检测仪器连接好；

（3）开机预热准备；

（4）将仪器归零；

（5）开始检测：首先按照所使用乙烷辨识仪操作说明书要求，开始检测空气样品，然后检测沼气样品，再检测天然气泄漏区域采集样品。查看三个气体样品的检测结果。若使

用的是由色谱图形输出的检测仪，三个气体样品的色谱图形见图1。

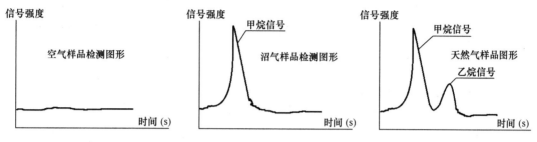

图1 三个气体样品的色谱图

（6）记录数据；

（7）确定泄漏点位置。

本项目在操作过程中，老师可以插入必要的讲解，如泄漏点大小的可能性判断等。

实操练习要点

序号	项目	要求要点	备注
1	准备	按考核要求准备材料和工具仪器，查点齐全带到现场	
2	测量准备	将仪器连接在一起，仪器开机预热，调试归零	
3	选位准备	确定管道位置，即泄漏区域	
4	选择检测样品	选取检测的气体样品，确保取样过程样品不被污染	
5	检测操作	熟练掌握仪器的操作程序，确保操作准确无误	
6	数据读取、记录填报和收尾工作	每个检测点都要有检测数据记录，分析图形结果的差别，直接观察不同气体的检测结果差异	做检测记录，分析检测数据

3. 埋地燃气管道打孔泄漏检（高级工）

一、材料准备

序号	名称	规格	数量	备注
1	手喷油器（或标记用品）		1罐	标记用

二、检测设备准备

序号	名称	规格	数量	备注
1	手持燃气泄漏检测仪		1台	
2	管线探测定位		1套	确定管道位置
3	地面打孔设备（或工具）		1套	

三、实操场地准备

实际管道场地：选择所管辖管道的任一段位置，要求周围环境平坦，便于鉴定操作和管理，能够进行地面打孔操作（泥土层覆盖管道最好，便于打孔）；具有燃气泄漏点模拟装置（或有放散口的阀门），检测开始前要模拟好燃气泄漏点，检测完成后及时关闭模拟燃气泄漏点。

四、埋地管道燃气泄漏点定位检测操作程序

（1）按测量要求做好材料及工具、仪器设备准备；

（2）用管线探测仪对泄漏区域燃气管道做准确定位探测，标记好管道位置深度；

（3）初步确定泄漏区域 5m 范围，然后规划好打孔位置至少三个以上，探测孔可以在管道上方离开管道至少 0.5m，必须确保燃气管道安全；

（4）开始打孔，深度一般到较为疏松土层即可，应确保不会打到管道；空位布置见图 2；

（5）将检测仪器连接好；

（6）开机预热准备；

（7）将仪器归零；

（8）开始沿管道线路检测每个探测孔的燃气浓度，并做好记录；

（9）分析确定泄漏点位置，把泄漏点确定在 1m 范围。

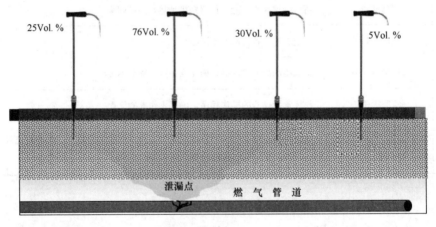

图 2

本项目在操作过程中，老师可以插入必要的讲解，如泄漏点大小的可能性判断等。

实操练习要点

序号	项目	要求要点	备注
1	准备	按考核要求准备材料和工具仪器，查点齐全带到现场	
2	测量准备	将仪器连接在一起，仪器开机预热，调试归零	
3	选位准备	确定管道位置，即泄漏区域，合理布置探测孔	
4	选择检测点	沿泄漏区域 5m 范围至少选择 4 个检测点进行粗探	事先规划检测点
5	检测操作	沿管道走向每隔约 1m 探测一个点，首先确定泄漏区域，然后对泄漏点详细定位，范围确定在 1m 以内	先进行粗探，确定泄漏区域

续表

序号	项目	要求要点	备注
6	数据读取、记录填报和收尾工作	每个检测点都要有检测数据记录	做检测记录，分析检测数据

检测员：　　　　　　　　记录员：　　　　　　　　年　月　日

第3章　埋地燃气管线探测实操

通过实操训练学习掌握埋地管线探测的基本技能，学会使用管线探测仪探测埋地管道在地面的投影位置和埋深，熟练掌握探测方法与技巧。

1. 简单环境下地下管线直连法与感应法探测（初级工）

一、仪器准备

教学人员按照探测项目做好所用仪器的准备工作，使仪器处于正常待命状态。检查仪器的主要部件发射机、接收机、地线、接地棒、发射机信号线和电源线是否齐全。打开接收机、看电源指示表电量是否充足，若指示低时需要更换电池。

序号	项目	名称	规格	数量	备注
1	材料准备	桩标	木或铁制	1 支	用油漆标记
2	管道准备	埋地管道		1 段	任意找一段或模拟埋地管道
3	探测仪器准备	数字管线仪		1 套	状况良好

二、实操练习现场准备

（1）实际管道：选距离阀门（或测试桩）不远的管段；

（2）模拟管段：选室外平坦土地，预埋 $16mm^2$ 以上绝缘导线或其他带绝缘层导体（放置于地面），长不少于100m，一端引至地上做接线端（最好立测试桩），另一端剥掉200mm左右绝缘埋于地下，深不小于500mm。

三、操作程序规定及说明

（1）数字管线仪安装接线，见图1；

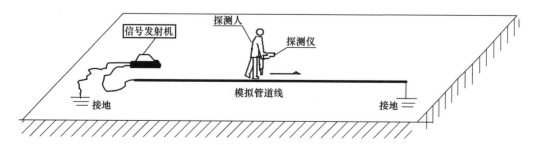

图1　地下管线探测图

（2）发射机施加信号频率为 640Hz，调节仪器输出电流约 50mA；接收机频率设置相同；调节信号强度增益，使接收机信号强度显示在 50 左右；

（3）实际探测，判准管道位置（用峰值法探测管道位置、用谷值法探测管道位置）；

（4）测量埋地管道深度（用直读法探测管道埋深、用 70％法探测管道深度）；

（5）把结果记录，填入管道档案；

（6）关机撤除，操作完毕。

四、检测注意事项

（1）打开电源，观察各种指示灯是否正常，各种指示灯显示正常后开始检测；

（2）分别打开接收机，在发射机附近分别观察有无信号显示，有说明各种仪器工作正常，否则说明有的仪器有故障，应查明原因；

（3）检测时应远离接地线和发射机至少 5m；

（4）检测完成后关闭各种仪器电源，拆掉连接线把仪器按位置放入仪器专用保管箱内。

2. 并行地下管线探测管道位置（中级工）

一、仪器准备

按照探测项目做好所用仪器的准备工作，使仪器处于正常待命状态。检查仪器的主要部件发射机、接收机、地线、接地棒、发射机信号线和电源线是否齐全。打开接收机、看电源指示表电量是否充足，若指示低时需要更换电池。

序号	项目	名称	规格	数量	备注
1	材料准备	桩标	木或铁制	1 支	用油漆标记
2	管道准备	埋地管道	有管线近距离并行	1 段	任意找一段或模拟埋地道
3	探测仪器准备	数字管线仪		1 套	状况良好

二、实操练习现场准备

（1）实际管道：选距离阀门（或测试桩）不远的管段；

（2）模拟管段：选室外平坦土地，预埋两条 16mm² 以上绝缘导线或其他带绝缘层导体（放置于地面），各长不少于 100m，一端接地后引至地上一个接头做接信号线端（最好立测试桩），另一端剥掉 200mm 左右绝缘埋于地下，深不小于 300mm，两条导线一样埋设，间隔约 0.5m 左右。

三、操作程序规定及说明

（1）数字管线仪安装接线，见图 2（直连信号法）；

（2）发射机、施加信号频率为 640Hz，调节仪器输出电流约 50mA；接收机频率设置相同；调节信号强度增益，使接收机信号强度显示在 50 左右；

（3）实际探测，将接收机垂直离开管道线 0.5m 以上，判准管道位置（用峰值法探测管道位置、用谷值法探测管道位置）；分析判断没有施加信号管线对管道平面位置的影响；

（4）探测埋地管道深度（用直读法探测管道埋深、用 70％法探测管道深度）；分析判断没有施加信号管线对管道深度探测结果的影响；

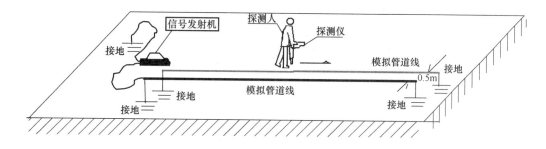

图 2 并行地下管线探测图

（5）把结果记录，填入管道档案；

（6）关机撤除，操作完毕；

（7）再用感应法施加探测信号，信号频率采用 33Hz，信号强施加到 50%，重复上述探测步骤，观察管道位置和深度探测结果偏差情况；

（8）根据探测结果从理论上分析出现偏差情况。

3. 二维探地雷达探测实际操作（高级级工）

一、仪器准备

照探测项目要求，做好所用仪器的准备工作，使仪器处于正常待命状态。检查仪器的主要部件雷达天线、数据处理主机、各种信号线等是否齐全。打开，查看电源指示表电量是否充足，若指示低时需要更换电池（或充电）。

序号	项目	名称	规格	数量	备注
1	材料准备	桩标或喷漆	木或铁制	1 支	用油漆标记
2	管道准备	埋地 PE 管道	阀门、放散口	1 段	任意找一段或模拟埋地管道
3	探测仪器准备	声波探测仪	任选一款	1 套	状况良好

二、实操练习现场准备

在探测区域或探测实操练习场，选择一段埋地管道（金属、非金属、PE 管道、水泥均可），要求探测区域地面平整、无障碍物。

三、操作程序规定及说明

（1）将雷达探测仪器按说明书要求连接好，开机，使雷达进入探测状态；

（2）调节雷达各种参数，如土壤速率、取样步长等，与探测区域所需条件匹配；

（3）开始探测，见图 3。

四、实操训练目的

学习探地雷达操作，练习雷达扫描图像管道影响的判读。

图 3　资料解译图

4. 声波法探测埋地 PE 管道位置实操

一、仪器准备

按照探测项目做好所用仪器的准备工作，使仪器处于正常待命状态。检查仪器的主要部件发射机、接收机、信号线等是否齐全。打开接收机，看电源指示表电量是否充足，若指示低时需要更换电池（或充电）。

序号	项目	名称	规格	数量	备注
1	材料准备	桩标或喷漆	木或铁制	1 支	用油漆标记
2	管道准备	埋地 PE 管道	阀门、放散口	1 段	任意找一段或模拟埋地管道
3	探测仪器准备	声波探测仪	任选一款	1 套	状况良好

二、实操练习现场准备

在当地与燃气公司练习协调（或探测实操练习场），选择一段埋地 PE 管道；要求燃气管道带有阀门、放散口，便于连接声波发射机。

三、操作程序规定及说明

（1）将探测仪器信号发射机按说明书要求连接好，选择中波频率、开机调节发射机功率至 30W 状态，发射机进入探测状态（发射机连接件图 4）；

（2）开机信号接收机，调节频率参数与发射机匹配，将接收机信号强度增益调节至合适状况；

（3）开始探测，见图 5；

（4）发射机、接收机频率设置，施加信号频率为选择中频，调节仪器输出功率至 30W；

（5）实际探测，将接收机在管道左右移动，判准管道位置（信号最大位置时管道投影的地面位置）；

（6）把结果记录，填入管道档案；

（7）关机撤除，操作完毕。

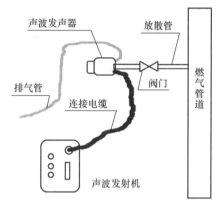

图 4 声波探测信号发射连接示意图

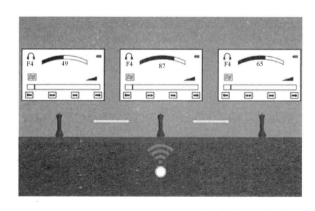
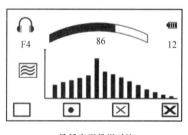

最低声强数据对比

图 5 接收机信号示意图

第 4 章 埋地燃气管道防腐层检测与评价

1. 埋地管道防腐层缺陷点检测（A 字架法 2 课时）（初级工）

一、材料准备

序号	名称	规格	数量	备注
1	导线	RVR1×（1～1.5）	40m	
2	接地棒		1 支	
3	标记物			备用

二、设备准备

序号	名称	规格	数量	备注
1	埋地管道		1段	选用
2	模拟埋地管道		1段	同上

三、工具和仪表准备

序号	名称	规格	数量	备注
1	防腐层检漏仪（带A子架）		1套	状况良好
2	测试线	与仪器配套		
3	电池组	同上		
4	水壶（已装水）		1只	保持接地良好
5	手锤	1kg	1把	

四、实操场地准备

本试题要求按下列之一准备实操场地：

实际管道实操场地：选取有明确的已知漏铁点（或安装有牺牲阳极），便于实操管理的管段。

模拟考场：选室外平坦土地，预埋 $16mm^2$ 以上绝缘导线或其他绝缘导体，长不少于 100m，深不小于 500mm，一端引至地上做接线端（最好立测试桩），另一端剥掉 200mm 左右绝缘埋于大地，并在中后段（60m 左右）做破坏绝缘的漏点。

五、操作程序规定及说明

（1）发射机施加信号频率为防腐层漏点 A 子架测量专用模式，调节仪器输出电流 $100\sim200mA$；接收机频率设置相同；探管调节信号强度增益，接收机信号强度显示在 50 左右。

（2）实际漏点探测，将接收机 A 子架插在管道地面上，显示屏"→"来回跳动，且 dB 值比较小说明管道没有防腐层漏电点，可继续前测；当显示屏"→"指向一个方向，说明防腐层漏电点在箭头所指方向，且 dB 值比较大，继续往前 dB 值增大，箭头所指不变，当 A 子架显示屏出现"→←"时，说管道防腐层漏电点在两个接地极中间，将 A 子架的一个极插在露点处，另一个极插地，出现的 dB 值最大，判准为管道漏电点位置，记录此处 dB 值数据。

（3）把结果记录，填入管道档案。

（4）关机撤除，操作完毕。

埋地管道防腐绝缘层地面检漏实操要点

实操项目要点	问题与注意事项	备注
准备工作	按要求所需准备工具和材料，查点齐全带到现场	
发射机安装接线和开机调试	发射机在测试桩附近放稳，一端接管道，另一端接地棒，开机调输出电流适当，测试线不良应除污除锈，环境干燥应在接地棒处浇水，输出调节应大小自如	接线极性错误，调节电流不适当，输出不正常，注意调节增益

续表

实操项目要点	问题与注意事项	备注
接收机探管机连接 接线及开机调试	A 子架电接入接收机适当插口，开机调增益，在接距离地极 5、6m 区域有破损点信号，探管机开机调音量适当，用零信号法寻找到管道正确位置	不可使仪器增益过大或过小
地面 检漏	检漏人员持接收机在管道上方地面每隔 1m 左右将 A 子架插入地下，读数或显示箭头稳定后，循管道前进，判断漏点信号，确定正确位置	
标记记录及结束操作	判明漏点位置后用标桩做好标记，并记入记录表或报表，记录漏电的 dB 值大小，关机收线	

2. 直流梯度检测管道防腐层破损点（2 课时）（中级工）

一、材料准备

序号	名称	规格	数量	备注
1	导线	RVRI×（1～1.5）	40m	
2	标记物			备用
3				

二、设备准备

序号	名称	规格	数量	备注
1	埋地管道		1 段	选用
2	模拟埋地管道		1 段	同上

三、工具和仪表准备

序号	名称	规格	数量	备注
1	DCVG 检漏仪		1 套	状况良好
2	测试线	与仪器配套		
3	硫酸铜参比电极	与仪器配套	2 支	
4	电流中断器		1 台	无干扰情况可以不用

四、实操场地准备

要求按下列之一准备实操场地：

实际管道实操场地：选取有明确的已知漏铁点（或安装有牺牲阳极）的管段，便于实操管理的管段。

模拟考场：选室外平坦土地，预埋 16mm² 以上绝缘导线或其他绝缘导体，长不少于 100m，深不小于 500mm，一端引至地上做接线端（最好立测试桩），另一端剥掉 200mm 左右绝缘埋于大地，并在中后段（60m 左右）做破坏绝缘的漏点。

五、操作程序规定及说明

（1）按 DCVG 检漏仪安装仪器说明书要求连接好，将两个硫酸铜参比电极接地，显示电位数据应小于 5mV。

（2）实际漏点探测：将 DCVG 检漏仪插在管道地面上（垂直或平行于管道均可），保持 2m 左右距离，显示的电位梯度值很小，两个地级加大距离电位梯度值变化很小，说明管道没有防腐层漏电点，可继续前测；当显示屏电位梯度值较大，继续前进逐渐增大，说明防腐层漏电点在前向，继续往前，电位梯度值最大，垂直于管道走向检测时在管道上方电极处即为破损点中心位置，记录电位梯度数据；当破损点位于两个电极中间时，说明管道防腐层漏电点在两个接地极中间，电位梯度值为零。

（3）破损点腐蚀活性检测：DCVG 检漏仪主参比电极（正极）位于破损点中心，电位梯度值显示为"正"，说明破损点为阳性，管道处于腐蚀状况；电位梯度值显示为"负"，说明破损点为阴性，管道处于阴极保护状况；电位梯度值显示为"正负"交替，说明破损点为阴阳性交替，管道存在腐蚀倾向。

（4）把结果记录，填入管道档案。

（5）关机撤除，操作完毕。

2. 管道防腐层质量电流衰减率法检测实操（高级工）

学习实操训练目的是用管道电流衰减率法，如何检测与评价埋地管道防腐层质量。

一、材料与仪器准备

序号	名称	规格	数量	备注
1	导线	RVRl×（1～1.5）	40m	
2	接地棒		1支	
3	标记物			备用
4	埋地管道		1段	选用
5	管道电流测量仪	PCM 或管线仪	1套	有 128Hz、640Hz 发射频率

二、实操场地准备

选取有测试桩的埋地燃气管道，埋深在 1～2m 范围（不用太深），总长度不低于 500m，最好不要有分支，便于实操管理的管段。

三、操作程序规定及说明

（1）发射机按说明书要求连线连接好，把接地线放在远离发射机至少 5m 的地方，接地要良好。施加信号频率为 128Hz（或用 640Hz）模式，调节仪器输出电流约 300mA 或 500mA 均可；

（2）接收机频率设置与发射机相同；探管调节信号强度增益，接收机信号强度显示在 50 左右；

（3）测量：离开发射机约 10m 作为起点开始测量，读取管道埋深和管道中电流数据，然后用皮尺量距从起点开始每隔 10m 测量一个管道埋深和管道中电流数据，记录在表格中，测量管道长度 50～100m 均可；

（4）若用 640Hz 频率发射信号检测：将发射机频率调至 640Hz，重复 128Hz 测量步骤测量，获得 640Hz 频率发射信号检测数据；

（5）把结果记录，填入管道档案；关机撤除，操作完毕。

序号	起点距离（m）	埋深（m）	管道电流 128Hz（mA）	管道电流 640Hz（mA）	备注
1	0	1.2	108.00		检测起点距离测试桩 10m，测试桩加信号电流 300mA
2	10	1.1	108.00		
3	20	1.15	107.00		
4	30	1.3	106.00		
5	40	1.25	97.00		
6	50	1.21	80.00		
7	60	1.08	74.00		

检测人：　　　　　记录人：　　　　　　　　　　　　　　　年　月　日

四、数据分析处理

把检测电流数据记录表，输入到数据分析处理软件中得到如下检测信息：

序号	起始桩号	终点桩号	管段距离（m）	深度（m）	检测管道电流 128Hz（mA）	电流对数值（I_{db}）	电流衰平均减率（I_{db}/m）	防腐层质量评价	备注
1	0	10	10	0.94	108.00	40.66848	0.00725431	I	
2	10	20	10	1.00	108.00	40.66848	0.00269332	I	
3	20	30	10	0.82	107.00	40.58768	0.00271861	I	
4	30	40	10	0.95	106.00	40.50612	0.02568942	II	
5	40	50	10	0.78	97.00	39.73543	0.05578783	II	
6	50	60	10	0.84	80.00	38.06180	0.02257218	II	
7	60				74.00	37.38463			

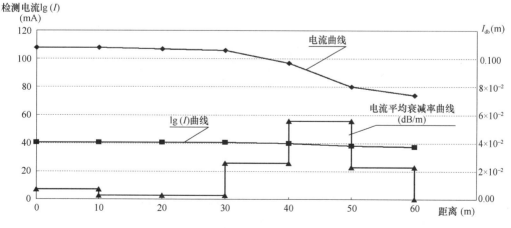

图 1 检测电流数据分析曲线图

第5章　燃气管道管体腐蚀检测与评价

1. 管道剩余壁厚检测（1课时）初级工

一、材料准备

序 号	名称	规格	数量	备注
1	粉笔（或标记用品）		1罐	标记用
2	钢质管道		1段	模拟实际管道
3	测量数据记录表		1份	

二、检测设备准备

序号	名称	规格	数量	备注
1	超声波测厚仪		1台	
2	耦合剂		1瓶	
3				

三、实操场地准备

实际管道场地：选择所管辖管道的任一段位置，要求周围环境平坦，便于测量操作和管理，具有燃气管道裸露架空位置（或有阀门井），或者利用模拟管道段。

四、埋地管道壁厚检测操作程序

（1）按测量要求做好材料及工具、仪器设备准备；

（2）用刷子将管线表面的灰尘、杂物、浮锈等清除掉，标记好管道测量位置；

（3）初步确定测量管道的上、下、左、右四个位置，见图1；

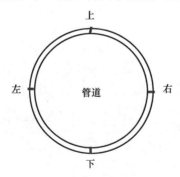

图1　管道壁厚测量位置示意图

（4）将检测仪器连接好；

（5）开机预热准备；

（6）将仪器归零；

（7）在需要测量的管道位置涂好耦合剂，开始检测，每个位置测量三个数据，并做好记录，填表；

（8）分析确定各个测量点位置管道的剩余壁厚，根据管道使用年限计算出管道的腐蚀速率。

埋地管道剩余壁厚检测数据记录表

| 检测点号 | 检测管段名称与位置 | 管道原始壁厚 | 剩余厚度（mm） | | | | | | 腐蚀速率(mm/年) | | 评级 |
			1	2	3	4	最大减薄	平均减薄	最大	平均	
1											
2											
3											

本项目在操作过程中，老师可以插入必要的讲解，如泄漏点大小的可能性判断等。

实操练习要点

序号	项目	要求要点	备注
1	准备	按考核要求准备材料和工具仪器，查点齐全带到现场	
2	测量准备	将仪器连接在一起，仪器开机预热，调试归零	
3	选位准备	确定管道测量位置，具有代表性	
4	选择检测点	至少选择 4 个检测点进行检测	事先规划检测点
5	检测操作	检测前一定要将检测仪器用标准厚度试片校准确，选择好测量频率	先进行粗探，确定泄漏区域
6	数据读取、记录填报和收尾工作	每个检测点都要有检测数据记录	做检测记录，分析检测数据

2. 管道外腐蚀检测与危险截面评价（2 课时）（中级工）

一、材料准备

序号	名称	规格	数量	备注
1	粉笔（或标记用品）		1罐	标记用
2	钢质管道		1段	模拟实际管道
3	测量数据记录表		1份	

二、检测设备准备

序号	名称	规格	数量	备注
1	超声波测厚仪		1台	
2	耦合剂		1瓶	
3	千分差池		1个	

三、实操场地准备

实际管道场地：选择所管辖管道的任一段位置，要求周围环境平坦，便于测量操作和管理，具有燃气管道裸露架空位置（或有阀门井），或者利用模拟管道段（存在外腐蚀斑痕），长度大于 1m。

四、埋地管道外腐蚀与危险截面检测操作程序

（1）按测量要求做好材料及工具、仪器设备准备；

（2）用刷子将管线表面的灰尘、杂物、浮锈等清除掉，标记好管道测量位置；

（3）初步确定测量管道的上、下、左、右四个位置，见图2；

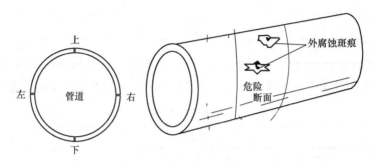

图2　管道腐蚀区域危险断面示意图

（4）将检测仪器连接好；

（5）开机预热准备；

（6）将仪器归零；

（7）在需要测量的管道位置涂好耦合剂，开始检测，每个位置测量三个数据，并做好记录，按表填写；

（8）分析确定各个测量点位置管道的剩余壁厚，根据管道使用年限计算出管道的腐蚀速率。

埋地管道剩余壁厚检测数据记录表

检测点号	检测管段名称与位置	管道原始壁厚	剩余厚度（mm）						腐蚀速率（mm/年）		评级
			1	2	3	4	最大减薄	平均减薄	最大	平均	
1											
2											

埋地管道开挖检测数据记录表

检测点编号	检测管段名称与位置	外腐蚀点（mm）			腐蚀速率（mm/年）		评级
		形状	面积	最大深度	最大	平均	
1							
2							

五、腐蚀程度与危险断面评定

按照本书第5.3节内容，根据检测数据计算出 R_t 值，对管道进行危险截面评价。

3. 管道腐蚀产物性质检测（2 课时）（高级工）

一、材料准备

序 号	名称	规格	数量	备注
1	玻璃皿	3 个		
2	20％盐酸	250mL		
3	玻璃棒	3 根		

二、检测设备准备

序 号	名称	规格	数 量	备注
1	显微镜	50 倍左右	1 台	
2	广泛 pH 试纸	1～14	1 本	
3	精密 pH 试纸	4～7、7～9	各 1 本	

三、实操场地准备与检测

室内场地，实验室最佳。具有收集管道腐蚀产物或腐蚀管段样品，对其中一个腐蚀斑痕做腐蚀性质检测，鉴定出腐蚀产物成分。

第6章 阴极保护系统检测

1. 牺牲阳极开路电位、闭路电位、输出电流检测与评判（1 课时）（初级工）

（1）操作环境和条件：有牺牲阳极保护系统的管道，牺牲阳极连接线连接测试桩。

（2）采用的测试仪器：万用表和硫酸铜参比电极。

（3）训练目的：牺牲阳极性能参数测试方法训练。

（4）测试步骤：

1）牺牲阳极开路电位测试

① 测量前，应断开牺牲阳极与管道的连接。

② 测量中，按图 1（a）的接线方式进行测量。

③ 将硫酸铜电极放置在管道上方地表的潮湿土壤上，保证电极底部与土壤接触良好。

④ 将万用表的旋转开关旋转到直流、量程为 V 的挡位，读取并记录测试结果。注明测试天气、测试地点、牺牲阳极类型、时间、测试值和测试类型。

⑤ 测试完毕，恢复牺牲阳极与管道连通。

2）牺牲阳极闭路电位测试（管地电位）

采地面参比法测量，为了消除牺牲阳极的电位场影响，参比电极应远离牺牲阳极埋设位置。

① 测量前，应确保牺牲阳极与管道是连接的。

② 测量中，按图 1（b）的接线方式进行测量。

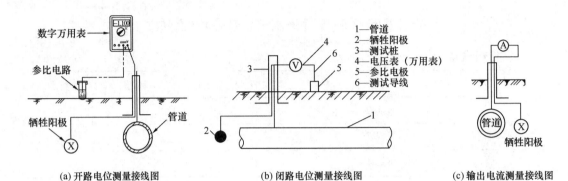

图 1　接线图（一）

③ 将硫酸铜电极朝远离牺牲阳极的方向逐次安放，第一个安放点距管道测量点不小于 20m，以后逐次移动 5m。将数字万用表调至适宜的量程上，读取数据，做好电位值和极性记录，当相邻两个安放点测量的管地电位相差小于 2.5mV 时，硫酸铜电极不再往远方移动，取最远处的管地电位值作为该测量点的牺牲阳极接入点的管地电位。

④ 记录测试结果。注明测试天气、测试地点、牺牲阳极类型、时间、测试值和测试类型。

⑤ 测试完毕，恢复牺牲阳极与管道连通。

3）牺牲阳极输出电流（直测法）

选用分辨率为 1mA 的数字万用表，用内阻小于 0.1Ω 的 DC 直流量程档直接读取并记录电流值。接线方法按图 1（c）所示。

牺牲阳极性能参数测试记录数据记录表

测试项目	单位	预设参数	测量数据	判断结果	备注
牺牲阳极开路电位测试	V			□符合　□不符合	
牺牲阳极闭路电位测试	V			□符合　□不符合	
牺牲阳极输出电流	mA			□符合　□不符合	

2. 阴极保护系统极化电位测量与数据分析（2课时）（中级工实操练习）

（1）操作环境和条件：有强制电流阴极保护系统的管道，并能对其进行通断；或牺牲阳极阴极保护管道，有测试桩能够做电位测量。

（2）测试仪器：电流中断器、通/断电电位测量仪、数字万用表、硫酸铜参比电极。

（3）训练目的：管地电位极化电位测试方法训练、极化电位认识。

（4）测试步骤：

1）外加电流阴极保护系统：在阴极保护站安装电流同步断续器，并设置合理的通/断周期（通/断周期设置为：通电 4s，断电 1s），对电源进行通断，安装接线方法见图 2（a）。

2）牺牲阳极阴极保护系统：提前预埋设测试片（确保试片充分极化），测量仪通/断周期（通/断周期设置为：通电 4s，断电 1s），对电源进行通断，安装接线方法见图 2（b）。

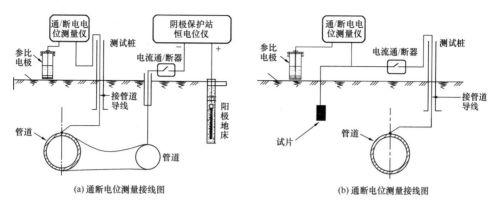

图 2 接线图（二）

3）放置参比电极：

① 在管道测试桩附近的 1m 范围内。

② 插入土中的参比电极应垂直地面，稳定、可靠地与土壤接触，底部不能垫有草叶或草根。遇有干燥土壤时，应用携带的淡水润湿其周边的土壤，使参比电极与土壤保持良好接触。

4）开启电位测量仪，读取通电电位（V_{on}）和断电电位（V_{off}）；

5）记录数据并且对需判读的数据进行判读。

极保护系统通断电位（V_{on}/V_{off}）测试记录数据记录表

测试项目		测量数据	判断结果	备注
通断周期		通电 4s	断电 1s	断电后 200ms 测量 V_{off}
电位测试	通电电位（V）		—	
	断电电位（V）		□达标 □不达标	

注：记录电位的极性及采用的参比电极类型。

3. 阴极保护系统断电后电位测量延迟时间实验与数据分析（2课时）（高级工）

（1）操作环境和条件：有强制电流阴极保护系统的管道，并能对其进行通断；或牺牲阳极阴极保护管道，有测试桩能够做电位测量。

（2）测试仪器：电流中断器、通/断电电位测量仪（断电测量时间可调）、数字万用表、硫酸铜参比电极。

（3）训练目的：管地断电电位（极化电位），受冲击电压影响时间认识，断电后测量时间掌握认知，极化电位认识等。

（4）测试步骤：

提前预埋设测试片（确保试片充分极化），测量仪通/断周期（通/断周期设置为：通电 4s，断电 1s），对电源进行通断，安装接线方法见图 3。

（5）开启电位测量仪，设置断电后从 0ms 开始，每次增加 2ms 读取一组通电电位（V_{on}）和断电电位（V_{off}），直到 100ms，100ms 后每次增加 5ms，读取一组通电电位（V_{on}）和断电电位（V_{off}），直到 1000ms；并做好数据记录。

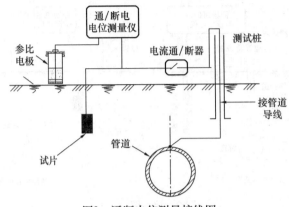

图3 通断电位测量接线图

（6）将测量数据以时间为横坐标，通断电电位为纵坐标作图，查看分析断电电位（V_{off}）断电后，不同时间数据变化情况，分析出断电电位断电后最佳测量时间区间。

极保护系统通断电位（V_{on}/V_{off}）测试记录数据记录表

测试项目	通断周期（通电 4s/断电 1s）		备注
断电后延迟时间（ms）	通电电位 V（V_{on}）	断电电位 V（V_{off}）	
0			
2	—		

4. 强制电流阴极保护系统通断电位测试及判读

（1）操作环境和条件：有强制电流阴极保护系统的管道，并能对其进行通断。

（2）采用的测试仪器：万用表和硫酸铜参比电极、接地电阻测量仪。

（3）训练目的：管地电位测试方法训练、电位极性认识。

（4）测试步骤：

1）校准参比电极、数字万用表。

2）安装电流同步断续器，并设置合理的通/断周期（典型的通/断周期设置为：通电12s，断电3s），对电源进行通断。

3）放置参比电极：

①在管道测试桩附近的1m范围内。

②插入土中的参比电极应垂直地面，稳定、可靠地与土壤接触，底部不能垫有草叶或草根。遇有干燥土壤时，应用携带的淡水润湿其周边的土壤，使参比电极与土壤保持良好接触。

4）万用表接线和调档：

①万用表红表笔插入电压、电阻测试（V·Ω）孔内，为正极，接测试桩的接线端子（管道连接点）；

②黑表笔插入万用表的（COM）孔（公共端），为负极，接参比电极；

③ 将万用表的旋转开关旋转到直流、量程为 V 的挡位。

5）读取通电电位（V_{on}）和断电电位（V_{off}）。

6）测试土壤电阻率：

① 在测量点使用接地电阻测量仪，采用四极法进行测试。

② 将测量仪的四个电极以等间距 a 布置在一条直线上，a 可采取管道埋设深度，电极入土深度应小于 $a/20$。测试区域存在管线或其他金属构筑物时，应使电极连线垂直于管道布置，并使最近的电极与管线的距离大于 $a/2$。

③ 按接地电阻测量仪使用说明操作测量并记录土壤电阻 R 值。计算土壤电阻率公式：

$$\rho = 2\pi aR$$

式中 ρ——从地表至深度 a 土层的平均土壤电阻率（$\Omega \cdot m$）；

a——相邻两电极之间的距离（m）；

R——接地电阻仪示值（Ω）。

使用数据型的电阻测量仪可直接读取土壤电阻率。

7）记录数据并且对需判读的数据进行判读。

强制电流阴极保护系统测试记录数据表

测试项目		测量数据	判断结果	备注
参比电极校核	电位漂移数（mV）		□合格 □不合格	
通断周期			—	
电位测试	通电电位（V）		—	
	断电电位（V）		□达标 □不达标	
土壤电阻率测试	$\Omega \cdot m$		—	

注：记录电位的极性及采用的参比电极类型。

第 7 章 杂散电流检测与土壤环境腐蚀检测

1. 管道上交直流杂散电流干扰检测与评价（2 课时）（中级工实操练习）

一、仪器准备

教学人员按照检测项目要求，做好所用仪器的准备工作，使仪器处于正常待命状态。所需仪器材料见下表。

管道上杂散电流检测需要仪器材料表

序号	项目	名称	规格	数量	备注
1	测量仪器	万用表	数字型	1 支	带数据存储功能
2	电极	参比电极	硫酸铜	1 支	测量交流可用钢电极做参比
3	连接线	导线		两段	连接管道与测量仪

二、操作环境和条件

有阴极保护系统的管道或无阴极保护管道均可，有测试桩最好。

三、训练目的

学习练习管道上交直流杂散电流检测与评价方法。

四、测试步骤

（1）直流杂散电流测试：

1）测量前，按图1的接线方式进行连接；将硫酸铜电极放置在管道上方地表的潮湿土壤上，保证电极底部与土壤接触良好。

2）将万用表的旋转开关旋转到直流、量程为V的挡位，读取并存储测试结果（记录数据每秒记录存储一个数据），测量15min结束。记录中注明测试天气、测试地点、时间、测试值和测试类型。

3）测试完毕，恢复牺牲阳极与管道连通。

（2）交流杂散电流测试：只是将万用表的旋转开关旋转到交流档，其余操作同直流。

（3）管道自然电位测量：测量方法见本书第6.2.2条。

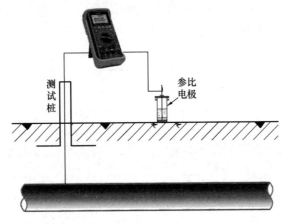

图1　接线图

五、数据分析处理

将万用表中测量存储的数据下载到计算机，以时间为横坐标，电位为纵坐标作图，查看分析管道电位曲线随时间变化情况。对管道上杂散电流干扰情况按《埋地钢质管道直流干扰防护技术标准》GB 50991—2014和《埋地钢质管道交流干扰防护技术标准》GB/T 50698—2011做分析评判。

杂散电流检测数据分析汇总表

检测管段名称			检测时间	年　月　日　时　分至　时　分			
序号	检测位置	管道自然电位（V）	直流电位评价				交流评价	
			最高（V）	最低（V）	波动范围（mV）	强度评价	最高（V）	强度评价
1								
2								
3								
4								

检测人：

2. 管道上直流杂散电流干扰检测与评价

（1）仪器准备。教学人员按照检测项目要求，做好所用仪器的准备工作，使仪器处于正常待命状态。所需仪器材料见下表。

管道上杂散电流检测需要仪器材料表

序号	项目	名称	规格	数量	备注
1	测量仪器	通断电电位测量仪	数字型	1套	带数据存储功能
2	电极	参比电极	硫酸铜	1支	测量交流可用钢电极做参比
3	连接线	导线		两段	连接管道与测量仪
4	试片	测试片	标准		与管道材质相同

（2）操作环境和条件：有阴极保护系统的管道（外加电流与牺牲阳极保护管道均可），存在地铁系统直流杂散电流干扰，有测试桩最好（无测试桩有阀门也可以）。

（3）训练目的：练习管道上地铁直流杂散电流干扰情况下，杂散电流检测与评价方法。

（4）测试步骤：

1）提前预埋设测试片（确保试片充分极化）；

2）管道自然电位测量：测量埋设测试片的自然电位（测量方法见本书第 6.2.2 条）。

3）通断电电位测量仪连接与设置：安装接线方法见图 2，通/断电周期按通电 4s、断电 1s，对电源进行通断。

4）开启电位测量仪，读取和存储测试结果［通电电位（V_{on}）和断电电位（V_{off}）］，测量 15min 结束。记录中注明测试天气、测试地点、时间、测试值和测试类型。

5）测试完毕，恢复牺牲阳极与管道连通。

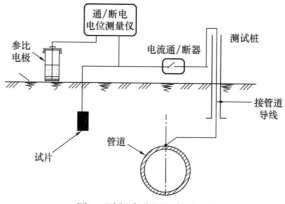

图3 通断电位测量接线图

（5）数据分析处理：

将万用表中测量存储的数据下载到计算机，以时间为横坐标，电位为纵坐标作图，查看分析管道电位曲线随时间变化情况。统计分析估算管道在测量时间段阴极保护电位不达标时间（换算成 24h 不达标时长）；对管道上杂散电流干扰情况按《埋地钢质管道直流干扰防护技术标准》GB 50991—2014 做分析评判。

直流杂散电流检测数据分析汇总表

检测管段名称						检测时间	年 月 日 时 分至 时 分		
序号	检测位置	管道自然电位（V）	最大（V_{on}）	最小（V_{on}）	最大（V_{off}）	最小（V_{off}）	V_{off} 波动范围（mV）	24h 内 V_{off} 不达标时长	强度评价
1									
2									
3									
4									

检测人：

3. 土壤电阻率检测实操

一、仪器准备

按照检测项目做好所用仪器的准备工作，使仪器处于正常待用状态。检查仪器的主要部件钢钎、连接线等看是否齐全。

序号	项目	名称	规格	数量	备注
1	检测仪器	接地电阻测量仪	ZC-8	1	
2	地棒	接地钢钎	直径 6mm/长 150mm	4 支	
3	连接线	绝缘层导线	1.5～2.0mm²	4 条	去掉两段绝缘层
4	记录用具	纸、笔			

二、现场检测

找一块无硬化地面的场地或绿地草坪场地均可，用 ZC-8 电阻测量仪，采用极法检测土壤电阻率，操作步骤见本书 7.4.3.1 土壤电阻率测量。采用 4 接地极等距法 1.5m 间距测量，测量 3 次记录数据；再与前次测量垂直方向重新测量 3 次记录数据。

三、数据处理

每个方向 3 次测量数据取最接近的两个平均值，再将两个平均值平均数据作为测量地址土壤电阻率的数据。

4. 土壤 pH 值检测实操

一、仪器准备

按照检测项目做好所用仪器的准备工作，使仪器处于正常完好状态。检查仪器的主要部件看是否齐全。

序号	项目	名称	规格	数量	备注
1	pH 值测量	精密 pH 试纸（或 pH 仪）	pH5～pH8	1 本	
2	器　皿	烧杯（或玻璃杯）	100～150ml	2 支	
3	水	去离子水（或蒸馏水）	500ml	1 瓶	
4	其他用具	纸、笔、玻璃棒		1	

二、现场取土样

找一块无硬化地面的场地或绿地草坪场地，开挖一个小坑，深度至少 20cm，取底部原始地层土壤约 50～100g，放入器皿中（或取样袋中带回室内检测）备用。

三、现场检测 pH 值

将器皿中的土壤按体积估算（最少 10g 土壤），放入约两倍土壤体积的去离子水（或蒸馏水），用玻璃棒搅拌均匀，稍作澄清，将精密 pH 试纸放入水土混合液体中，马上取出精密 pH 试纸，与标准色板对比颜色，最接近的颜色对应的数据，即为该被测土壤的pH 值，测量 3 次（不同人分别观察与标准色板接近值）并记录。

四、数据处理

将 3 次测量数据平均值平均数据，作为测量地址土壤的 pH 值数据。

第 8 章　燃气泄漏检测

一、检测设备

名称	规格	数量	备注
燃气乙烷辨识检测仪	SAFE 乙烷分析仪（或其他型号）	1 台套	

二、实操场地准备（教室内或实验室）

（1）在空旷区域（确保无燃气存在区域）取一袋子空气样品检测；

（2）取检测样品：用专用的取样袋子取一定数量天然气体样品，待检测；

（3）在污水井或下水道取一袋子只含有甲烷（沼气）样品待检，对比用。

三、燃气乙烷辨识检测操作程序

（1）按仪器设备说明书要求连接好，做好准备；

（2）开机预热准备，将仪器归零；

（3）开始检测：按照所使用乙烷检测仪操作说明书要求，首先检测空气样品，然后检测沼气样品，再检测天然气泄漏区域采集样品。查看三个气体样品的检测结果。若使用的是有色谱图形输出的检测仪，三个气体样品的色谱图形见图1。

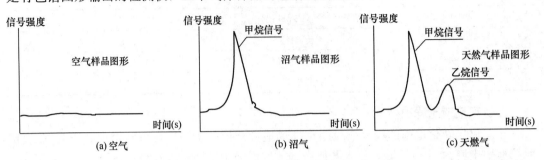

图1　SAFE乙烷检测仪气体样品检测结果示意图

参 考 文 献

［01］ 何仁详，修长征．油气管道检测与评价［M］．北京：中国石化出版社有限公司，2010.